世间最大的力量是忍耐

星云大师开示增益人生的修行

星云大师 著

CNS PUBLISHING & MEDIA
湖南文艺出版社
HUNAN LITERATURE AND ART PUBLISHING HOUSE
博集天卷
CS-BOOKY

本书由上海大觉文化传播有限公司独家授权出版中文简体字版。

图书在版编目（CIP）数据

世间最大的力量是忍耐 / 星云大师著 . —长沙 : 湖南文艺出版社，2017.9
ISBN 978-7-5404-7770-7

Ⅰ . ①世… Ⅱ . ①星… Ⅲ . ①人生哲学—通俗读物
Ⅳ . ① B821-49

中国版本图书馆 CIP 数据核字（2017）第 158051 号

上架建议：心理励志

SHIJIAN ZUI DA DE LILIANG SHI RENNAI
世间最大的力量是忍耐

作　　者：星云大师
出 版 人：曾赛丰
责任编辑：薛　健　刘诗哲
监　　制：蔡明菲　邢越超
特约策划：张小雨　李　荡
特约编辑：尹　晶
封面设计：面　团
版式设计：李　洁
营销支持：李　群　张锦涵　姚长杰
出版发行：湖南文艺出版社
（长沙市雨花区东二环一段 508 号　邮编：410014）
网　　址：www.hnwy.net
印　　刷：北京嘉业印刷厂
经　　销：新华书店
开　　本：787mm × 1092mm　1/16
字　　数：327 千字
印　　张：22.5
版　　次：2017 年 9 月第 1 版
印　　次：2017 年 9 月第 1 次印刷
书　　号：ISBN 978-7-5404-7770-7
定　　价：52.80 元

质量监督电话：010-59096394
团购电话：010-59320018

目录／

卷一

婚前婚后

女性的觉醒

过去男女不平等，女性一直理所当然地被视为受保护的弱者；但现在女权抬头，女人争取男女平等，社会上的女强人愈来愈多。尤其现在很多女性，思想与作风大胆、前卫，标榜自己是时代的“新女性”。

女性之美／003
女性以柔（一）／004
女性以柔（二）／006
女性不是花瓶／007
女性的觉醒／009
真女性主义（一）／013
真女性主义（二）／015

爱的因缘

现代的社会都提倡“爱”，有爱就能走遍天下，有爱就是温暖的人间。爱，好比是日光、空气、水；没有日光、空气、水的爱，生命就无法生存了。但是，爱也要爱得正当、爱得合理、爱得尊重。

爱是本性／019
爱的力量／020
谈情说爱（一）／022
谈情说爱（二）／024

男人心，女人心／026
青年男女的交往／028
牵手／029

夫妇之道

结婚之前，本来是一个人；结婚之后忽然变成两个人共同生活，尤其是来自不同地方、不同家庭、不同背景、不同习惯、不同观念的两个人，把很多的不同忽然结合在一起，要让婚姻和谐，如鼓琴瑟，确实不易！

婚姻（一）／033
婚姻（二）／034
婚姻（三）／036
做个好妻子／038
做个好丈夫／040
夫好妻好／042
夫妻相处（一）／045
夫妻相处（二）／046
夫妻相处（三）／048
夫妻账目／049
夫妇和合／051

婚姻故障

但愿天下有情人皆成眷属，相亲相爱直到白头，基本上佛教并不赞成离婚，但是如果夫妻俩已到了水火不兼容的地步，还是让它水归水，火归火，勉强在一起的怨偶不如好聚好散。

怨偶（一）／055
怨偶（二）／056
怨偶（三）／059
家庭暴力／061
法入家门／062
已婚男女相处／065
婚外情／066
应当离婚／069

卷二 上有老，下有小

孝顺的责任

孝是人我之间应有的责任，孝是人伦之际亲密的关系；孝维持了长幼有序、父母子女世代相承的美德，是对生命的诚挚感谢，是无悔无怨的回馈报恩。

庆生会/075
孝亲之道（一）/076
孝亲之道（二）/078
孝亲之道（三）/080
婆媳关系（一）/081
婆媳关系（二）/084

老人的担心

当生命陷于低潮时，当提醒自己“走出去”，看看世界，与社会接轨，借由朋友之间的往来、兴趣的培养、献身公益、建立信仰来开阔自己的胸怀。

老人的梦想/089
退休生活/091
空巢期/093
“养儿防老”过时/095
老人的担心/097
面对老病/099
面对死亡/101
遗产/103
传家宝/105

对儿女的教养

教育儿女，要注意自己的言语、态度与方法，要慈严并施，也要耐心诱导，你不以框架束缚儿女，儿女就能尽其特性，发展自我。儿女懂得谦恭仁爱、明因感恩、修正身心，那才是教育之道。

生儿育女／109
儿女的心声／111
教子之道（一）／113
教子之道（二）／115
教子之道（三）／117
教育的原则／119
好的家长／121
坏的家长／123
青少年的道德／125
青少年的情绪／128
新时代的青少年（一）／131
新时代的青少年（二）／133

治家之法

家不是光靠一个人的努力就能和乐，而是要全家上下一心，共同创建。所谓“同体共生”，家里的每一个分子，更是彼此共生共荣，因此，要建立和乐家庭，上慈下孝，是每个人的责任。

家的可贵（一）／137
家的可贵（二）／139
家的可贵（三）／140
家是心之所在／142
大家，小家／144
和乐家庭（一）／146
和乐家庭（二）／148
治家（一）／149
治家（二）／152
家的两字真言／153
齐家格言／155

卷三 人情面面观

左邻右舍

“客气”是人与人之间建立关系的管道，有客气的语言、客气的态度、客气的礼物、客气的礼貌等。乃至彼此表示客气，可以通过握手、点头、微笑、寒暄，都能表达好感，建立友谊，维持往来。

远亲不如近邻（一）／159
远亲不如近邻（二）／160
讨厌的人（一）／162
讨厌的人（二）／163
讨厌的人（三）／166
难看的人／167
好恶之念／170
装的世界／171
观人之道／173
心眼／175
小心眼／178
客气／179
礼多人不怪／181
初见／183
交朋友／185
人情面面观／187

沟通的诀窍

我们想要给人一些忠告、一些规劝，甚至借机给他一些教育。首先，你必须要以诚恳的态度，让他感受到你是以爱他为出发点，他感受到你的诚恳、善意，当能接受你的规劝。

礼貌／191
听话听音（一）／192
听话听音（二）／195
听话听音（三）／197
说好话（一）／199
说好话（二）／200
说好话（三）／202
聊天／204
口气／206
爱语／208
坏习惯／210
应该忘记的事／212
避免／214
让人接受（一）／216
让人接受（二）／218
让人接受（三）／221
拒绝的艺术（一）／223
拒绝的艺术（二）／225

做人的修养

做人确实很难！你有学问，他批评你不会做事；你对他没有礼貌，他还给你脸色；你对他奉承，他认为你是有求于他。你贫穷，他怕你对他有所求；你富有，他怀疑你要以金钱买动他。

个人招牌（一）／229
个人招牌（二）／231
君子之道／232
涵养／234
丢丑／236
五种非人／238
情感表达／240
待人的修养（一）／242
待人的修养（二）／244
处世八法／246
做好人（一）／248
做好人（二）／249

卷四

在生活中修行

日常的家务

生活里时时都离不开“开门七件事”，也就是柴米油盐酱醋茶，其实就是与生命相关的七种资粮。假如生活中没有了这些能源，生命就失去了动力。

居家生活/255
维生之计/256
理财之道/258
俭的真义/260
生命的资粮/262
饭桌上（一）/264
饭桌上（二）/266
睡觉/268
保健（一）/270
保健（二）/272
疗病/274
看护/276
出门（一）/278
出门（二）/280

如何消愁解闷

人一旦心中满怀怨恨，所谓“怨天尤人”，总觉得世间不公不平，觉得自己受了委屈，觉得天下人都对不起自己，这就是人生危险的信号。因为你对社会的热情不够，对人生的际遇认识不清。

情绪／285
你满意吗／286
消除压力／288
忧郁症／290
寂寞／292
心的祸患／295
消愁解闷／297
耐烦（一）／298
耐烦（二）／300
平常心（一）／302
平常心（二）／304
平常心（三）／306

生活的美学

所谓生活质量，是讲究生活的规律、环境的整洁、家居的安宁、居住的安全、饮食的正常；每家人士和谐友爱，社会活动安详有序，工作定时，忙闲适中，晨起晚睡，皆有规律。

慢慢来／309
不急不急／310
取舍／313
不后悔／315
“活”的意义（一）／316
“活”的意义（二）／318
苦是人生的实相／320
人生百态／325
人生七宝／327
人生一字诀／329
健康的生活（一）／330
健康的生活（二）／333
健康的生活（三）／334
生活质量／337
平安富贵／338
快乐人生／340
生活之道／342
生活的美学／344

卷一 婚前婚后

光明寂照遍河沙，凡圣含灵共我家；
一念不生全体现，六根才动云遮天。

——唐 · 张拙

女性的觉醒

过去男女不平等，女性一直理所当然地被视为受保护的弱者；但现在女权抬头，女人争取男女平等，社会上的女强人愈来愈多。尤其现在很多女性，思想与作风大胆、前卫，标榜自己是时代的“新女性”。

女性之美

古来有不少俊秀才女，均以内涵为世人所称扬，像有德的胜鬘夫人、善巧的末利夫人；续修史书的班昭被喻为“曹大家”，以《胡笳十八拍》传世的蔡琰以文风清婉著称；乃至代父从军的花木兰、披甲上阵的穆桂英，也都表现出另一种生命的美。

如何是“女性之美”，有四点：

第一，风仪美。白居易在《长恨歌》中说“回眸一笑百媚生，六宫粉黛无颜色”，形容女子举手投足间风仪美的魅力。然而，风仪也不仅是外表而已，像大爱道比丘尼威德摄众，妙贤比丘尼德貌兼备，她们都因高尚的修养而为人尊重和敬爱。因此，修养威仪、举止庄严，展现了风仪美。

第二，智慧美。苏格拉底说：“在世界上，除了阳光、空气、水和笑容，我们还需要智慧。”美国著名女作家苏珊·桑塔格被公认为一等评论家；宋朝女词人李清照是当时诗、词、散文皆备的才女；乃至妙慧童女深妙智慧，发坚固愿，为人敬重；净检比丘尼清雅有节，说法教化，如风靡草。她们文采丰富，自他教育，展现聪颖敏捷的智慧之美。

第三，气质美。女性习惯以化妆装扮外表，这种美丽却只是短暂的。真正永恒的美，往往是内心流露的气质。气质如香水，散发芬芳，像汉代卫子夫琴棋书画俱佳，近人林徽因娴熟建筑文艺，她们柔和而又坚忍，感情深厚而诚挚，高雅自信的行止，令人赞赏。

第四，心灵美。日人芭蕉翁，一回出门赏花，途中为一位孝女感动，

· 佛光菜根谭 ·

赞美如花香，芬芳而怡人；
助人如冬阳，适时而温暖；
信心如舟航，乘风而破浪；
希望如满月，明亮而美好。

将身上所有金钱布施给她，花也不赏，便转头回家。友人问他为何，他说："能看人中之最美，不看花又何妨！"所谓美，是要能深刻触动人心深处。与其看貌美颜丽的人颐指气使，不如见平凡女子在公交车上让位老人。因此，从心灵散发慈悲、体贴、善解、友爱，那才是真美。

东施效颦，惹人讪笑；黄承彦之女貌丑，却以才学贤惠赢得诸葛亮的欣赏。诚如孟子所言："充实之谓美，充实而有光辉谓之大。"一个人美丽与否，以风仪、智慧、气质、心灵美为首要，这是女性之最美。

女性以柔（一）

天下文化出版社的发行人王力行、《联合报》的发行人王效兰、《联合文学》的发行人张宝琴等都是令人尊敬的智慧女性。现在大学教授也有很多女性，甚至出现了女性大学校长，如前华梵大学的校长马逊、前佛光大学的赵丽云、美国普林斯顿大学的雪莉·提尔曼、宾州大学的朱迪斯·罗汀等，都是杰出的女学者。

我鼓励女性应该从家庭走出去，走出去才有天下，走出去才有世界，走出去才有未来。但是走出去并非袒胸露背、花枝招展，或是以婀娜多姿的美色来获得男人的垂青，而是要将女性的细心、耐烦、柔和、慈悲、智慧表现出来。

女人能做的事很多，不一定以做人家的老婆为唯一出路。现在有许多单身贵族，终身不嫁，抱定独身主义，但是过去的女人，好像一生就是要嫁人，嫁人是她的工作。所以很多女人终其一生都生活在厨房里，每天忙于煮饭、洗衣服、带孩子，好像这些就是女人的天职，我也经常听人说："女人就应该做这些事情。"

对于这样的论调，我觉得并不尽然。女人的智慧不亚于男性，女人的周全、细腻、柔和、慈悲等特性可以使她们很好地从事文化、教育、医护、媒体、服务等方面的工作。女人以柔为专长，柔能克刚。基本上，男性能做的女性都能做。例如，过去当兵、驾驶飞机都是男人的专利，现在不但有女兵、女飞行员，还有女军官、女警察、女检察官，甚至女总统等，乃至士农工商过去都是男性在做，现在女人也能胜任。

女性的灵巧慧性，蕙质兰心，为人间增添了多少美丽的色彩；女人忍耐的美德是天下最大的力量。妇女要发挥和平柔顺的性情，所谓"举手不打笑脸人"，女人的美丽、善良，都远胜于男人。男人比较粗犷、豪放，女人细腻、周全；男人长于理智，女人重于感情；男人偏向刚强，女人普遍温柔。男人遇到困难的事情，能够力排艰巨，勇往直前，表现勇者的气魄；但是女人的忍耐谦逊，化干戈于祥和之间，有时也是男人所不及的。男人富有创造性、冒险性，女人的随顺、圆融，有时可弥补男人的鲁莽造次，彼此相辅相成。

在一般人的观念里，男人所表现的是阳刚、力劲的美，虽然男性中也不乏风流倜傥、英姿翩翩的俊男，但是女人的美貌绝色、天生丽质是男人所望尘莫及的。古来多少文人墨客以生花妙笔来描绘女人的绰约丰姿而留下千古名著。以戏剧来说，古装戏里的小生角色，本来非男人莫属，但是由女人来反串小生，扮相更俊俏，举手投足更潇洒，更能获得观众的喜爱，因此民间戏剧里的歌仔戏、黄梅调、评剧，乃至电视里的历史剧，小生一

·佛光菜根谭·

端正，不单是色相上的华美俊颜；
端正，更是自然流露的威仪庄严。

角往往由女性来扮演，主要是女人比男人更美貌。

女性让人喜欢亲近，不只因为容貌美丽，更重要的是有一颗慈悲的心。我觉得现代妇女尤其应该开放眼光，有包容世界的心胸，将女性嫉妒、小心眼的习性、缺点去除，不仅在家中和善亲人，在族里敦亲睦邻，在社会谦恭随缘，还要发挥慈悲与智慧，或者从事施诊、育幼、养老的慈善工作；或者执教杏坛，教育英才；或者著书立说，从事文化事业，以丰富社会，照耀人间。总之，女性要有远见。有远见，就能担当许多重责大任；有远见，才能散发生命的光辉。

女性以柔（二）

据《今日美国报》报道，愈来愈多的女性正在管理职位上攀升，21世纪初在美国最大的500家公司中有16%的企业主管由女性担任。专家指出，女性在企业界正在稳定成长，女性管理人员能缓解办公室的紧张气氛，维护办公区良好的人际关系。

世间每一种东西都是在自我表现。例如，水很柔，但是水的冲击力也很强；花很娇美、柔弱，这也正是花所要表现的力量；小孩子所求不得，以哭闹来争取大人的妥协，哭就是小孩子表现力量的方法；男人西装革履，昂首阔步，他以威风来展现力量。女性也要表现力量，女性天生的力量就是美丽。

但是也许有人说我长得并不美丽，其实也不要紧，只要我柔和、细

·佛光菜根谭·

懂得付出，不计较吃亏，才是富有的人生；
锱铢必较，只知道接受，必是贫穷的人生。

心、勤劳，这些都能表现女性的特质与内涵，重要的是要懂得表现。就如一个修道的人，他也要表现慈悲，慈悲就是力量；他要表现忍耐，忍耐也是力量。

女性慈悲、忍耐的力量都很具足，也因此能长期忍受社会上所存在的一些不平等现象。例如，负责同样的工作，女人的薪水总是比男人少，这种“同工不同薪”的不平等现象过去长期存在，现在这种情况已有所改善，很多公司主管甚至老板都是女性。

我想男女当中都有贤愚不等，好好坏坏都有，不过在我们中国社会里，女性确实是比较受委屈的一群。

除了“同工不同薪”之外，类似这种男女不平等的问题，其实还有很多。记得许多年前我到日本高野山参访，看到寺里的中庭树一个牌子“女人止步”，意思是女人只能进到这个地方。这很像过去英国海德公园禁止华人和狗进入，既是对人权的歧视，也是对种族的歧视。

不管是种族歧视还是两性不平等的时代，都已经慢慢成为过去了，现在社会的各个领域里，女性都能发挥所长，与男性一较长短。在一些国家中，政府更是立法保障女性的各项权利，例如结婚有婚假，生产有产假。在时代潮流的推波助澜下，社会愈来愈重视女性的价值，两性平等已经不再是遥不可及的目标了。

女性不是花瓶

我创建佛光山，坚持不懈地实践佛陀的平等教义，训练出家、在家女性投入各种佛教事业。许多人都笑话我，说我是“妇女工作队的队长”，我也不以为意。还好，这些女众弟子也很争气，在弘扬佛法的道路上写下许多历史，像《佛光大辞典》《佛光大藏经》《世界佛教美术图说大辞典》等都是出于一群比丘尼之手编辑而成。

长久以来，社会上存在一种现象，男女结婚，男生的学历一定要比女生高一些，例如初中毕业的男生会娶小学程度的女生，高中程度的男生则娶初中毕业的女生。依此类推，大学娶高中，博士娶硕士；如果是一个女博士，则往往让男生望而却步。所以有一位女博士如此形容她的感情世界：“读本科时，门庭若市；读硕士时，门前冷落；读博士时，门可罗雀。”

女博士很容易让人把她和“女强人”画上等号，因此女人学历愈高，反而愈难找到适合的结婚对象。为什么？女孩子太有学问，凡事都讲理，往往失去了女性的特质。女孩子有时可以有一些娇嗔，有一些不讲道理；有时太讲道理，理由太多了，会让人受不了。

夫妻之间不必凡事都要讲理，感情有时是很难用理论来衡量的。感情是感情的世界，理论是理论的世界；感情里面当然也有理性，但理智的感情是很高超的境界，平时不容易达到。所以，有时候高学历的女人让男人不敢高攀，这并不是对女人的歧视，而是男人天生的优越感使然。有的男人认为自己的学历、工作职位乃至薪水低于自己的太太，是一件不光彩的事，不但在太太面前矮了半截，在朋友之中也抬不起头来。

但这并不表示女人的学历一定要比男人低，学历高低不重要，夫妻最好是相互敬爱，如果男士对太太多一些敬畏，如胡适博士提倡“怕老婆”

摄身守意，柔和自安；
施与无畏，相融无碍。

未尝也不是一种美德。女人有道德、器量、智慧、慈悲，也会吸引男士的青睐。所以，现代女性重要的是要知道自己的缺点，如娇嗔、嫉妒、自私、懒惰、恶口、虚荣、爱哭、偏见、量小等；要把爱计较、爱比较等缺点改正，代之而起的是有恢宏的气度，以及雍容华贵、明白事理、顾全大局、公而忘私、温柔大方等美好的德行。

有些女性还有一个缺点是只想做花瓶，但女人只靠外表漂亮是不行的。有个成语叫“红颜薄命”，很多漂亮的女人生命很短暂，命运很坎坷，反而不是很美的人，人缘很好，到处受人欢迎。所以佛教讲美，内在美胜过外在美，尤其是性格上的美、内心的美、语言的美。我觉得现代女性应该具备：一、有传统的美德也有现代的知识；二、有感情的世界也有理智的生活；三、有家庭的观念也有社会的事业；四、有柔和的性格也有坚忍的力量。

其实，现在的社会，职场上并不一定高学历就必然吃香，工作凭的是实力，不全然以学历取胜。婚姻更不能以学历高低为选对象的条件，学历不重要，人品道德才重要；学历不重要，努力创造才重要；学历不重要，自己如何定位才重要。

女性的觉醒

自古以来，中国人和西洋人对女性即有见仁见智的看法。西洋人认为女性是圣洁的灵、高超的神，女人如维纳斯，是美的象征、爱的代表；女人是安琪儿，是和平的天使。相反，中国人心目中的女性凶恶如母老虎、妖媚如狐狸精、狠毒如蛇蝎美人，或者说女人是败国的祸水、坏事的晦气、丧家失命的毒瘤，甚至中国的至圣先师孔夫子也曾说过“唯女子与小人难养也”，把女人和小人归为一类。

在过去男尊女卑、重男轻女的封建社会里，生男称为弄璋，宝贝如玉石，不仅合家欢喜，母亲也因子显贵起来；生女则称为弄瓦，贱如粪土，全家愁云惨雾，母亲还可能遭到“七出”的命运。不过，自古以来还是有不少的女子，智慧、能力、才华方面均不让须眉。比如，斯里兰卡的总理西丽玛沃·班达拉耐克夫人，她是世界上第一位民选的女总理。巴拿马总统米尔雅·莫斯科索、冰岛总统魏笛丝、印度尼西亚总统梅嘉娃蒂等也都是女性。英国的伊丽莎白女王和首相撒切尔夫人、以色列总理梅厄夫人、印度总理甘地夫人等，也都是名闻国际的杰出女性。芬兰第一位女总统哈洛宁还是个单亲妈妈。她们日理万机、纵横政坛，处事的果决明快绝不逊于男人，从没有人因为女子当权就把她们看成第二等民族，而抹杀她们应有的荣耀与尊严。

此外，人类历史上第一个取得医学学位的女性布蕾克威尔成立了世界上第一家妇幼医院“纽约妇幼诊所”，并于1864年在纽约成立“女子医科大学”，1869年又于英国成立“伦敦女子医学院”。她不但是世界上第一个取得证照、开业行医的女医生，而且20世纪初期的许多杰出女医生都是她一手培育出来的。在她以前，医生是男人的专利，在她以后，世人看到女医生也不会稀奇。因为她，普世的医学院才招收女学生。因“布蕾克威尔”这个名字已经是“女人也可成为好医生”的同义词。

其他普世知名的杰出妇女，如世界著名科学家玛丽·居里和丈夫法国科学家皮埃尔·居里，在共同的工作中发现了元素的放射性，并成功提取金属态的镭。居里夫人曾两次获得诺贝尔奖，为人类科学事业做出巨大贡献。

好莱坞影星英格丽·褒曼曾在电影《卡萨布兰卡》《战地钟声》《煤气灯下》等影片中担任主角，三次获得奥斯卡金像奖，一生拍片 47 部，其中不少成为经典作品而名垂电影史册，被誉为“有声片时代最伟大的女演员”。

俄罗斯宇航员叶莲娜·孔达科娃于 1994 年 10 月 4 日和两名男宇航员一起乘联盟 -TM20 宇宙飞船到达和平号空间站，在太空飞行 169 天后，于 1995 年 3 月 22 日返回地面，创下女性连续在太空滞留时间纪录。

国际妇女运动先驱克拉拉·蔡特金是 1907 年国际社会主义妇女大会发起人之一，1915 年在伯尔尼组织第一次国际妇女会议反对世界大战。

中国方面，汉朝继承父兄遗志完成史书的班昭，宋朝与夫共抗金兵的梁红玉等，都是一时的隽秀才女。鉴湖女侠秋瑾，“身不得男儿列，心却比男儿烈”，忧心民族危机的侠烈性情展现无遗。冒死护送国旗到上海四行仓库的女童军杨惠敏，不仅是中国女童军的光荣，也是中国女青年的榜样。

武则天的用人之能，如狄仁杰、娄师德、张柬之等人都愿意为她所用。她在历史上评价虽然褒贬不一，但能降伏男性在她领导下工作，也是女性之光。明太祖朱元璋当了皇帝之后，晚年性情暴烈，杀害大臣，株连无辜，幸好当时有一位虔诚信佛的马皇后经常劝诱他少开杀戒，免去不少冤狱。

现代杰出的女性如世界著名物理学家吴健雄，由于对核物理有独到的研究，被国际科学界誉为“中国的居里夫人”；1990 年，中国南京的紫金山天文台将第 2752 号行星正式命名为“吴健雄星”。

其实，世界上无论家庭、宗教、慈善事业，出力最多的是女人，女士们在幕后扮演的妻子、母亲、信徒的角色，是股最大的力量。如佛陀时代的胜鬘夫人虽贵为皇后，却以兴办儿童教育、培养幼苗、教育英才为职志，发十大愿心，说大乘佛法，作狮子吼，阐扬如来藏思想；末利夫人以皇宫为道场，以参与民间活动、讲经说法为重要任务；鸠摩罗什的母亲耆婆不但自己舍弃王宫的荣华富贵，并且度子出家，教育儿子成为佛门的龙象，对经典的翻译留下无与伦比的贡献。

佛陀的姨母大爱道夫人抚养幼年的悉达多太子长大成人，佛陀成道后，她身先表率带领五百位释迦种族的女子出家，并且纡尊降贵，接受八敬法的要求，为佛陀“四姓出家，同一释种”的精神，做了最具体的注脚，比丘尼教团得以成立，大爱道是功不可没的第一人。乃至《华严经》里善财童子参访五十三位善知识，其中女性的善知识就占了好几位，如休舍优婆夷、自在优婆夷、慈行童女、有德童女、师子嚬呻比丘尼、婆须蜜多女、夜天女神，等等，都是对佛法有独到体证的大善知识。

女性中智慧洋溢、善于说法、导人入信的龙象也不在少数。如清末民初的吕碧城女士，19 岁在北京做《大公报》的总编辑，到欧美宣扬佛教，提倡素食，著作《真理之光》，一生对文化出版不遗余力。新加坡毕俊辉女士，曾当选为世界佛教友谊会新加坡分会的主席，精通中、英文，对佛教宣扬贡献很大。叶曼女士也以卓越的表现当选世界佛教友谊会的副主席，为佛教赢得了极为成功的国际联谊。

佛教僧团里也有不少杰出的比丘尼，例如慈庄法师在世界各国创建寺院，为佛教开创出国际化的道路；慈惠法师创办西来、南华、佛光、南天、光明四所大学，除肩挑教育、文化大任之外，更于 1992 年第十八届世界佛教徒友谊会中，经大会推选为世佛会副会长；慈容法师热心慈善事业，擅长活动组织，负责国际佛光会推展委员会，在世界各国成立一百七十多个

· 佛光菜根谭 ·

不以金钱来堆砌表象，智慧才能庄严一切；
不以饰品来装扮外观，慈悲才能美化身心。

佛光协会、一千多个分会；慈怡法师主编《佛光大辞典》；晓云法师创办华梵大学；恒清、慧严法师分别在台湾大学、中兴大学教书；证严法师创立慈济功德会；昭慧法师热心护法卫教等。以上均为有德硕学的比丘尼代表，也是现代杰出女性的代表。

女众的智慧、能力不亚于男众，女众可以参与政治、教育、文化、慈善、社会等各种公众事务，积极扩大服务的机会与层面。女众的热心、慈心、诚心，平均起来更胜过男众，其温和、慈悲、细心、勤劳等特质犹如观世音菩萨。女性千万不能妄自菲薄，男人和女人之间一定要互相尊重、互相帮助，如此世界才会变得祥和，人间才会更加可爱！

真女性主义（一）

一般人的观念，认为女人善于用美丽的外表作为自己进阶的手段，善于以眼泪作为征服男人的武器，善于以眼睛作为勾魂摄魄的工具。其实女人的长处很多，不一定要用身体上的构造来取媚于人。女人的特点，诸如聪明、智慧、勤劳、爱心，就已经足以胜过男人了，所以不必利用身体来换取金钱、名位，女人一样可以凭自己的智慧、能力，在社会上和男人公平较量。

现代女性意识高涨，在许多时代新女性高呼“女男平等”下，女性的地位大大提高。但是，基本上东西方对女性的看法又有极大的不同。

女人，在西方被认为是神：自由女神、和平女神；是美：安琪儿、可人儿、甜心。中国人则认为女人是祸水，是母老虎，是蛇蝎，把女人视为不祥之物。

其实，男人是人，女人也是人，既然是人，每一种人都有他的优点。因此，不必把女人看成是神，也不必把女人看成是蛇蝎。女人，她不就是人嘛！

女人的风姿比较美丽，女人的心地比较善良，女人的个性比较柔和，女人的心灵比较细密，女人的工作比较有耐力。

男人，在体形、力气上有很多地方优于女人，但是女人也有优于男人的地方。例如，女人负起家庭的担子，从早到晚，三餐的供应、家居的整理、儿女的扶养。如果一个家庭中，把女人一天的工作时间总计一下，必然多于男人的工作量。男人可以经常换工作，女人则把心力投注在家庭中，永远不变。

女人的特点，诸如聪明、智慧、勤劳、有爱心，就已经足以胜过男人了，所以不必利用身体来换取金钱、名位，女人一样可以凭自己的智慧、能力，在社会上和男人公平地一较长短。

女人也不一定做大官、做大企业家才是伟大。基本上，女人是中国伦理道德的保卫者，是家庭教育的推动者，是慈悲和平的实践者。古代有岳母刺字、欧母画荻，现代的女性，一手扶养两代，照顾儿女长大成家，继而帮忙带孙儿、孙女者，比比皆是。

有一句话说，一个成功的男人，背后必有一位伟大的女性。如明太祖的马皇后、唐太宗的长孙皇后都是名垂青史的典范。所以，真女性主义，希望今后天下的女性发挥自己的所长。女人能走入社会，兴办公益，扩大自己的生活圈子，固然是新女性的行为，但是身居家中，相夫教子，能把举国的男女教育成杰出的人才，又何尝不是真女性的所为呢？

纷杂之中，保持礼敬，是谓乱而敬；
事虽繁冗，但不盲从，是谓扰而毅；
性格坦率，令人堪受，是谓直而温；
自信自强，通情达理，是谓强而义。

·佛光菜根谭·

真女性主义（二）

这是一半一半的世界，男人一半，女人也一半。从前，女人被视为“无才便是德”，一天到晚忙于家务；时代不同，现代的社会讲求“男女平等”，女性不再受家庭的束缚，也能发展出自己的一片天地。

时代在进步，人类的思想观念不断受着时代潮流的冲击与考验，很多传统的价值观也在逐步调整与变化中。例如，过去男女不平等，女性一直理所当然地被视为受保护的弱者；但现在女权抬头，女人争取男女平等，社会上的女强人愈来愈多。尤其现在的很多女性，思想与作风大胆、前卫，标榜自己是时代的“新女性”，她们在社会上渐渐崛起，已成为新的一族。

所谓“新女性”，究竟有些什么样的特异之处呢？列举如下：

一、不煮三餐，在外吃饭。现在社会上，保持传统观念的女性，在家相夫教子，操持家务，还是占多数。但是受到时代潮流影响，一些女性平时不做家务，三餐不肯亲自下厨，喜欢在外面上餐馆，邀约朋友到饭店吃饭，以此显示时髦，这种新女性为数也不少。

二、不想结婚，而想生子。现在有一些女性，不想结婚，但希望生儿育女，如一些名艺人、名作家就是这种想法。受到一些名人未婚生子的效应影响，不婚生子不再被视为离经叛道的事，而成为新女性选择的一种生活方式。

三、不管礼教，三夫四男。过去男人三妻四妾，女人规规矩矩地守贞节，一夫到底。现在的新女性，也不甘愿与男人待遇差别太大，男人可以三妻四妾，女人为什么不可以三夫四男呢？

四、不务正业，上网赚钱。现在的电视、报纸经常报道，有些尚在就读初中的女学生，不想正当地打工赚钱，只想通过网络援交，廉价出卖灵魂以赚取金钱花用，完全不知世间真情为何物！

五、不必工作，可以刷卡。现在的女性，大多不喜欢做家务，尤其不喜欢进厨房，平时洗衣服有洗衣机，家务有女佣代劳，自己只知买东西可以刷卡。但是刷卡也要有来源，银行里没有存款，刷卡的后果怎么办呢？因此现在有很多卡奴，就如佛教所说的“菩萨畏因，众生畏果”，不懂得防患于未然，等到结果产生，大难临头，才来懊悔，一切都已嫌迟。

六、不觉羞耻，以脱为美。过去的女性，含蓄保守，身体任何部位都不愿意让人看到，万一不小心被人窥见，就认为是最大的羞耻。但现在无须偷窥，有些女性大方地露出身体，以脱为美，例如辣妹的表演、槟榔西施的暴露等，实在让人慨叹世风日下，人心不古！

七、在职场上，与男争光。当然，新女性也不全然都是自甘堕落，现在也有一些优秀的女性，在职场上与男士一较长短，当上女校长、女教授、女总裁、女董事长等，她们杰出的表现，不落人后。尤其现在举世有不少女总统、女首相、女议长、女县长……都让人感到女性还是可以自我觉醒、自我上进的。

八、保持传统，相夫教子。现在社会上，其实有更多的女性默默负起传统女性的职责，在家相夫教子，这是旧社会的传统妇女，并不是新女性。

·佛光菜根谭·

再坚冷的冰，遇到太阳照射，终会融化；
再生硬的米，经过炉火烧滚，终能煮熟。
做太阳，可以温暖别人；
做炉火，能够成就他人。

只不过我们要问：到底是旧妇女对社会好呢，还是新女性对社会更有贡献呢？这是可以评论的。

本文并无轻视女人之意，我们一直希望男女平等，男人能，女人为什么不能？无论男人、女人，总难免有一些贤愚不肖，像男人当中，不务正业，参加帮派、黑道，乃至走私、贩毒者，也让社会所唾弃。看来这个社会是一半好一半坏，你喜欢的只有一半，不喜欢的也有一半。

爱的因缘

现代的社会都提倡“爱”，有爱就能走遍天下，有爱就是温暖的人间。爱，好比是日光、空气、水；没有日光、空气、水的爱，生命就无法生存了。但是，爱也要爱得正当、爱得合理、爱得尊重。

爱是本性

我对现在这个社会的男女，所谓“一见钟情”的情况，非常挂念。现在的男女往来太过自由，但是青年时期思想还没有成熟，对人生交往的关系不能深入了解，所谓许多男女常“因不了解而结合，因了解而分开”，实在很为可惜。

吾人的生命从哪里来？简单地说，是从“爱”而来的。爱是生命的根源，没有父母相爱，吾人何能得生？

把爱净化就是慈悲，把生命升华就是本性。例如，我们爱大自然、爱山、爱海、爱树、爱花，但我们没有想要占有。甚至于我们看到一栋房子建得很艺术，看到一部车子造型很新颖，看到一个人长得很漂亮，我们也会生起爱心，但是我们并不想占有。所以，爱情是人的本性，不是罪恶。

爱欲不同于爱情，爱欲就是想要占有，想要获得，因而成为自私的贪欲；因为有贪爱，因此染污了自性，故曰爱情与爱欲是迥然不同的情感。

人类从爱情而到爱欲，所以不管家庭里或社会上，总在欢乐与烦恼里纠缠不清。甚至即使是修道的人也有烦恼，烦恼的来源也是因为在爱情里存在着爱欲，所以心海荡漾，不能平静。

不过，爱情纵有烦恼，它是春风细雨；爱欲的烦恼，那就是漫天风云，往往排山倒海而来。英王爱德华八世不爱江山爱美人，这是情与欲的混杂，两者皆有。唐玄宗爱杨贵妃，完全是欲的冲动，即使乱伦也毫不顾忌；吴三桂爱陈圆圆，“将军一怒为红颜”，完全置国家、社会于不顾，这也是欲

· 佛光菜根谭 ·

一念之慈，万物皆善；
一心之嗔，千般为恶。

的冲动。

修道的人也有爱，如佛陀为年老的比丘穿针引线，为生病的修道者倒茶侍候；佛陀对周利槃陀伽、尼提、阿难、优婆离、罗睺罗等弟子都有很多爱的故事，那是净爱而没欲染。

爱情与爱欲，最不好的后果就是嫉妒，因爱生妒。有人说，在世界上可以找到不吃饭的女人，但找不到不吃醋、不嫉妒的女人。其实，嫉妒也不是女人的专利，男人也会嫉妒。男人在外应酬，酒色财气，太太都能忍耐，假如是太太跟其他男人一席谈话、一次往来，往往情海生波，家庭生变，可见男人也会嫉妒、吃醋。

人在佛教里称为“有情众生”，人间不能没有爱心，有爱才有力量，才能升华。希望我们的社会，人人都能把爱情转化为慈悲，并且把爱欲断除吧。

爱的力量

有一个青年，羡慕有家室的人幸福美满。终于自己结婚了，感到生活美妙无比，因为下班回家有妻子拿拖鞋穿，进了门有小狗围着汪汪叫。一年后，回家不是太太拿拖鞋，而是小狗衔拖鞋；不是小狗汪汪叫，而是妻儿整天嫌这个不好，怪那个不对，因此烦恼不堪。后来遇到一个高人指点，叫他要继续欢喜，因为没有太太拿拖鞋，一样有小狗衔拖鞋；没有小狗汪汪叫，一样有妻儿围着汪汪叫。这位高人最后语重心长地说：世界是变化的，你要求外境不变是不可能的，唯一不变的，只有自己的心。

有时候，一句话、一个念头会让人产生力量，这些力量的来源是因为有爱。爱，是让女人每天面对柴米油盐酱醋茶，可以不起烦恼、欢喜承受的力量；爱，是让植物人再度苏醒，或是残疾者努力站起来的力量；爱，是让事业失败、学业受挫、心灵受挫者，重新面对人生的力量。所以，爱是世间最大的力量，爱的力量可以分为下面四点：

第一，自私的人，因爱而变为慷慨。让自私悭吝的人变为慷慨的原因有二：一是别人对他的爱心、照顾关怀、无私施与，让他察觉自己一味接受他人，难道不能有一点回馈？因为别人对他的爱，让他慢慢转变为慷慨。二是让自私的人心中有爱。心中有爱的人，才能不自私，没有计较地为对方付出。

第二，怯弱的人，因爱而变为勇敢。有的人生性胆怯，什么话也不敢说，什么事也不敢做，甚至连夜路也不敢走。如果有人给他鼓励、给他勇气，让他觉得有一个精神支柱可以依靠，他会转为勇敢。另一种爱是母性的爱，为了保护子女，让原本怯弱的个性，变为勇敢坚忍。还有一种像秋瑾一样的民族义士，不都是因为“爱”而牺牲生命，在所不惜吗？所以，爱可以让人勇敢无畏。

第三，怠惰的人，因爱而变为勤奋。一个懈怠懒惰的人，因为你的热心带领，甚至协助他做事，维护他的荣誉，被你的爱心而感动。一些生性懒惰的人，因为让他开心，或是让他成为朋友，开始变得勤奋。所以面对怠惰的人，不要鄙视他们，而要以真诚来对待他们，让他们心甘情愿地付出。

第四，刻薄的人，因爱而变为宽容。有的人性格卑佞刻薄，生性不肯慈悲，不肯施舍，不肯助人，这样的人不懂得爱人。在他们的眼里，只有自我，不能以同理心去体会别人身心的感受，所以才会以尖酸刻薄对待别用宽容的钥匙，打开褊狭的心扉；
用智慧的宝剑，斩断烦恼的情执；
用爱心的药石，修补创伤的痛楚；
用欢喜的法水，滋润烦忧的人生。

·佛光菜根谭·

人。这时，你要以爱来感化，甚至以更大的宽容慈悲来对待，他们会因为你的容忍礼让，惭愧于自己的狭小气窄，于是会改变自己。

有爱，才能接受别人；有爱，才能彼此尊重。人人有爱，就能宽恕，无所责怪；社会有爱，就能扶持，无有侵犯；国家有爱，就能安居，无有战事。因为爱，才能包容他族；因为爱，才能援助弱小。爱是无私仁慈，希望别人比我更好；爱是默默奉献，不计较有无回馈；爱是化解灾难，不会记恨挂仇。爱是一切力量的来源。

谈情说爱（一）

爱情本身是个盲者，爱得过分昏了头、乱了方寸、迷失了方向，不知天高地厚，再怎么美好、浪漫，都会出问题。所以，我们要用道理来应对感情，用智慧来领导感情，用正见来处理感情，用正念来规范感情。佛世时，摩登伽女因为迷恋阿难尊者，经过佛陀善巧度化，终于觉悟“爱是苦的根源”；莲花色女在感情的世界里受到创伤，故以玩弄爱情为报复，后经目犍连尊者开导，终于认识“不当的爱是罪恶的根源”，于是迷途知返。

人的生命从哪里来？世人立了种种的学说来加以研究讨论，其实简单地说，生命是从“爱”而来的。所谓“爱不重不生娑婆”，父母相爱，我爱父母，我的情识之中含藏了许多爱和不爱，所以投生到人间。

现代社会都提倡“爱”，有爱就能走遍天下，有爱就是温暖的人间。爱，好比是日光、空气、水，没有日光、空气、水的爱，生命就无法生存了。但是，爱也要爱得正当、爱得合理、爱得尊重，否则假爱的善名，做出多少丑陋的事情。例如，有的人把爱当作执着，有的人把爱当为占有，有的人把爱当成自我，有的人把爱变为恨源。

你看，现代的青年男女，爱之则欲其生，恨之则欲其死。其实，爱是牺牲，是奉献，是珍惜，是护持。我爱财，财要能和大众分享；我爱名，名要能庇荫众人；我爱知，我要把知识传给后人；我爱情，我要用情成就你的幸福美满。

世间男女结婚，这是爱的升华、爱的圆满、爱的统一。但是，如果爱得不当，则爱如绳索，会束缚我们，使我们的身心不得自由；爱如枷锁，会锁住我们，使我们片刻不得安宁；爱如盲者，使我们陷身黑暗之中而浑然不知；爱如苦海，使我们在苦海中倾覆灭顶。

爱不是单行道，爱是双向的交流，彼此要体会对方的心。有一段趣谈：意大利人把结婚当为歌剧，法国人把结婚当为喜剧，英国人把结婚当为悲剧，美国人把结婚当为闹剧，中国人把结婚当为丑剧。

其实，爱是美的，爱是善的，爱是真的，爱也是净的，我们应该把爱从狭义中超脱出来，不要只是爱自己，爱家人，我们更要爱社会大众，爱国家、世界。

佛陀的弘法利生、示教利喜，就是爱；观世音菩萨的大慈大悲、救苦救难，就是爱。爱就是为了你好。爱你就要成全你，就要尊重你，就要给你自由，就要给你方便。

所谓“爱屋及乌”，你能把对某个人的爱，扩及一切众生吗？我们要

·佛光菜根谭·

心真，则大地皆清净；
心善，则行事皆顺畅；
心美，则众生皆可爱；
心诚，则天下皆平坦。

用慈悲去扩大所爱；我们要用智慧去净化所爱；我们要用尊重去对待所爱；我们要用牺牲去成就所爱。人与人之间若能相亲相爱，则宇宙世间何其宽广啊！

谈情说爱（二）

有一个信徒的女儿从美国留学回来，我说："你的小姐已经从美国大学毕业回来了，可以让她结婚了。"她说："师父，她才22岁，懂得什么爱情？懂得什么结婚？懂得什么夫妻相处？随她去！等她到了28岁的时候，我再来问她结婚的事情。"要给女儿那么长的时间，让她对社会、对爱情有深刻的了解，才会知道如何找一个终身的伴侣。我觉得这样的母亲不但开明，也真是很有雅量的。

凡夫的情爱，往往是狭隘的、有限的，凡夫的情爱是占有的、有相的。人间凡夫的情爱，有时候会产生许多的问题，归纳其原因，有下面几种：

一、爱的对象不对。看到自己喜欢的人，动起爱慕的念头，是人之常情，但是爱慕的对象不当时，不但不能增加幸福，反而平添烦恼。譬如对方已经是使君有妇或是名花有主，还苦苦追求，只能造成悲剧和痛苦。况且感情是双方面的事，落花有意，流水无情，也是无法勉强的。用情的程度应该当浅则浅，当深则深，如果陷溺太过，难免会招致没顶。

二、爱的观念不对。有的人以为家财万贯便能买到别人的情爱，有的人以为身份不相称、门户不相当便不能交往，这些都是错误的观念。以男女情爱的例子来说，过去的婚姻，一定要有多少聘金才能来做媒，才能谈论婚嫁；或者在谈情说爱的时候，总考虑到对方的身份、家世、品貌、学历、职业，列出许多条件来。像这种有条件的爱，已经成为一种物质层次的爱，而不是真正的爱情；真正的爱是不讲求条件，完全付出的。

三、爱的方法不对。有的人以为可以三妻四妾、金屋藏娇，享尽齐人之福，这是个人享乐的私爱。有的人对于心爱的人，纵然有错失，也不加以指正，而对于自己讨厌的人则百般挑剔，眼睛仿佛蒙上了一层荫翳，不能明白地看清对方的真正面目，因此有人说，爱情是盲目的。我们应该有“爱而知其恶，恶而知其善”的认识，才能真正发挥爱的功用。

佛教并不反对正当的男女之爱、夫妻之情。只是，现在社会上一些男女青年谈恋爱，常常成了胡乱之爱——从可贵的男女之爱演变成惹是生非的乱爱，这是很不好的现象。

报纸上可以看到许多触目惊心的报道，情爱的结果不是毁容就是伤害、毒杀，制造了很多骇人听闻的丑陋事端。看到这许多丑陋的事情发生，总不禁慨叹：众生实在不懂得情爱！

所谓情爱，即使不谈到牺牲、奉献，至少在情爱里彼此不能伤害对方。有情人能成眷属，固然很好，如果不能，也要像君子一样，好聚好散，不必翻脸成仇。一旦情感破裂，彼此和和气气地离开，怎么忍心把自己曾经那么热爱过的人，憎恨地丑化他、伤害他，甚至摧残他，这又是何苦呢？

有人说，青年人谈爱情，爱情是挂在嘴上，说说而已；中年人谈爱

·佛光菜根谭·

过多的爱护并非不好，但要受得起也给得起；
受得起不会令人失望，给得起不会辜负人意。

情，爱情在身上，在手上；老年人谈爱情，爱情是放在心上，刻骨铭心。由此可知，对爱的体会是随着年岁的增加而日趋成熟的。一般说来，凡夫的情爱是从红颜到白发，从花开到花谢，比较贪恋于男女之欢。如果情爱能够随着我们人格的递增而日益提升，随着道德的长进而日臻纯净，那么凡夫的情爱也会愈来愈升华，从爱自己，乃至自己的父母眷属，进而爱世界人类。

男人心，女人心

人有男女之别，男女之间除了身体上的构造不同，心理、性格上也有很多的差异。例如，男性喜欢看动态的东西，女性欢喜欣赏静态的事物；男性看事情大而化之，女性则会专注细微的小地方；男性容易见异思迁，想要的东西很多，女性比较专情，往往只要一个。

世界上有一半的女人，也有一半的男人。

这一半的男人，他们心里到底想要拥有一些什么，试举如下：

一、拥有财富。一个男孩子，从小就受父母的经济控制，用钱不自由。有朝一日，自己学业完成，或是学得一技之长，进入社会，第一个想要的就是努力赚钱。因为有了钱财，就可以买汽车、洋房，可以交朋友，可以出国旅游，住高级饭店，可以和达官贵人交往，可以获得少女的崇拜，所以男人想要的，第一个就是金钱。

二、拥有爱情。有了金钱，金钱可以供他使用，购买心里想要的东西，但是金钱不会说话，所以这时候他需要爱情。假如有一个异性朋友，年轻貌美，而且温柔多情，和他一起沉浸在爱河里，人生就更加美好了。

三、拥有名位。一个男人，有了金钱，有了爱情，并不一定能满足，所以这时候他又会有其他的欲望。例如，希望有名位，因为一个男人没有名位，就如大人物没有座车，练武的人没有用武之地，所以他希望谋个公司的高级主管，或是工厂里的工程师，甚至能当个“民意代表”就更好了。

四、拥有权势。俗语说：“大丈夫宁可无钱，但不能无权。”有了名位，还要有实权，权势才是男人最想拥有的东西。因此，很多男人“一朝权在手，就把令来行”，男人很容易成为官僚，成为独裁者，很容易被权势冲昏了头，因为他们太重视权势了。

上述是一般男人所想要的，现在再说女人想要什么。女人或许也有种种想法，但女人要的，或可简化为“一个男人”。因为有了一个男人，男人的金钱、爱情、名位、权势，她都能分而享之。只是一个女人要分享男人的所得，本身也要具备一些条件，诸如美丽、温柔、多情、体贴等，如此男人才肯把自己拥有的分享给她；假如这个女人的条件不够好，男人一旦发现另外有一个女人的条件比她更好，那么她在男人身上所分享的一切立刻就会化为乌有。

所以，男人的成就是建立在自己的雄心壮志上，女人的成就则往往建立在她的机遇好坏上。一个女性如果遇到一个君子，比较能有幸福美满的生活；万一遇人不淑，则人生的梦想很快就会幻灭。

·佛光菜根谭·

心善，自然美丽；心真，自然诚挚；
心慈，自然柔和；心净，自然庄严。

长期以来，男女之间一直在争平等。然而就以爱情寿命来讲，一个男人从二十岁谈情说爱，直到六十岁，仍然是一个充满魅力的成熟中年男人，仍有很多女性崇拜他；反之，一个女人二十岁开始谈情说爱，十年、二十年以后，年老色衰，她的爱情价值就没有那么高了。所以，算来算去，世间男女事实上并不容易平等，要平等，除非男女能把价值观重新估定，大家转而在智慧上较量，男方以智慧引起女性的崇敬，女人的智慧也能获得男方的欣赏，大家以慧心结合，以慧语相处，以智慧厮守终生，或许能有男女平等的希望。

青年男女的交往

曾经，有一个母亲对年届三十的女儿不肯结婚非常挂念，就来找我。这个母亲说："师父，既然她不肯结婚，你就劝她出家吧。"我说："出家不是劝的，要有出家的性格才能出家啊！"后来，我见到了这位小姐，就跟她直话直说："男大当婚，女大当嫁，你怎么不结婚呢？"她回答我说："现在的男人都没有幽默感。"

对于今日青年男女的交往，我们就从旁观的立场，作一些意见：

第一点，普通的朋友来往，不用去做身家调查，大家都是"君子之交，其淡如水"，平淡是安稳之道。假如说有心交友，就必须先对他的家庭背景有些认识，对他往日的交友情况要做一些了解，对于对方的生活能力要知

男人要有幽默感，女人要有温柔性，
儿童要有接受心，青年要有创造力。

道，因为今后两人共处，必定都要有生活的能力。最重要的是，要有共同的信仰、共同的语言、共同的性格、共同的生活习惯。甚至于不可以相处太过亲密，例如同学、同事之间，或者同一个社团里，同时有三五个人在交往才合适。要很冷静，要深思未来，最重要的是，你要能不后悔，到达心甘情愿，才可以有深入的感情上的来往。

第二点，过去的男女婚嫁，都重视门当户对。其实，也不必都要门当户对，但是男女双方的结合，未来要共同生活，人的一生也不过数十年的岁月，不能相互了解，不能相互体谅，不能相互信任，必定是非常危险的。所以，男女之间的来往，对彼此的性格以及互相的信赖、包容，都得很认真地深思，才能决定终身大事。

第三点，在中国社会里，男性在感情上有许多的空间，女性的感情则是比较狭小的道路。当今社会的女性，虽然不必像过去贞洁妇女那样，要有“树立贞节牌坊”的观念，但是也不能随便、不经意地和男性来往，这对自己未来的一生，会造成重大的遗憾。所谓“前事不忘，后事之师”，不妨把过去一些人的经验教训作为自己的借鉴。

总之，对未来没有理想，对责任不肯负担，对感情非常随便，对钱财任意挥霍，轻诺寡信，无论是男方或是女方，都是结合的严重障碍。

牵手

晋朝的许允经媒妁之言娶得一房妻子。洞房之夜，初见新妇，一看面容丑陋，甚为不悦，乃问妻曰：“女子应有四德，所谓妇德、妇容、妇言、妇功，请问你有几德？”新妇曰：“四德之中，我具备三德，唯少妇容而已！”许允不悦，新妇反问他：“君子有百行，你具备几行？”许允说：“我百行皆备。”新妇讥嘲道：“君子百行，以德为先，你今日见我，好色比好德过之，竟然还说百行具备。”许允听了新妇的当头棒喝，自觉羞惭。后来二人恩爱有加，白头偕老。

“牵手”是台湾话的名词，意指男女婚姻结合，从此将永远在一起，手牵手、心连心地共度一生，所以台湾话称夫妻为“牵手”。

自古以来，男女两情相悦，要想一生共营生活，长期“牵手”，实在也不是容易的事。汉朝的司马相如与卓文君，为了“牵手”，即使门不当户不对，才子佳人仍不顾一切，向旧有的礼教和观念挑战，诚属不易。唐朝的王宝钏为了和薛平贵“牵手”，从金枝玉叶到寒窑苦守十八年，无怨无尤，也非一般人所能轻易做到。

但是，从另一方面来看，自古以来即使贵为金枝玉叶的公主，有时为了国家的需要，帝王也鼓励她们与大臣将相结成“牵手”，以笼络人心，巩固臣下对国家的向心力。文成公主为了国家，为了汉藏文化的交流，毅然与吐蕃赞普松赞干布成为“牵手”；王昭君为了平息匈奴的侵扰，代表国家和番，与呼韩邪单于结成“牵手”。

台湾话把夫妇称为“牵手”，别有意义。因为一般人只能握手，很好的朋友走在路上能够互相拉手搭背，就已经非常了不起了，但不能完全称为“牵手”。“牵手”表示永远相随，永远相依为命，永远苦乐与共，永远患难相扶持。

· 佛光菜根谭 ·

人，总要别人的帮助，才能生存，
因此要懂得相互扶持；
能有“同体共生”的认知，
才能共存共荣。

孟姜女与万杞良是“牵手”，万杞良被征调到塞外建筑万里长城，孟姜女万里寻夫，哭倒长城，成为感人的故事。南宋巾帼英雄梁红玉，与韩世忠“牵手”，共同抵抗金兵，留下“击鼓战金山”的千古佳话。杨家将中穆桂英与杨宗保是“牵手”，她为了忠于杨家，随佘太君披挂上阵，留下杨家一门忠烈的美名，也是为了“牵手”之情。宋朝女词人李清照与赵明诚“牵手”，共同致力于金石书画的研究，虽逢战乱，颠沛半生，后来赵明诚病逝，李清照强忍悲痛，整理完成其夫所著《金石录》，足见伉俪情深。

其实，不一定男女夫妻才要“牵手”，现在的职业团队也应该“牵手”，社会上的所谓社团、党派、同志，也要像“牵手”一样，携手同进。

“牵手”是从爱而发起的因缘关系，假如我们的社会，人人都能互相尊重，发展彼此的慈悲爱心，则整个社会都如家庭里的父母兄弟姊妹“牵手”，则社会多么美好可爱。

夫妻除了要“牵手”共度一生，尤其要像双手一样互相帮助，左手拿不动的东西，右手一定会主动帮忙；如果双手不能共同合作，则可能是此人中风或残疾了，如此不能“牵手”，不能相互扶持，则家庭自然就会出现问题。所以我们祝愿天下的“牵手”都能好事圆成。

夫妇之道

结婚之前，本来是一个人；结婚之后忽然变成两个人共同生活，尤其是来自不同地方、不同家庭、不同背景、不同习惯、不同观念的两个人，把很多的不同忽然结合在一起，要让婚姻和谐，如鼓琴瑟，确实不易！

婚姻（一）

我有一个信徒，拥有一对漂亮的儿女，我经常赞叹他们是“金童玉女”，但是他们三十多岁了，都还没有结婚。我就对他说：“怎么不让他们结婚呢？”他说：“师父，你不知道啊！现在俊男美女很难找到对象。”我初听，感到很讶异，后来一想，确实也不错，现在的社会，要跟俊男美女结婚，得承担多少的风险，付出多大的代价。

婚姻是人类延续生命的合法契约，婚姻是男女经过公众认同的规则。

有人说婚姻是赌博，有人说婚姻是存折，有人说婚姻如风筝，有人说婚姻如牢笼，有人说婚姻是恋爱的产物，也有人说婚姻是爱情的坟墓，有人婚前对婚姻视死如归，也有人婚后对婚姻视归如死。

总而言之，婚姻大致可分为两种，一种是有感情的婚姻，一种是没有感情的婚姻。古代的婚姻是父母之命、媒妁之言，男女双方在结婚之后才开始培养感情；现代的婚姻是自由恋爱，男女双方在有了感情之后才开始谈论婚嫁。不过，现代也有“奉儿女之命”而成亲的。无论是有感情的婚姻，或是没有感情的婚姻，人人总是希望婚姻可以“天长地久”“百年好合”。

古代的女子生来就注定无法与男子享有平等的待遇，也没有自主的权利。女子晚婚了，就会被议论纷纷，结了婚后不能与丈夫、儿子同桌进餐，丈夫还可随时找借口“休妻”。女子除了顺受外，还必须遵守三从四德，所谓的“三从”就是“在家从父、出嫁从夫、夫死从子”，“四德”是“妇德、妇言、妇容、妇功”。现代社会女权意识抬头，已不再像以往，妇女终生只能扮演着

·佛光菜根谭·

具有同体的平等观，才能同心同德；
具有共生的慈悲观，才能共存共荣；
同体与共生，不但是宇宙的真理，
也是人类幸福的准则。

被支配的角色，因此过去大男人的“沙文主义”已变为“新好男人主义”了。

现代的婚姻是男女平等，男女双方必须互尊互敬、互忍互容，因此胡适把过去女人的“三从四德”改成现代男士应该做到的“三从四得”——所谓的“三从”是“太太出门要跟从、太太命令要服从、太太说错要盲从”；“四得”是“太太化妆要等得、太太生日要记得、太太责骂要忍得、太太花钱要舍得”。其实，胡适的“三从四得”是提醒结了婚的男女，应该要你我体贴、相互迁就、彼此信任，如此才能维持一个美满的婚姻。

婚姻不能有想要改变对方的念头，而是相互适应对方，尊重对方，给对方空间。现代有些男女，有人为了彼此挤牙膏、脱袜子的方法不同而离婚，这就是将婚姻当儿戏，也因为彼此不懂得沟通，彼此不愿顺服对方所致。

古希腊哲学家苏格拉底有个凶悍、唠叨的老婆，经常让苏格拉底在众人面前困窘不堪。有人问苏格拉底结婚的下场是什么，他说：“娶一位好老婆的男人，会变得快乐；娶一位坏老婆的男人，会变成哲学家。”所以婚姻必须付出忍耐，还要学会睁一只眼、闭一只眼，容忍对方的缺点；婚姻必须学会倾听，还要不能事事追根究底，要能时时原谅对方的过失。

你要选择一个美满的婚姻、相爱的伴侣，除了你的观念、爱心、经营之道外，还得看你的因缘了。

婚姻（二）

有一对青年男女，彼此情投意合，已经论及婚嫁，但由于男方家庭重视家族聚会，女方每次应邀到男方家中聚餐，看到男方已婚的姊妹，总在席间互比财富、成就，尤其用餐时的繁文缛节，总让喜爱自由的女方深感受不了，因此毅然提出分手，放弃这桩人人看好的婚姻。

一般人的认知，以为一男一女结合，长相厮守，成为夫妻，那就是一桩婚姻。其实，婚姻应该不只是一男一女的事，婚姻里面还包括家族的背景，所谓“门当户对”，不但经济的贫富、教育程度的高低要相当，即使这些条件都具备，如果彼此的价值观念、思想认知不同，也难以白首偕老。

有时即使已经结了婚，也不能只靠一纸结婚证书来维系婚姻关系，必须有共同的兴趣、爱好，有共同的社交生活、共同的话题，才能维系彼此的心。有一位太太，婚前最大的爱好就是听大提琴演奏，婚后几度要求先生陪她参加音乐会，但总被先生敷衍、搪塞过去。有一次，她下定决心先买好了音乐会的票，无论如何要先生陪她一起参加。先生无奈，只得应命。到了演奏会开始，第一首才刚表演一半，先生就已呼呼入睡，而且鼾声大作，与台上的大提琴互相呼应。任凭太太又推又踢又捏，先生还是照睡不误，这时太太看着先生的睡相，只觉无限孤单，不禁黯然落泪。

哲学家苏格拉底曾自嘲说：“我因为娶了一个悍妇，所以成为哲学家。”但也不是每个人都有这么好的修养。在现实生活里，有的人因为婚姻不美满而远走他乡、浪迹天涯，有的人趁机出国留学，有的人干脆投身军旅，为的都是不愿再与对方痛苦地生活在一起。

有的夫妻，婚前数年的爱情长跑，结果结婚不到几个月，就因为兴

·佛光菜根谭·

婚姻是一份承诺，是一份责任。
夫妻之间应该彼此互相关爱、
互相信任、互相了解、互相包容。
要像光一样照耀对方，像火一样温暖另一半，
在任何环境之中都能坦诚相对，携手共勉。

趣不合、生活习惯不同、价值观互异，甚至买东西时，对颜色、式样喜好不同，对家具、室内装潢的看法不一致，甚至为了挤牙膏的方式不同而吵架，终至离婚收场。正是所谓“因误会而结合，因了解而分离”。

过去有很多人因父母之命、媒妁之言而结婚，却能白首偕老，这是因为男女双方能互相尊重对方、包容对方，因此父母之命、媒妁之言也未尝不好。

有的人个性太强，凡事必须依着自己，不能满自己所愿，就感到失望，这是一种执着。人因为过分执着，没有异中求同，不容许不同的存在，这种性格，在社会上交朋友、结婚、处众，都很艰难。甚至即使出家当比丘、比丘尼，或是当神父、修女，在团体里，一样不能和人相处。

有一则笑话——如果哥伦布有个多疑的妻子，不断质问：“你到哪里去？跟谁去？去做什么？什么时候回来？为什么那个女人（西班牙女王）要给你三艘船？”如此哥伦布能发现新大陆吗？所以，一桩美满的婚姻，先决条件是夫妻必须互信、互助、互敬、互谅，才能彼此互补不足，共创美好的未来。

婚姻（三）

在早前的社会，还有“先友后婚”的主张，但是现在几乎“朋友”的这个阶段都没有了，也少有终身之交的远观，只要我欢喜，就可以成双成对。这么一来，太容易地结合，也就很容易地分开。我经常也为这许多年轻的人担心。

人生最大的问题，就是结婚。结婚是人生另一个阶段的开始。结婚之前，本来是一个人；结婚之后，忽然变成两个人共同生活，尤其是来自不同地方、不同家庭、不同背景、不同习惯、不同观念的两个人，把很多的不同忽然结合在一起，要让婚姻和谐，如鼓琴瑟，确实不易！

过去，男子背负中国传统的道德、社会的希望、父母的嘱托、家庭的需要，总要多方维护丈夫的责任，女方则有“三从四德”的要求，因此大都还能维护男女双方应扮演的夫妻角色。但是现在社会变迁，家庭伦理意识薄弱，婚姻已没有往昔的神圣、重要了，是以今日社会离婚率不断上升，男女双方要求一生情投意合，更属不易。

过去中国文化“不孝有三，无后为大”，丈夫为了家庭传宗接代，实难推翻传统的要求；女人所谓“男大当婚，女大当嫁”，嫁不出去的女人非常没有面子，因此就算对婚姻有诸多的不以为然，在传统的舆论、道德、文化影响下，一个小女子也不得不随着社会洪流运转。

过去男女的婚姻，一直受着传统文化的束缚，但时代不同，现在维护男女婚姻关系的要件，已不是过去的门当户对、媒妁之言，或是双方家长同意就算数了。

结婚是一辈子的事，如果把对方估计错误，勉强结合，最后禁不起时间考验，难免以离婚收场，无法天长地久，所以要郑重其事。以下兹以“结婚三阶段”提供给有心人参考：

一、初看：恋爱前，用双眼把对方看个清楚。因为恋爱前，没有什么承诺，也不必遵守任何誓言，可以千挑万选，因此要把对方看清楚，近视远观，统统都合己意，这才可以进行第二阶段。

二、再看：恋爱时，要用一只眼睛看。因为爱情常常会冲昏理智，双感情若是一厢情愿，则难天长地久；
财富若是巧取豪夺，必有败坏之虞；
名声若是哗众取宠，终将遭人唾弃；
地位若是坐享其成，便会引起非议。

·佛光菜根谭·

眼有时也会看走了样，所以要用一只眼睛看。就如木匠做木工，也都是用一只眼睛来目测尺规、吊线。用一只眼睛才能看得直、看得准，不会出差错，这是第二个阶段。

三、不看：结婚后，闭起双眼，就不必再看了。男女双方既已结婚，彼此成为一体，何必再睁大眼睛去看耳朵、眉毛、鼻子、嘴巴呢？不看，大家共同生活，也会相安无事。尤其夫妻结婚，大家都是凡人，用不着以圣人的眼光来检视对方，只有用爱心、体贴来尊重、包容，那才是结婚的最高境界。

上述三点意见，只是告诉现代社会的有情人，不要一时冲动、一厢情愿、一见钟情，应该把“初看”“再看”“不看”作为婚姻的三步骤，这也是巩固婚姻之道。

做个好妻子

话说有一男士出差，途中遇一卖鸟者，其中有一鸟能说多种语言，男士惊奇非常，随即以高价购买，准备送给妻子作为生日礼物。男士因出差任务未完，便将珍鸟托人先行带回家中给妻子。三日后，男士回到家中，兴奋地问妻子：“我托人带回来的小鸟，你收到了吗？”妻子答：“有啊！”男士再问：“小鸟现在放在哪里呢？”妻曰：“在烤箱里！”男士一听，大叫一声：“它是会说多种语言的珍鸟，你怎么把它烤了呢？”妻子一脸无辜地说：“它一声也没吭，我怎么知道它会说话！”

人都是互相对待的，你为我来我为你。就像夫妻结婚，营造一个幸福的家庭，并不是单方面的事。妻子爱丈夫，或是丈夫爱妻子，如果只有一方付出是不够的，爱要靠双方共同经营。所以男女既然结为夫妻，就必须相互恩爱、相互信赖、相互包容、相互帮助，才能真正白首偕老。针对如何做个好妻子，列举五点如下：

一、做个如母姊的妻子。一个男人，即使当了丈夫，其实还是希望和妻子像情人一样，打情骂俏，甚至偶尔吵吵嘴，都是难免的。但是一个真正成熟的丈夫，更希望自己的妻子，能像母亲，像姊姊，把自己当成儿子、兄弟一样地关心、爱护，所以在佛教的《玉耶女经》里，佛陀就指导玉耶女，要做个如母如姊的妻子，才是一个好太太。

二、做个如管家的妻子。中国的传统家庭，一向“男主外，女主内”，所以男人总希望所娶的妻子能像管家一样，帮他把家管理好。家事其实也像国事一样，琐碎复杂，除了柴米油盐酱醋茶等开门七件事以外，如何侍奉公婆，如何摆平妯娌姑嫂，让大家和乐相处，乃至要会敦亲睦邻，要能代替丈夫在亲族之间做人处事，让丈夫感觉“家有贤妻”，在外没有后顾之忧。所以，能把家管理好，才是一个好的妻子。

三、做个如护士的妻子。夫妻之间，妻儿有病，丈夫当然要照顾。不过，男人的生活，以及身体、心理的健康，尤其需要一个像护士一般的妻子，细心、体贴地照顾。做护士的人，最为人称道的，就是脸上经常挂着如春风般的笑容，性格爽朗活泼，一副天下太平的无事模样，让人和她在一起就觉得很快乐，很有安全感。男人所喜欢的妻子就是像护士一样，能带给自己身心的鼓励、慰藉，当然也能促进身心的健康。

四、做个如助理的妻子。在一般公司机关里的主管，都有秘书、助理、

· 佛光菜根谭 ·

一等太太：治家整洁，贤惠有德；
二等太太：慰问丈夫，赞美辛劳；
三等太太：唠叨不休，嫌怪家事；
劣等太太：搬是弄非，制造事端。

特别助理，帮他处理很多公务。丈夫当然也希望自己的妻子是最特别、最值得信赖的助理。举凡家庭财源的开拓，家务的料理，儿女的教育，亲朋好友婚丧喜庆的打点，乃至每日书信的处理，各种资料的归档等。妻子若能做丈夫的好助理，则丈夫在日常的工作生活中会减轻很多压力，他必然会感谢妻子的帮助，也会佩服妻子的能力，当然也会更加敬爱自己的妻子。

五、做个如妻子的妻子。男人娶妻，是娶个帮手，不是像君王找个皇后、贵妃，是在后宫享受的。所以，做妻子的要像个妻子，当丈夫宴请宾客时，要能亲自下厨料理，不必上餐馆吃饭。客人来访，要能应对交谈，行止进退都能得体有礼，让丈夫感觉很有尊严。家中的经济要能量入为出，不可开支浩繁，让丈夫无力应付。平时家务料理得井井有条，家中打扫得窗明几净，让丈夫、儿女回到家中，感觉家里就如天堂一样。如果再懂得经常赞叹丈夫，慰问其辛劳，如此丈夫怎么会流连在外而不欢喜回家呢？所以，一个贤惠的妻子，必然懂得掌握丈夫的心，夫妻能够同心，才有幸福美满的家。

做个好丈夫

一个好丈夫，必须是勇敢护妻的丈夫、负责家计的主人、诚信服务的君子、工作热忱的勇士、欢喜乐观的家人、幽默风趣的伴侣。

在佛教的经典里，有很多充满人间佛教思想的经句教义，其对社会人生的各种行事都有明确而翔实的开示。例如，女人如何做个好妻子，男人如何做个好丈夫，在《阿含经》《维摩经》《大宝积经》《善生经》等经典里都有很多合乎人间需要的指引。本文针对如何做个好丈夫，列举五点如下：

一、做个如父兄的丈夫。在举世的男女婚姻生活里，大都男长于女，因为男人要负起照顾家庭、保护妻儿的责任，他当然就必须具备这样的能力。他对人世的经验阅历要强，所以自然要比女方年长一些。我们看现代的女性也都比较喜欢嫁给中年男士，因为他们有丰富的人生历练，个性沉稳，比较懂得爱护妻儿。相较之下，一些青涩的年轻人，性情不稳，自己都还不懂得怎么做人，怎么懂得做一家之长呢？

二、做个如老师的丈夫。根据一些社会学家的研究，女生在高中之前读书慧解的能力胜过男生，到了大学之后男生的智慧开展胜过女生。男女的智慧能力本可同等看待，但各有专长轻重，所以女人找对象结婚时，对方要能像自己的老师，不断给予一些新的见解、新的思想启发。尤其女性生来比较优柔寡断，需要有一个有魄力的男性，彼此刚柔并济，相得益彰。因此，丈夫对世间的时事、对家中的财务、对儿女的教育、对未来的计划，都要能做个家庭老师，才能成为家中依赖的支柱。

三、做个如英雄的丈夫。一般女性都把丈夫看成是英雄，好像无所不能，无所不会。丈夫是妻子心目中信仰的本尊神明，但是万一这个做丈夫的男子生性懦弱，凡事都不敢轻易决断，假如能娶到一个性格独立的妻子，倒也罢了，如果妻子也是性情柔弱，这个家中没有一个强人，对内对外的事情就很难处理得宜了。因此，妻子理想中的丈夫要像英雄一样，太太每天等待丈夫下班就如同等待英雄归来，有时丈夫出远门，所谓“小别胜新婚”，做上等丈夫：风趣幽默，如春风吹拂万物；
中等丈夫：不苟言笑，如夏阳蒸烤大地；
下等丈夫：怪你怪他，如秋风扫荡落叶；
劣等丈夫：嗔嫉粗暴，如冬雪带来灾难。

妻子的更像是期待君王驾临一般。因此身为丈夫的，不做一个英雄也不行。

四、做个如君子的丈夫。每个女人都希望自己所嫁的是个好丈夫。什么是好丈夫？就是像个君子的丈夫。君子讲信用、道德、仁慈、礼貌、规矩，男人凡事都以圣贤君子自居，怎么不能成为好丈夫呢？女人有幸嫁了一个像君子的丈夫，崇仁重义，为人称赞，做妻子的脸上也有光彩。尤其丈夫是君子，必然不会为非作歹，不会违反纲常纪律，对妻子必然也会善待而且爱护有加。

五、做个如丈夫的丈夫。每个做妻子的人都希望自己的丈夫像个丈夫、像个男人。怎么样才能像个丈夫、像个男人呢？例如，有经济能力，足以养家；有社会地位，受人尊重；有担当魄力，不会让妻儿受外人欺负。遇有自然灾害、社会刀兵等，都能奋勇保护妻儿的安全，乃至平时处理家中事务、对外交涉等，丈夫都能一马当先，在前方抵挡。妻子儿女受丈夫如此保护，有这样的丈夫，家庭还会不幸福美满，妻子还能不心满意足吗？

夫好妻好

有一则笑话说：一对还在蜜月期的新婚夫妇，恩爱逾恒，两个人为了表示不分彼此，相约不管什么事都不能说“你的”“我的”，要说“我们的”。一日，丈夫进入浴室久久不见出来，太太在门外娇声问道：“老公，你在里面做什么呢？”只听丈夫回道：“亲爱的，我正在刮‘我们的’胡子。”

佛经里对于夫妇之道也有很深的阐扬。

做先生的应该如何对待妻子，经上记载有五事：

一、要“敬畏有礼”。先生对太太要恭敬、畏惧、礼让。胡适博士曾说，凡是有学问的君子、有知识的男子汉大丈夫，都应该加入他的“怕老婆会”。意思不是要怕老婆，而是对太太存有“敬畏”的心。凡是对太太敬畏的人，大概都不会去做坏事；不敬畏太太的人，反而容易无法无天。

二、要“悉委家事”。将细微大小的家事，都交给太太管。不仅把整个家庭交给太太，连荷包也要交给太太。一般说来，太太有私房钱不碍事，先生身边有太多的私房钱，比较容易挥霍无度，甚至做出越轨的事。

三、要“衣食俱足”。“贫贱夫妻百事哀”，没有面包的爱情是靠不住的。所以做丈夫的，要给太太足够的衣食，这是做丈夫的责任。

四、要“爱威有时”。做丈夫的，一天到晚板着脸孔，一副威严昂扬的样子，对太太一点爱怜都没有，夫妻的感情很容易变冷漠。但是，也不能女人似的娘娘腔，只会谈情说爱，不像个大丈夫，应该要“当爱则爱，当威则威”。

五、要“使妻荣耀”。丈夫应该努力于事业，尽心于工作，“让太太因我而感到荣耀，觉得嫁给我是最大的光荣、最大的幸福”。

那么，做太太的又应该如何对待丈夫呢？根据经典记载也有五点：

一、要“恭敬信顺”。不仅要恭敬，而且要信顺。做一个好太太不能常常对先生说：“你就是不听我的话！你就是不接受我的意见！”这样挫丈夫的威风，不但得不到丈夫的心，还会令他生起反感，影响家庭和谐。

二、要“温和爱语”。做一个好太太对先生须态度温柔，谈吐和气。男人的性子较刚，女性较柔，以柔才能克刚。太太对丈夫讲话也要多讲鼓励、赞美的话，千万不可以说反讽暗嘲的话。比方说朋友来找丈夫，不能当着别人面前说："你要来找我那个死鬼啊？"平日夫妻相称也不要动辄粗口恶言："死人啊！你过来！"万一真的死了，怎么办呢？一个家庭的和谐是从彼此的温和态度、关爱言谈中开始的。

三、要"勤劳家务"。家庭的环境，要里外干净，对于饮食三餐尤其要妥善照顾。有些先生有外遇，是因为他每次一回家，家里不但乱七八糟，太太还啰里啰唆，闲话唠叨一大堆，让他觉得这个家像菜市场，像牢狱。而外面另一个女人对他殷勤、赞美，他当然觉得"这一个比较可爱"。一个幸福的家庭，先生下班回来了，桌上已经放好了一杯热茶、一份报纸，餐桌上又准备了热腾腾、美味的饭菜，那么，先生无论再怎么忙，都会赶回来喝你准备的热茶，看你放置的报纸，吃你烹调的饭食，不会浪荡在外彻夜不归了。

四、要"关护亲友"。先生的亲戚、朋友、邻居到家里来，你要帮他招呼，亲切款待，使他们宾至如归。一个贤内助知道先生的事业重要，你让他把朋友、客人带到家里来，他就不必到外面去应酬了。若是先生的朋友、客户到家里来，你对他们不欢喜，使先生的事业和心情都不顺遂，他只好到外面去应酬，久而久之，他可能就移情别恋了。

五、要"缝衣善煮"。一个贤惠的太太，要细心关护先生的生活，嘘寒问暖，在衣食行止间无微不至地照顾他，不要一天到晚责问"你有没有去寻花问柳，有没有金屋藏娇"，引起先生的反感。要计较的是先生的兴趣是什么，妥善地关心他的兴趣、他的生活。在体贴周到、爱护备至的太太面前，即使先生不规矩，也坏不到哪里去的。

虽然，结婚典礼只在一瞬间，夫妇关系却须恒久不变，永远地维持下以爱才能赢得爱，以恨不能赢得爱；
以敬才能赢得敬，以嗔不能赢得敬。

去。做太太的必须认为：世间最能干、最有为、最可靠、最疼惜我的是我的丈夫。做丈夫的也要这样想：世间最贤惠、最体谅我的是我的太太。这种心理能维持多久，夫妇的恩爱幸福就有多深多长，像经上说的“恩爱亲昵，同心异形，尊奉敬慎，无骄慢情；善事内外，家殷丰盈，待接宾客，称扬善名，是为夫妇”。

夫妻相处（一）

佛光山佛陀纪念馆的五和塔经常为人举行佛化婚礼，我写了一副对联：“你我有缘成眷属，福慧共修庆家园。”其实，男女的婚姻没有教条，甚至法律都不能约束，完全是靠相互的尊重和爱心来维持感情。

《韩非子》云：“夫妻者，非有骨肉之恩也。爱，则亲；不爱，则疏。”夫妇间的关系，不是单方面的付出与要求，而是双方共同维护，彼此也要给对方空间，才能各得其所。所谓“夫妇和，则家道自然可成”，以下四点是夫妇的“互相”之道：

第一，要互谅相亲。既然男女双方情投意合，结为夫妇了，首要相处的关系就是要互相体谅。因为两个人来自两个不同的生长习惯的环境、家族，一下子要在同一个屋檐下共同生活，如果不能互相原谅彼此的过失，哪能平安无事呢？能互相体谅对方，才能生起互相亲近的感情，所谓“鹣鲽情深”才能持久。

·佛光菜根谭·

疑心，会破坏感情；信心，能凝聚共识；
嗔心，会瓦解人性；爱心，能营造和平。

第二，要互容相爱。夫妻要互相包容，这天长地久的日子里，天天开门七件事“柴米油盐酱醋茶”，天天要讲话，天天要在一起生活，如果彼此不能相互包容对方的缺点，怎么能彼此相爱呢？世间没有一个人是完美无缺的，所以互相包容，才能互相爱护。

第三，要互让相依。夫妻之间不要为了一句话，争得面红耳赤；更不要为了一件事，斤斤计较，不肯让步。既然已结为夫妻，就要甘苦同之，安危与共，在生活上要互相礼让，在精神上要互相依靠，如此才能“少年夫妻老来伴”，白头偕老地相依相护。

第四，要互信相敬。夫妇之间，虽已结为夫妻，一样要有相敬如宾的尊重，才能维持永恒的情意。此外，夫妻之间，要彼此互信，才能家庭和谐，因为“疑”会让彼此之间“草木皆兵”，我们打开报纸、电视，不乏夫妻之间因为彼此的不信任，而发生仳离，甚至种种不幸事件，所以夫妻之间一定要互信互敬。

《诗经》云：“妻子好合，如鼓琴瑟。”琴瑟要奏出美妙的音乐，要彼此兼容，彼此互让，彼此相依，甚至彼此声音大小高低、节拍速度快慢都要能配合，才能算是成功的曲目，夫妻之间不也是如此吗？所谓“好丈夫应该要装聋，好妻子应该要装哑”，如此忍让，夫妇必定能和睦相处。

夫妻相处（二）

据闻有一对90多岁的老夫妻，他们已经携手度过70年的婚姻生活，举行一个钻石婚姻庆祝会。有记者访问这个老太太：“你是怎么和他厮守70年的？他有缺点吗？”老太太说：“我丈夫的缺点比天上的星星还多啊！”记者很为惊讶：“既然那么多缺点，你们为什么又能共处70年呢？”老太太说：“但是他爱家、爱人、负责任，他像太阳一样，当太阳出来的时候，如星星多的缺点就都没有了。”

夫妻相处，要借着温和与耐心才能营造和乐的家庭。能用宽容的态度来代替执拗不化，用忠诚的心来对待不信猜忌，用谅解的方法来处理错误伤害，以不求回报的感情关心对方，必能水乳交融、亲密无间。以下就四点谈谈夫妻之间的相处：

第一，沟通要表达双方的感受。夫妻相处，最重要的是“沟通”，有沟通才能让对方了解彼此的感受，说出问题点，彼此才能有改进成长的机会。所谓“微小转广大”，一件小事情闷在心里，闷久了，彼此不说话、不关心，最后形成冷战，隔阂就会愈来愈深，终究变成一件不可挽回的憾事。

第二，协调要缩短彼此的距离。夫妻相处，难免彼此的意见看法、理想目标，甚至做人处事、交际往来有所不同，这个时候应该怎么办？要多协调。只要能彼此退让、协调，从异中求同，多次之后，双方不同的思考模式，以及处事方法的距离就会缩短，而逐渐培养出默契。

第三，适应要培养共同的兴趣。有些夫妻结婚后，才发现两人的嗜好完全不同，经常为了要对方按照自己的喜好做事，闹得彼此不愉快。如果夫妻两人能共同培养相同的兴趣，就能互相提携、相互讨论，彼此才有共同的语言，甚至共同的朋友。

第四，体谅要赞美对方的辛劳。有些先生回到家里，只会埋怨自己上

·佛光菜根谭·

感情失落者，安慰他以慈作情，以智化情；
家庭失和者，劝告他以爱得爱，圆满自在。

班太辛苦，而不愿意协助太太做一点家事；太太看先生一回家不帮忙做家事，就怨叹自己每天工作扫洒煮饭太劳累，如此一来，口角、不满就发生了。夫妻之间应该多体谅对方的辛劳，不吝惜口头的赞美，肯定对方的付出，彼此则能体贴。

中国谚语“家和万事兴”“夫妇和而后家道昌”，都是说明夫妻相处要以和为贵；而西方莎士比亚也说“家内之不和，是贫乏神之巢穴”，这“贫乏”并不只是金钱上的不足，也包括精神、心理的困乏。夫妻和合同心，才能共同面对挑战，共同成长，建立幸福的家庭。

夫妻相处（三）

真正要成为夫妻的人，如果你是一个女生，要知道男方看女人，最初是看美丽，之后就是要你贤惠，要你会赞美，要会做家务，要会孝亲，要会招呼客人，要会帮助丈夫撑持事业……这样的层次。如果你是一个男生，女方会要求你要有家庭观念，要有家庭责任，不只是会赚钱，还要会帮忙做家务。

男大婚，女大嫁，乃人伦之始。男女成家立业，结为夫妻以后，同心协力，彼此之间互信、互谅、了解、体贴，是维持家庭祥和安乐的重要因素。以下“夫妻四要”贡献给有心组织和乐家庭的夫妻：

第一，要一只眼睛。男女双方，在还没有结婚之前，可以用两只眼把对方的缺点、优点、性格好坏看得透彻，看得明白。但是结婚以后，成为夫妻了，要用一只眼睛看，或者干脆不看，以一心相待，不要用许多只眼睛来分析对方，更不要处处算计清楚，这样的夫妻感情才会持久。

第二，要一心两人。夫妻是来自两个不同家庭背景、两个独立个体、两种不同性格的结合。既然要在一起，就要兼容、相爱、相助、相成，一心一意地真心相处，才能发挥夫妻共同体的信心、力量，相互扶持。

第三，要一句好话。俗语说“爱情是甜蜜的，生活却是现实的”，做了夫妻，朝暮相处，许多现实的问题都会跑出来，不像谈恋爱的时候都是你侬我侬、甜言蜜语。所以夫妻之间更要每天营造美好的生活气氛，这不外乎多一句赞美的好话。有时候，一句甜言蜜语、一句赞美，比赚多少金钱、买多少礼物送给对方还要重要。一句好话加油打气，是感情的润滑剂。

第四，要一个意见。夫妻要能和睦相处，往往需要先经过共患难的日子。俗语说：“要做神仙眷属，先做柴米夫妻。”如果夫妻在面临疑问挫折的时候意见相歧，看法南辕北辙，怎能共同面对生活的艰难？如何一起渡过难关？所以，夫妻虽是两个人，但是不论在什么时候，意见看法一致才能同心，节拍步调一样才能同鸣。如此，这个家庭一定会平安和乐。

所谓“千里姻缘一线牵”，夫妻共同组成家庭，必定有深厚的缘分。要珍惜这好因好缘，这“夫妻四要”可以参考。

夫妻账目

女性进入职场之后拥有了自己的经济来源，而随着女权、人权、自主权的抬头，夫妻的财产也由过去的“共有制”，变成了今天所谓的“分开管理制”。在台湾，妇女团体经过11年的奋战，终于在2002年废除了以家父长制为基础的“联合财产制”，而有了强调夫妻人格独立、义务同担、权利共有的夫妻财产“所得分别制”。

过去在台湾，女性嫁入夫家，就成为丈夫的附属，包括其名下的财产也归丈夫所有，没有个人自主的财产。1996年之后夫妻财产是依登记名字判定所有权之归属，但是在妻子名下的财产的管理、使用、收益等原则上仍归属丈夫。新修订的“夫妻财产制”规定：“夫或妻之财产分为婚前财产与婚后财产，由夫妻各自所有……夫或妻各自管理、使用、收益及处分其财产。”

从此条文可以看出在经济上女性已不再只是附属，已明定两性平等自主的地位了。这实在是可喜可贺的。而且，当一方破产或负债时，修订的“分别财产制”能使另一方的财产免受牵连，对家庭经济是一大保障。新制之法是本着合伙、平等的理论，认为夫妻是家庭的“合伙人”，应该共同负担家庭生活，不管外出赚钱，或在家操持家务，其贡献是一样的。记得当时报纸上还列出“煮饭”一事需支付多少钱，洗碗、洗衣服、拖地、照顾孩子等各需多少费用。

将家务视同有薪工作，曾经引来许多看法和讨论。不过，我不太认同“夫妻合伙人”的论点，既然是“合伙”，就随时可以“拆伙”，难怪现在离婚率那么高。夫妻不是以金钱合作的关系，金钱虽然很重要，基本生活费、孩子教育费，乃至享有稍具水准的生活品质等都少不了金钱，但是“宝物归无常，善法增智慧；世间物破坏，善法常坚固”（《正法念处经》），金钱

平等和平奠定在人人皆大欢喜，
皆大欢喜落实于事事协调沟通。

不是万能，尤其家庭里有比金钱更重要、更有意义、更值得追求的善法，如相亲相爱、体贴关怀、忠诚信赖、知足欢喜，等等，才是取用不尽、最为珍贵的财富。

夫妻忙着赚钱，疏忽感情的维系与孩子的教养，已是不妥当，如果再各自赚钱，各自花用，彼此划分得一清二楚，岂不形同路人？夫妻财产是依“法定财产制”或“约定财产制”，是共有还是分开管理，我想没有绝对的好坏，只要夫妻协调沟通，达成共识即可。

一般家庭里对金钱的处理，可以设一个联合账户，夫妻两人将个人所得全部存入此账户，两人皆可领取；或是各自有独立账户，唯开户者可使用。另外，也有将个人所得提拨一定比例，存入一个共同账户，夫妻各自保有能自由运用的零用钱。在支出负担分配上，有的是夫妻两人不论收入多寡，举凡生活费、孩子教育费、保姆费等皆一起平均分摊；有的则沟通言明两人各自负责的项目；不论哪种方式，重要的是在金钱的收入、支出上最好能透明化、公开化。夫妻应以家庭的幸福美满为人生的重心，钱财只是维系家庭的基本条件，如果为了金钱的管理、运用而猜疑、吵架，甚至反目成仇，就太不值得了。

夫妇和合

婚姻是人伦的纲常，结婚以后，男女双方都要负起持家的责任，都要生儿育女，都要守成创业。有时候夫妻性格不同，文化背景、生活习惯各异，大家必须压低自己的身段，迁就对方，才能家和平安。

夫妻之间尤其要互相尊重，给予对方生活的空间，否则婚姻就如枷锁上身一样，真是所谓“家”庭者，“枷”锁也。

夫妻是构成家庭的基本成员，“男主外，女主内”的观念并不只限于过去的中国社会。据我所知，在美国，女性就业的普遍化也是这二十年来的事。事实上，人类最早的社会属于“母权制社会”。《吕氏春秋》载：“昔太古尝无君矣，其民聚生群处，知母不知父。”描述的就是典型的社会图景。那时候妇女在生产和生活上都居于领导地位，从早期的姓氏也可看出母系社会遗留的痕迹，如炎帝姓“姜”，夏是“姒”姓，周是“姬”姓，秦是“嬴”，都有女字旁。而且依《说文解字》的诠释，我们姓名的“姓”字本身，也是由“女”“生”组合，表示“女人所生也”。

如此的“母权制社会”维持了一两万年，约五千年前才进入父权社会，并形成“女嫁男，从夫居”的婚姻家庭。后来更从儒家思想发展出“三纲五常”的伦理道德，以此建立封建阶级、礼仪制度。东汉的班固言“夫妇”是：“夫者，扶也，以道扶接也。妇者，服也，以礼屈服。”即明确指出“夫”是可扶持、倚仗的人，“妇”则是应屈服顺从的人。也把“妻”解释为“齐”，意思是“贞齐与夫”，须终身不改。从这类的以音释义，也可看出夫妻之间不平等的地位，以及男尊女卑的现象。

值得探讨的是，男性抑制女性是一种专制、独尊、统治的霸权心态，传统女性也大都心甘情愿处于隶属地位，其言行举止往往和社会所认同的角色一致。从汉代班昭著的《女诫》、唐太宗长孙皇后写的《女则》、陈邈妻郑氏写的《女孝经》等，都可看出女性本身对女性角色的规范。尤其佳偶非天成，相处中应该要：
多一分幽默，少一分计较；
多一分体谅，少一分争吵；
多一分关心，少一分指责。

《女诫》中提出的“四德”和“夫者天也”的说法，更充分表现出重男轻女、男尊女卑的观念。不仅中国，美国20世纪60年代时有些州的法律也规定已婚妇女若无丈夫的书面许可，是不能签订契约和获得贷款的，而且结婚仪式中也要求妻子必须服从丈夫。

如今，父系家庭的体制犹在，孟子所言“仰足以事父母，俯足以蓄妻子”的观念，仍是大部分男性的基本观念，不过，“女子无才便是德”的论点早已不盛行了。随着女性受教育的机会均等，教育程度的提高，“贤妻良母”已不是女性一生唯一的事业。加上工商社会里，工作性质、形态都异于往日，许多工作已不是只有男性才能承担的。而且，女性有着细心耐烦、温和谦逊的特质，行事比较圆融，容易化干戈为祥和。

女性走入社会职场不论是为了经济需要、社交往来，还是自我实现的心理需求，往往回到家还要负担起大部分的家务，这种蜡烛两头烧的辛苦是可以想见的。长久以来，“女治内”“君子远庖厨”的习惯与观念要改变可能需花一点时间。幸好现在有的丈夫很体贴，回到家也会帮忙做家事、照顾孩子，这是很好的现象。我认为夫妻可以真心沟通协调，在家务和孩子照顾上分工合作，达成共识：如你煮饭，我洗碗；你洗衣服，我拖地；你接送孩子，我帮孩子洗澡……到底家是夫妻两人共有的，有参与，就有责任；有参与，就有感情，自然就能拥有健康快乐的家庭。

男女各有所长，各有所短。女性体力比较不够，男性就多做一点费体力的事；男人的想法粗枝大叶，女人比较细心，在细腻的地方女人就多用一点心。天地之间乾坤阴阳和合，万物就生长；不和合就会有缺陷。我觉得这个世界上男女间相互的赞美、认同，相互的尊重、合作，是非常重要的。

婚姻故障

但愿天下有情人皆成眷属，相亲相爱直到白头，基本上佛教并不赞成离婚，但是如果夫妻俩已到了水火不兼容的地步，还是让它水归水，火归火，勉强在一起的怨偶不如好聚好散。

怨偶（一）

妇女法座会是我多年前创办的，每次活动都有一个主题，例如“家，要拥有什么”“如何敦亲睦邻”“治家格言”“私房钱”“如何编家庭预算”“子女教育法”“家庭保健新知”“每日功过谈”“吵架时怎么办”“模范夫妇发表会”“人际间的墙壁——疑心与误会”“人生——制胜之道”，乃至“如何参加社团”等。妇女法座会的内容有知识性、学习性、生活性、动态性、利益性等多元化，参加的妇女如同进入实用的妇女大学，能获得许多治家之道，也有助于解决心理上、环境上的困难，让每一个参加的妇女宛如上学校一样，在实质上或精神上都能有所得。

夫妻本来应该是亲爱的一对，反而成为怨偶一双，所以现代年轻人往往对婚姻“望而却步”。婚姻是人生大事，自古所谓家庭的伦理纲常，都是由男女婚嫁组成家庭开始的。男婚女嫁，彼此应该和谐互爱，纵有一些问题，应该互相改进，以符合对方的需要，千万不能任它恶化，否则家庭不成家庭，夫妻不像夫妻，最可怜的是无辜的小儿小女。

针对家庭问题、夫妻不和，如果细心观察，大概不出以下几个阶段：

一、冷战。丈夫不满意妻子的语言，妻子不满意丈夫的行为，夫妻就这样开始冷战。尤其夫妻之间，有的人个性怪异，一点小事就故意加以扩大，彼此可以因此冷战数日之久，相互不肯退让一步。这种不服输、不认错的性格，即使亲如夫妻，在一起日子久了，怎么能不出问题呢？

二、斗嘴。有的夫妻不会冷战，一有问题马上爆发，大吵一架。彼此在语兄弟互相怨恨，受害是父母；
夫妻互相怨恨，受害是家庭；
同事互相怨恨，受害是主管；
政要互相怨恨，受害是国家；
人人互相怨恨，受害是自己。

言上你来我往，以斗嘴为能事，结果愈斗愈凶，愈斗愈气，愈斗愈觉得对方不可原谅。于是往事都如数家珍地搬出来，举凡你对不起我，你辜负了我等等旧账一箩筐。像这样经常吵架的夫妻，婚姻怎么会不亮起红灯呢？

三、打架。夫妻斗嘴的结果，可想而知，一旦到了失去理性、兽性大发的时候，拳脚相加，彼此扭打，许多男人的家暴问题多数由此而起，而女人的“一哭二闹三上吊”就更加无法解决问题了。所以，自古所谓“清官难断家务事”，诚哉斯言！

四、出走。一场打斗以后，常见的结果是太太回娘家，不顾家中儿女；丈夫也卷铺盖到朋友家，或到公司打地铺，也不管家事。可怜的小儿小女，在这样的家庭长大，怎么能成为一个身心健全的儿童呢？

五、离婚。夫妻到了离家出走、家人苦劝不肯回头、朋友拉拢也不能解决问题的时候，则曾经亲爱的夫妻如今成为冤家对头，最终解决的办法只有签下一纸离婚协议书，彼此各奔前程了。

六、互控。夫妻不和，最后协议离婚，彼此好聚好散，还算好事。有的夫妻离婚后，还要法院见。有的控告伤害，有的为了赡养费而诉讼，有的为了争取子女的监护权，甚至为了争夺房产而对簿公堂，不禁让人慨叹，可爱的婚姻难道就这样不值得信赖吗？希望天下有情人三思之。

怨偶（二）

太太煮了一道清蒸板鸭，先生下班回家一看，鸭子只有一条腿，就问太太：“鸭子不是两条腿吗？怎么你煮的清蒸板鸭只有一条腿？”太太说：“鸭子都只有一条腿！”“胡说，鸭子怎么可能只有一条腿？”“你不信，我带你去看。”到了池塘边，太太指着正缩起一条腿休息的鸭子说：“你看，鸭子是不是只有一条腿？”先生双手拍掌，鸭子听到声音，争先恐后放下缩起的腿，奋力用两条腿朝池塘中央划走了。先生得意地说：“谁说鸭子只有一条腿呢？”太太说：“你不知道吗？那是因为有掌声，才有两条腿啊！”意思就是说，我每天烧饭煮菜给你吃，你连一句赞美的话都没有，所以给你吃一条腿；如果你早一点有掌声和赞美，我就给你两条腿的鸭子吃了。

结了婚的妇女，有的人满足于平顺的生活，心甘情愿地做家庭主妇，成为贤内助，与丈夫共同为事业打拼。也有的妇女，享受丈夫事业的成就，过着富裕的少奶奶生活，这种幸福的女人当然为数也很多。但是，社会上不满意婚姻，不满意男人的怨妇，为数也不少，她们究竟怨恨一些什么呢？

一、怨丈夫赚钱少。女人持家，常常感觉家用不够，有的人会自己做零工赚钱，贴补家用；有的则怨怪男人不会赚钱，经常在嘴边责怪男人：“你没有用，赚那么少钱，还摆什么架子？”这是让男人最泄气的话。

二、怨丈夫不幽默。家庭的幸福、家庭的温暖、家庭的欢笑，本来应该由夫妻共同营造。但是有的丈夫平时不苟言笑，总是绷着一张脸，一副严肃冰冷的表情。每天下班回家，只知喝茶、看报，不会说赞美的语言，不会制造欢乐的笑声，甚至经常把在公司上班的不好情绪带回家中，让家里时常笼罩着低气压，这是现代女人结婚之后最感灰心的地方。

三、怨丈夫应酬多。一个女人结婚后，孤单地守着家，为了家庭每日辛劳，而丈夫整天在外应酬，和朋友聚会欢乐。更有甚者，有的男人经常涉足风月场所，喝酒跳舞，可怜的妻子在家寂寞无聊，难免心生怨叹。不过，时下有一些好男人，也知道事业与家庭同等重要，到了下班时间，就谢绝外出应酬，不但懂得回家吃晚餐，下班回家后也不办公事。只是这种好男人，不是每个女人都能幸运遇得到。

四、怨丈夫不体贴。一个体贴的男人，下班回家后总会主动帮忙做家务，这不但是体贴太太，也是教育儿女的最好示范。据说美国政要下班回家后，总会到厨房帮太太一点小忙。但是时下一些大男人，总以为自己赚钱养家，已经是家里的大恩主了，因此每天上班以外，总是茶来伸手、饭来张口。其实一个幸福的家庭，丈夫除了赚钱养家，还要对太太付出一些爱情，表现一些真心，多说一些赞美话，多一些勤劳帮助，如此夫妻就算经济上不甚富有，但在相处上能多一些体贴，必能使夫妻感情增加，爱情能升华。

五、怨丈夫不讲理。男人多数有大男人的心态，总认为自己是一家之主，只有他有权发号施令，尤其夫妇之间有了不同看法，丈夫总觉得自己是对的，太太永远不对。这种专横的丈夫，会让妻子受很多委屈，所以过去胡适先生提倡“男人要怕老婆才是好男人”。其实男人不一定要怕老婆，而是双方要互相尊重，彼此既是夫妻，应该同心协力，共同建设幸福的家庭才对。

六、怨丈夫不规矩。一个家庭，就算妻子贤惠，如果男人不规矩，在外花天酒地，吃喝玩乐，挥霍无度，甚至拈花惹草，说好听一点，只是逢场作戏，但是一个正派的丈夫，没有逢场作戏的权利。一个幸福的家庭，丈夫应该经常和太太出双入对，或是养成在家读书的习惯，夫妻建立共同的兴趣，在事业上共同携手并进，在精神上共同过着有信仰的生活，不断依附得人，可获终生快乐；
投靠非类，将造一生之殃。

充实自己的性灵，这样的爱情才能得到保障，这样的家庭才会幸福美满。

其实，不管男人或女人，人生的喜乐、哀怨都可以由自己来创造，有能力的人都懂得想办法改变环境，而不为环境所转，所以“怨妇”只要能拿出一些本领、招数来治家处事，也能转怨恨为喜乐的人生。

怨偶（三）

人，都有爱人、被人爱的经验；爱人、被爱都是一种过渡，没有什么叫永恒的感情。因为世间无常，感情更是善变，所以一个人最要紧的，就是对感情要有应变的能力；不懂得应变的人，很容易因为感情变化而受到创伤。

结了婚的男人，心事有多少？一般男人总觉得自己每天工作，辛苦赚钱养家，家中的妻子应该好好善待自己，让自己没有后顾之忧。所以做丈夫的，总希望自己的妻子能勤俭持家，并且要善守妇道，不可以当长舌妇，制造问题，不可以经常外出，惹是生非。男人对女人要求的戒条似乎特别多，所以许多丈夫总会嫌怪妻子不能顺他的心、满他的意，例如：

一、不够温柔体贴。一般男人不容易满足太太的爱心，总觉得女人应该全心全意对待自己，如果妻子太把注意力放在儿女身上，或是忙于家务，对他稍有疏忽，在衣食住行生活上不能满足他的所需，就会怪妻子不够温柔，不够体贴，甚至经常和自己讲理，不够顺从。如果发现别人的太太条件优秀，就会更加怨叹自己的老婆不如人。

二、不善整理家务。男人结婚后，把操持家务寄托在妻子身上，如果妻子对治家一无所长，不但不能把持家计预算，不善于厨房的饮食烹调，不能代表一家应付亲朋外事，甚至家里内务不整，到处脏乱，尤其不能和家中的成员和谐相处，这是男人最不满意的地方，所以说男人难为，其实女人也难做。

三、不懂孝敬公婆。中国人重视伦理道德，儿女奉养父母，善尽人子之孝，这是天经地义的事。一般父母也有养儿防老的观念，因此儿子一旦结婚后，媳妇侍奉公婆是理所当然的事，也是丈夫衷心的希望。如果妻子不能体会丈夫的心愿，对公婆不能嘘寒问暖，造成婆媳之间的不和，让儿子在妻与母之间难以做人，这是男人最大的遗憾。

四、不会教育子女。丈夫在外忙着赚钱，教育子女的责任当然也寄望在太太身上。一个贤妻良母，当然能对子女施以正当的教育，但现在有一些母亲，自己做人都有所欠缺，怎么能教育子女呢？子女从小应该学习守规矩，懂礼貌，游戏玩乐都要有节制，生活作息要正常。可是有的母亲只忙于找朋友逛街、打牌，疏于照顾、教育儿女，一旦儿女行为出现问题，丈夫当然就会责怪妻子不善于教养儿女了。

五、不肯善待亲朋。夫妻结婚，也等于把两个家族结合在一起，男女双方都各有家人、亲属。有时丈夫忽略了女方的亲朋好友，妻子会发出怨言；同样地，男方的亲人朋友，妻子如果不能善待，丈夫也会感到为难，甚至怨怪太太心量不够大，夫妻因此时生龃龉，怨怪不断，这样的家庭怎么能幸福快乐呢？

六、不知勤俭持家。男人赚钱，每个月的薪水有限，有的主妇不善持

·佛光菜根谭·

时刻见人不是，此即种下诸恶之根苗；
时刻见己之非，此乃广开万善之门户。
时刻责怪别人，必定自己有诸多错失；
时刻检讨己过，必能获得别人的欢喜。

家，不懂量入为出，只是贪慕虚荣，好逛百货公司，好买名牌，整天只知打扮自己，完全不懂丈夫赚钱的辛苦，使得靠薪水维持生计的丈夫，每日心惊胆战，甚至被逼得贪污，侵占公款，因此走上不归路。如此家庭，怎么能幸福平安呢？所以男人的心，女人不能不知。

家庭暴力

有夫妻在吵架，丈夫吼着要杀人，妻子也不甘示弱地喊："你杀呀！"仙崖禅师见状，帮腔大叫："快来看哦，要杀人了！"路人责问："夫妻吵架，干你何事？"仙崖禅师答："怎不干我事！若杀死了人，便要找我诵经。"此时那对夫妻反而不吵了，仙崖禅师于是借机开示夫妻相处之道，化解了争端。

一个家庭里不管是男人大打出手，或是女人河东狮吼，都是家庭的不幸，家庭暴力最后往往导致悲剧收场，例如妻子受不了虐待愤而杀夫，或是丈夫虐待妻子致死。最可怕的是在家庭暴力下长大的儿童，身心不平衡，人格不健全，日后可能成为另一个施暴的问题人物。

如何才能化解家庭暴力？正本清源之道是家庭里的每一个分子对家人的爱要宽容、体谅、升华，懂得互相尊重与包容。家庭是社会的基本组织，是人生的避风港，是最安全、最温馨的地方。佛教经典里有指导男性如何为人丈夫的《善生经》和指导女性如何为人妻子的《玉耶女经》，都记载着人性的尊严，来自互敬、互爱；
人我的敬爱，来自共信、共赖。
·佛光菜根谭·

男人要懂得爱护妻子才可名为男人，女人要知道敬事丈夫才可名为女人。

例如，妻子要身兼母妇、臣妇、婢妇、夫妇、妹妇之职，要把先生当成孩子一样疼爱，当成君王一样敬重，当成主人一样顺从，像夫妇一样互相敬重，像兄妹一样相互提携。而丈夫要当君子般怜惜妻子，当英雄般保护妻子，当劳工般为妻子服务，当禅者般给家庭欢笑幽默，要实际负起养活家庭的责任。

一个家庭如果夫妻双方个性不合，无法一起生活，甚至演变成家庭暴力，到底可不可以离婚呢？站在人间佛教的立场来看，当然希望大家能组织幸福美满的家庭，在天愿为比翼鸟，在地愿为连理枝，但愿天下有情人皆成眷属。基本上佛教并不赞成离婚，但是如果到了水火难容的地步，也要好聚好散，毕竟人和人之间，适性者同居。如果人心、人情到了水火不兼容的地步，还是让它水归水，火归火，勉强在一起，不如彼此好聚好散。

现代很多青年男女，虽然离婚了，彼此还是朋友，我觉得这总比演变到最后成为“仇人相见，分外眼红”来得好，因为男人和女人是构成社会的两大元素，男女之间彼此敬重，互相成就对方，社会才能更和谐快乐，世界才会更可爱完美！

法入家门

看过一篇报道，在美国社会里，每天所发生的暴力就属家庭最多。全美国有 1/5 的谋杀案件来自亲属之间，其中有一半的杀人犯是自己的配偶；每年有750万以上的夫妇经历过暴力伤害；警员的执勤伤害，以处理家庭纠纷时为最多。事实上，因为“家丑不外扬”的心态，许多家暴事件隐藏在黑暗的角落，因此，估计家暴受害者，及社会所付出的实际成本，都远远超过这些数字。现在有不少家庭已成人间地狱，是许多人思之色变，避之唯恐不及的魔窟。

看到这些事件与统计，不禁令人要忧心忡忡地问：这是怎样的社会、怎样的家园啊？政治、环境的不安定，造成产业外移、经济衰退、失业率节节升高。被迫退出职场、丧失经济能力的人，陷入忧郁、悲愤的困境；在职场上的人，因竞争多、压力大而焦虑不安，于是他们这些负面情绪，或以吸毒来麻醉，或以酗酒来浇灌，反射到家里的，便是争吵、暴力的恶劣行为了。夫妻反目，直接受害者自然是孩子，孩子往往是双亲情绪发泄的对象。当时目睹暴力行为，承受肢体和心灵伤害，长大后就有样学样，成为施虐他人的加害者。我们看到青少年反社会的人格表现，如逃学、欺侮弱小同学、凌虐动物，甚至结党成派、烧杀掳掠、为非作歹，都是在家庭里种下的种子，这样的种子长大怎能开出好花、结出好果呢？

“罪福响应，如影随形”，如此恶质世代的循环，不只浪费庞大的社会成本，更让我们生存的环境处处弥漫着烟硝暴戾之气。过去中国人视家庭暴力为“家务事”，当事人有着“嫁鸡随鸡，嫁狗随狗”的隐忍心态；街坊邻居、亲戚朋友也认为夫妻是“床头吵架床尾和”；警察、法官的观念则是“法不入家门”“清官难断家务事”。台湾从1999年开始实施《家庭暴力防治法》后，已是“法入家门，家暴即犯罪”，为受暴者提供了一把有力的保护伞。台湾各县市都设有“家庭暴力暨性侵害防治中心”，社会上也有与家暴相关的服务机构，如“现代妇女基金会”“妇女救援基金会”《励馨基金会》等，都能提供咨商、辅导，协助受害者依循刑事及民事法律途径来寻求救济和保护。

家暴不论来自配偶、长辈或手足，受害者要懂得维护自己的权益，保护自身及孩子不受伤害。同时，我们也应该学习观世音菩萨“寻声救苦”的大悲精神，主动关心，提供保护的管道，并帮助受害者走出家暴的梦魇。

不过，预防重于治疗，任何对策、法律终非究竟之道，正本清源应该从心理建设及情绪管理下手。夫妻来自不同家庭，个性、习惯、观念不同是难免的，但既然结成夫妻，“背亲向疏，永离所生”，就应该“恩爱亲昵，同心异形；尊奉敬慎，无骄慢情”(《佛说玉耶女经》)。彼此好好珍惜“百年修得共枕眠”的因缘，相亲相爱，相互体谅、尊重。而孩子是自己的骨肉，怎能不疼爱怜惜呢？让孩子拥有快乐的童年，身心健康地长大，是每位父母不可推卸的责任。

当然，每个人都会有心情烦闷、情绪低潮的时候，许多人喜欢“一醉解千愁”，其实借酒浇愁愁更愁，而且酗酒会导致“父失礼，母失慈，子凶逆，孝道败，夫失信，妇奢淫，九族诤，财产耗”(《佛说八师经》)。佛教将“不饮酒”列为五戒之一，即因酒能乱性，让人失去理智，做出诸多伤天害理之事。所以遇到困境时，要懂得寻找正当的疏通解压方法，如运动、听音乐、到郊外散散心，或找善知识倾诉等。

正信的宗教能导人向善，让心情恢复平静。我们可以从佛教经典中明白世间的因缘果报，可以在念佛中得到清净与欢喜。《大乘理趣六波罗蜜多经》言：“众生心躁动，犹如旋火轮，若欲止息时，无过修静虑。”借由禅

·佛光菜根谭·

人人做警察，伸张公理，提倡正义；
人人做义工，守望相助，相互扶持；
人人做善人，服务奉献，劝人为善；
人人做良民，奉公守法，尽忠职守。

坐的止观双修，烦躁刚烈的心，也会逐渐宁静柔软下来。人间佛教重视家庭的美满幸福，我们鼓励夫妻从信仰中净化心灵，并且夫妻有了共同的信仰、话题和兴趣，更能促进彼此感情的和谐。

已婚男女相处

由于时代的变迁，现代社会不但男女工作机会平等，交友机会也平等，因此常见一些同在一个公司上班的男女同事，由于日久生情，发展成为男女朋友。如果是男未婚、女未嫁，男女交往当然乐观其成，万一男女双方都已有了家室，则容易发展出婚外情，自然不是好事。

已婚男女相处，有一些应该注意的事项，兹提供七法作为参考：

第一，夫妻以外的男女朋友，不要“一对一”相处。也就是不要单独外出，或是单独共处一室，以避免别人说闲话。

第二，不可挤眉弄眼。因为双方既然都已各有婚姻，彼此既不是恋人，也不是夫妻，就不要眉目传情，否则互相挤眉弄眼，不但有失庄重，而且引人遐思。

第三，不能轻浮地打情骂俏。一旦次数多了就会成为习惯，而且一次开玩笑，两次开玩笑，之后就会得寸进尺，所以要防患于未然。

第四，不宜窃窃私语。这是社交基本礼仪。平时在公众场合，如果两

莫让私情延误自己，
莫让私欲侵害别人。

个人经常交头接耳、窃窃私语，就会引起别人的反感；何况已婚男女，如果经常在一起讲悄悄话，更会引人怀疑。

第五，不共金钱往来。朋友相交，有时候对方有了困难，适时给予一些金钱上的帮助，无可厚非。但是平时最好不要共金钱往来，因为钱财容易造成纠纷，致使好友反目成仇。尤其男女朋友之间，一旦牵涉到金钱容易纠葛不清，遭人议论。

第六，不要礼物相赠。如果有特殊的原因，必须对其他异性赠礼以谢，最好通过丈夫或太太带给对方，也就是要得当才可以，不要私下馈赠，以免引起不必要的误会。

第七，不要谈论家私。因为谈谈就容易有了交情，进而日久生情，所以不要造成私密往来。

总之，现代社会开放，男女平时交往、接触的机会增加，发生婚外情的频率也相对提高。为了防患于未然，故而已婚男女交往，应该注意应有的礼节与分寸，以免破坏家庭的和谐。

婚外情

人是由情爱而生的，情爱助长了人生，也困扰了人生。现代社会开放，男女平时有很多交往、接触的机会，因此发生婚外情的频率相对增加，不少女性都会被这种三角关系折磨，许多家庭因此失和，甚至多少人身败名裂，悔恨终生。

一个家庭里，假如丈夫发生了婚外情，做太太的一般会痛苦，自我折磨；或者不甘愿，抱怨先生为什么不爱我而要爱她，甚至产生报复心理。太太发现丈夫有了婚外情，应该如何处理？

多年前，每年弥陀佛诞时雷音寺都会举办佛七法会，有一位太太几乎次次参加。有一年佛七她又来了，但是一进寺里，见了我就眼泪鼻涕地哭着说："今年险些就不能再来参加佛七了。"我问她为什么，她说因为丈夫金屋藏娇，她想寻死。我看她哭得很伤心，一时也不懂得怎么办，心想总应该安慰她一下，就说我有办法挽回你们的婚姻，只是怕你做不到。她一听这句话，就追问是什么办法。我告诉她，你先生平日回到家里，你只抱怨他对你不够好，嫌他不够体贴，但是他到了情人那里，情人就对他千娇百媚，样样都好，他把情人的地方当作天堂、安乐窝，当然流连忘返，自然不想回到像冰窟一样的家了。

我告诉她，如果你肯改变态度，先生一回家，你就赞美他、体贴他，他欢喜吃什么东西、欢喜看什么书，你都能满足他，对他好。有时明知他要去跟情人相会，你还拿钱给他，替他拿鞋子、换衣服，出门前叮嘱他好好保重，早一点回来，慢慢地他就会回心转意。你要用爱才能赢得爱，如果你怨恨，只有加速破裂。

她一听我这样讲，就说："我做不到。"我说："做不到，你就会失败。"后来她照着我的方法去做，果然挽回了丈夫的心。她先生原本是一个反对佛教的官僚，却没想到一个和尚竟改变了他的太太，让濒临破碎的家庭能够重拾欢笑。所以他后来对佛教也慢慢生起了信仰之心。

异性相爱是很难得的因缘，男女双方经过互相追求、恋爱，获得了社会的认可、家人的同意，千辛万苦才结成良缘，本来是应该被祝福的美事。

但是花无百日红，人无千日好，世事风云变幻令人难以逆料，只要夫妻任何一方发生了婚外情，从此家庭、事业、名誉、子孙、金钱的因缘果报纠缠就会难以清楚。有人怨怪第三者造成了婚外情的发生，可是夫妻双方没有责任吗？例如，有人忙于自己的事业、社交、应酬，疏于照顾家庭、关心对方；也有夫妻因为观念不合、认知差异、成就悬殊等发生情感危机。总之，不能让对方满足，最容易发生婚外情。

现在的社会由于色情行业充斥，不知破坏了多少家庭，破坏了多少夫妻儿女的关系。人类社会如果放纵情欲的发展是很可怕的，如《四十二章经》说："财色之于人，譬如小儿贪刀刃之蜜甜，不足一食之美，然有截舌之患也。""爱欲之于人，犹执炬火逆风而行，必有烧手之患。"防止婚外情的发生，首先要加强男人的道德观念，女人则应该培养做人、做家事的技巧能力。有人说要掌握一个男人的心，先掌握他的胃。先生回家时，你能煮好吃的东西给他吃，他吃惯了太太每天花样繁多的佳肴，自然不会随随便便往外跑。太太还要时时赞美丈夫，赞美和鼓励是增进夫妻感情的重要因素。

夫妻本来就来自两个不同的家庭，彼此的成长背景不同，难免有思想、个性、习惯上的诸多差异，要维系夫妻之间的感情始终如一，事实上并不容易，所以要靠彼此的尊重、包容、沟通，思想上、生活中包括教育儿女发生的问题，都应该开诚布公地拿出来讨论。此外，夫妻双方如果能够培养共同的兴趣，认识彼此的朋友，偶尔营造一下"小别胜新婚"的温馨气氛等，都可以减少出轨的机会。如果能让对方感觉"家庭如乐园"，每天生活里充满了欢乐的笑声，又哪会有婚外情的发生呢？

总之，造成婚外情的原因很多，男女双方都应该负责任。如果每个家庭的先生都能做第一等的先生，回家后帮忙做家事，体贴慰问，制造欢笑与和乐；每个太太都能做第一等的太太，治家整洁，贤惠有德，把家里整理得干干净净，三餐有美味的佳肴，时时有贴心的慰问赞美，自然不会有婚外情的发生。万一出现了婚外情，吵架是没有用的，最好的解决办法是“用爱再去把爱赢回来”，这才是明智之举。

应当离婚

《左传》里记载，郑厉公命令雍纠去刺杀其岳父，雍纠的妻子得知此事，回去问母亲：“夫与父孰亲？”她母亲回答：“人尽夫也，父一而已。胡可比也？”于是，雍纠的妻子将此谋杀计划泄露给父亲，而导致丈夫被杀。从这里可以看出当时社会重血缘、轻夫妻的观念。

现在离婚率愈来愈高，原因千奇百怪。但是，离婚不只是夫妻两人的事，可能影响下一代的成长。世界上各宗教有的准许离婚，有的则不准许离婚。在佛教里并没有特别规定关于离婚、再婚的事情，在家信徒只要不邪淫，男女之间恋爱、结婚，或离婚、再婚，依合法程序，而为法律承认的，佛教也大都认为是正当的。

由于文化的差异，西方国家对于婚姻比较开放，男女双方合则结婚，不合则离婚；中国人性格保守，尤其过去的女人有“从一而终”的观念，纵使遇人不淑，遭受家庭暴力，也总是为了下一代而忍耐。不过这种观念已慢慢在改变，以台湾而言，现在的离婚率也愈来愈高。离婚率高的原因，是大家不再认为离婚是见不得人的事，且个人意识高涨，如果夫妻都有工作，经济上能独立自主，就不会为了孩子而勉强生活在一起。

清朝学者钱大昕在其《潜研堂文集》里写道：“夫父子兄弟，以天合者也。夫妇，以人合者也。以天合者，无所逃于天地之间，而以人合者，义合则留，不合则去。”因为父子手足是“天合”的血缘关系，夫妻乃“人合”，无血缘关系，所以当不合而离弃割舍，便不是罪大恶极了。周代视女人离婚、改嫁为寻常之事。《论语》全书皆无妇女不能再嫁的言辞，而孔子的儿子伯鱼去世，媳妇改嫁至卫国，孔子也没表示反对。

在敦煌发现的《放妻书》中对夫妻离异之事，即明白指出“结为夫妇，不悦数年”，如此“猫鼠同窠，安能得久”，倒不如“勒手书，千万永别”。缘聚则合，缘散则灭，这也是宇宙不变的“因缘法则”。

不管怎么说，婚姻都是神圣的，千万不要因一时情绪就轻易离婚，尤其离婚后往往造成孩子难以磨灭的心灵创伤，影响其人格的正常发展。这都是须谨慎三思的。结婚不应该是爱情的坟墓，家庭也不是一个人的，需要两个人共同来营造。婚姻不能有想要改变对方的念头，应该相互适应对方、尊重对方，彼此给对方空间。有些人为了挤牙膏方式不同、洗碗方法不同而离婚，就是把婚姻当儿戏了。夫妻相处，误会、僵局也是难免的，我认为平时要养成沟通的习惯，即使有冷战，也不可持续太久，如果形成僵局，只要有一方肯赔个笑脸，说一声“亲爱的，就算你对好了”，我想僵局必能化解于无形。

有一对 80 岁的夫妻，为了庆祝 60 年来的美满婚姻，两个人讨论该怎么庆祝时，回忆起年轻时谈恋爱的情形，于是想重温旧梦，便相约回到 60

能和，则能共存共荣；
不和，势必同归于尽。

年前约会的老地方。丈夫如约来到约会地点，等了好久都等不到妻子，心里很生气：“三更半夜了，怎么还不来？”回家正准备发火吵架，一看太太还睡在床上，更生气：“喂！不是约好的，你怎么搞的……”只见妻子娇滴又无奈地说：“妈妈不准我出去啊！”丈夫一听，这不就是60年前约会的场景吗？不禁哈哈大笑：“这就是婚姻的纪念啊！”

夫妻之间能有这样的幽默和情趣，婚姻就比较容易维持下去。世间一切都是会变化无常的，要婚姻永远不变质是不可能的。我认为重要的是，如何在变化的人生中保持一颗不变的心；如果那颗当初要结婚的心不变，再通过互相信任、了解和体贴，相信婚姻就能美满长久。

卷二 上有老，下有小

心如大海无边际，广植净莲养身心；
自有一双无事手，为做世间慈悲人。

——唐·黄檗

孝顺的责任

孝是人我之间应有的责任，孝是人伦之际亲密的关系；孝维持了长幼有序、父母子女世代相承的美德，是对生命的诚挚感谢，是无悔无怨的回馈报恩。

庆生会

女主人即将过60岁生日了，儿女们要为平日持家辛苦的慈母举行一个祝寿活动。全家集合商量，要选一个什么样的礼物给母亲。大家想想，几十年来每个人都添置衣服物品，只有妈妈总是说不要；要想办一桌好的筵席来邀请母亲，但是也有人说妈妈不喜欢吃那许多菜。大家研究再三，小弟说："妈妈最喜欢吃剩菜了！在妈妈生日的这一天，我们就把留下来的剩菜给妈妈享用好了。"到了寿诞日，先生和儿女们笑着对妈妈说："你每次都说最喜欢吃剩菜，因此我们也只有用剩菜来给你欢喜，来为你祝寿。"妈妈含着眼泪对着他们说："数十年来，我就是喜欢吃剩菜。"

每个人每年都有一个小生日，每十年有一个大生日。每逢生日这一天，庆生方式各有不同，有人要出游，有人要宴客，亲朋好友也会送纪念品祝贺；尤其一些有地位、有势利的人，每到生日，贺客盈门，真是招财进宝，不亦乐乎！

但是，"庆生会"实在说来是"母难日"，因为母亲在这一天生养我们，生产时的痛苦、哀号，哪里值得我们来庆贺呢？所以现在有人把母难日的"庆生会"改叫"报恩日"，或集体聚会，称作"报恩会"。

母难日也好，报恩日也罢，庆祝生日，应该发挥父教母爱，因为我们的生命是受之于父母，应该以父母为中心。自古有一些贤明的皇帝，为报母恩而在母难日这一天大赦天下，或是邀集天下长者共同庆祝，以示与民

生命的尊严不在于它的绚丽，
而在于它为后人带来的怀念。
生命的意义不在于它的长久，
而在于它为后人带来的典范。

·佛光菜根谭·

同乐。也有一些大财主，选在母难日这一天施粥赈灾，惠施贫困。

现在也有不少佛教徒在父母生日这一天印经送人，或是为父母成立基金会、设置奖学金、开办医院、设立图书馆等。如果没有能力做到这些，至少当父母健在时应该为父母设想，做一些他们欢喜的事，例如旅行、参访寺院、斋僧宴客；若父母不在，可以邀约亲朋故旧，谈叙父母的懿行，或者出版父母言论的书籍，替父母从事公益，造福社会人群，把父母的德泽遗爱人间，永垂寰宇，并且以此功德回向父母得生净土，这才是生日庆生之道。

庆生祝寿，尤应避免杀生，因为从自己的生日应该想到，天下苍生，甚至一切众生莫不爱惜生命，大家都有生存的权利，所以要护生、助生。若为自己求长生而杀其他生命，于理顺乎？所以求长生不一定得长生，能够护生才能得长生。

生命的意义，除了肉体上的寿命以外，其实我们更应该努力创造美好的语言寿命、芬芳的道德寿命、显赫的事业寿命、不朽的文化寿命、坚定的信仰寿命、清净的智慧寿命、恒久的功德寿命、互存的共生寿命，这才是善于体会生命的人，这才是真正善于祝寿庆生的人。

孝亲之道（一）

唐朝的道明禅师，俗姓陈，人称“陈蒲鞋”。为了奉养高龄老母，编织草屦，售得微薄金钱，以为孝养所需，人们因为尊敬他的孝行，因此称他为“陈蒲鞋”。南北朝时期的北齐，有一位道济禅师，经常肩挑扁担，一头挑着行动不便的老母亲，一头挑着经书，到处讲经说法。

人们因为恭敬他的高行，也尊重他的母亲，要帮助禅师照料老母亲，他总是婉拒："这是我的母亲，不是你们的母亲，我的母亲不论如厕、吃饭，都应该由我身为人子的亲自来侍候。"佛教对于父母之恩的回报是很注重的。

自古以来，中国人讲究以孝立国，以孝治天下，孝亲是非常重要的。以下提供四点"孝亲之道"：

第一，供养莫使贫乏。子女幼小时，为人父母者无不尽力满足所需。儿女长大后，有能力回报时，对于父母所需饮食、生活等基本物资，也要能供应，让他们无所匮乏。乃至有时候，父母有一些特别的嗜好，只要是正当的，如散步、运动、喝茶聊天、下棋等，都应尽量给予支持，让他们感到安慰满足。

第二，凡事先行告知。有一句话说："父母心，磨石心。"经典也说："母年一百岁，常忧八十儿。"无论父母年纪多大，他们的心就像石磨一样，转动不停，时时惦念儿女。因此，做儿女的，有什么事情，出门去哪里，要告知父母，让他们安心，免得老人家为你挂念、担心。凡事你应向父母禀告，让他们安心，感受到你的尊重，这比你给他再多的供养还要重要。

第三，做事光宗耀祖。天下的父母无不以儿女为荣。你的所有言行、所有作为，不使家庭蒙羞、父母蒙羞，乃至使祖先蒙羞，这就是孝顺了。光宗耀祖也不一定是拥有高官厚禄、声名显赫，你心中有道德，时时助人，走到哪里，让人感到欢喜你、肯定你，父母因为你的善行懿德，受到别人的欢迎祝福，这也是光宗耀祖。

·佛光菜根谭·

我们能拥有天下父母心，则天下人都是我们的儿女；我们能具有天下孝顺心，则天下人都是我们的父母。

第四，不断父母正业。假如父母有什么好的事业、正行，为人子女者更要为他们发扬光大。例如，父母恭敬虔诚，热心护持宗教事业，子女要有信仰上的传承；父母曾经帮助教育慈善事业，子女也应该延续他们的爱心，让父母亲的善名远播十方。有了这些继承，父母的慧命、事业，都可以延续，这是最大的孝亲之道。

孝是人我之间应有的责任，孝是人伦之际亲密的关系；孝维持了长幼有序、父母子女世代相承的美德，是对生命的诚挚感谢，是无悔无怨的回馈报恩。这四点孝亲之道，可以让我们实践孝的精神。

孝亲之道（二）

小雯是普门寺儿童班的学生，母亲帮人洗衣服维持生计。这天，小雯听到母亲小声地对邻居说：“只要多洗几件衣裳，就可以让小雯过好一点的日子。”小雯听了，默默地许下一个心愿，要为母亲买一台洗衣机。她每天将零用钱节省下来，投到小猪扑满里。小猪的肚子满了，她抱着“小猪”来到家电行，问老板一台洗衣机多少钱，说是2500元。小雯将小猪扑满打破，总共才2102元5角。小雯落泪：“老板，对不起！等我存够钱再来。”老板问明原委后，安慰她说：“你先回去吧！不要难过，家住在哪里？我来帮你想办法。”晚上门铃响了，竟然是家电行的老板亲自送来一台洗衣机：“感谢你们，因为这位孝顺的小妹妹来购买洗衣机，给了我一个很好的灵感，我决定将这种机型的洗衣机命名为‘妈妈乐’。这里还有20万元作为奖金，请你们收下。”

父母有生育、养育、教育之恩，可说是功德巍巍，在《父母恩重难报经》当中，曾以七种比喻来说明父母恩德深重，难以报答：（一）肩担父母，绕须弥山，经百千劫，犹不能报父母深恩；（二）遭饥馑劫，脔割碎坏，经百千劫，犹不能报父母深恩；（三）手执利刃，剜眼供佛，经百千劫，犹不能报父母深恩；（四）刀割心肝，血流遍地，经百千劫，犹不能报父母深恩；（五）百千刀戟，刺于己身，经百千劫，犹不能报父母深恩；（六）打骨出髓，经百千劫，犹不能报父母深恩；（七）吞热铁丸，遍身焦烂，经百千劫，犹不能报父母深恩。

父母的恩德既然如此深重，我们应怎样做才算是孝顺呢？佛教认为孝顺有不同的层次：一般的人对父母甘旨奉养，只是小孝；功成名就，光宗耀祖，使父母光彩愉悦，是为中孝；引导父母趋向正信，远离烦恼颠倒，永断三涂之苦，是为大孝；视三世一切众生皆是我父我母，尽一切力量，令入无余涅槃而灭度之，才是最无上的至孝。所以，克尽孝道，应该注意下列三点：

一、孝顺必须是长期的，不是一时的。父母以毕生岁月为我们辛苦奉献，我们即使不能终身膝下承欢，也应该长期供养，使无所缺。

二、孝顺必须是实质的，不是表面的。孝顺父母必须解决父母实际需要，不仅在衣食住行上无虞匮乏，在生老病死上有所依靠，还要给予父母精神上的和乐、心理上的慰藉。

三、孝顺必须是全面的，不是局部的。孝顺应从自己的亲人做起，然后本着“老吾老以及人之老，幼吾幼以及人之幼”的精神，扩充到社会大众，乃至无量无边的众生。

孝顺父母不但对个人现在、未来有莫大利益，对于社稷更具有安定作用，如果人人都能孝顺父母，乃至做到佛教所说的大孝、至孝，则国富民

·佛光菜根谭·

用慧心观照五蕴皆空，用自心领导六根生活；
用信心开发自我潜能，用慈心与人和谐相处；
用孝心重整伦理道德，用爱心拥有快乐生活；
用悲心成就利生事业，用喜心涵容宇宙万有。

强，世界安乐是指日可待之事。

孝亲之道（三）

有一只小青蛙老是和妈妈唱反调，妈妈叫他往东，他偏要往西；妈妈叫他往西，他偏偏往东。有一天，青蛙妈妈知道自己快要死了，她喜欢住在山上，不喜欢住在水边。因为小青蛙常和青蛙妈妈唱反调，所以青蛙妈妈交代儿子把它葬在水边。平常不听话的小青蛙突然良心发现，听从妈妈的话，就把青蛙妈妈葬在水边。黄昏时，担心妈妈会寂寞，就在水边呱呱叫；下雨时，担心妈妈被水冲走，也在水边呱呱叫。妈妈在世的时候不听话，死后再来伤心，难过得呱呱叫已经来不及了。

孝顺是中国古老的传统美德，然而随着时代潮流的演变，到了今天，孝顺的内容也变质了。有的人认为父母养儿育女，是理所当然的责任，不应该要求儿女报答；有的人认为“孝”是应该的，“顺”是不当的。因为多少父母，以他浅陋的知识，要求儿女听从自己的主张，结果儿女为了孝“顺”父母，放弃了自己的理想，荒废了自己一生的前途，殊为可叹！

中国的二十四孝，甚至动物里的“羔羊跪乳”“乌鸦反哺”，时常都被拿来当成教育子孙应该孝顺父母的教材。然而，尽管有道之士言者谆谆，不断说教，但是社会风气的变化，你只要走一趟医院就会发现，儿童的病房里，每天有多少孝顺的父母进进出出，老年人的病房里，则少有孝子贤孙的探视。

· 佛光菜根谭 ·

为人做事要有忠诚心，朋友相交要有信义心，
侍奉父母要有孝养心，厚待贤者要有恭敬心。

一个母亲可以照顾七子八女，但是，十个儿女也照顾不了一双老父老母啊！

所谓“有空巢的父母，没有空巢的小鸟”，父母永远都是扮演着“倚门望子归”的角色；父母在儿女面前，永远都是付出者，很少得到儿女的回馈。尽管儒家一再鼓励青年要阅读《孝经》，佛教也不断提倡“父母恩重难报”，然而有多少人真正呼应了这种道德的说教呢？

中国传统的孝道观念，基本上是可以和佛教的报恩思想相互呼应的，在佛门中的孝亲事迹不胜枚举，例如佛陀为父担棺、为母升天说法；目犍连救母于幽冥之苦；舍利弗入灭前，特地返回故乡，向母辞别，以报亲恩；民国的虚云和尚，三年朝礼五台山，以报父母深恩。在《缁门崇行录》里，孝亲的懿行更是不胜枚举。

不当的顺从父母，固然不必；但是忤逆不孝，甚至当前社会不断有弑父弑母的逆伦事件传出，则为人神所共愤。毕竟，孝是人伦之始，是伦理道德实践的根本，人而不孝，何以为人？所以，孝，维系了社会的伦理道德，促进了家庭的和谐健全，希望我们现代的父母与子女之间，彼此都能建立一些新伦理道德的观念吧！

婆媳关系（一）

有一对婆媳一直处不来，妈妈要求儿子必须跟媳妇离婚；妻子要丈夫搬到别处去，不要跟妈妈这个严苛的老太婆住在一起。聪明的男人就对妈妈说：“我们才结婚不久就离婚，会被人笑话，别人也会说妈妈对媳妇不好；假如迟个半年，妈妈待她好一点，让人家知道，我们家里的

婆婆很爱护媳妇，然后我们离婚，就不至于影响妈妈的名誉。”妈妈听了以后，说：“半年我可以忍耐，但是你要有信用。”儿子又对太太说：“我们现在刚结婚就出去，人家会说我们不孝，今后也很难做人，这样好了，以半年为期，你对妈妈好一点，跟她说笑话，让她欢喜，人家知道我们家庭和顺，然后我们再搬家，也不至于让人家取笑我们家的婆媳相处发生了问题。”太太听了以后也说：“半年我可以忍耐，我会照你的话做，但半年后我们一定要搬家哦。”就这样，婆婆为了对儿子的承诺，就对媳妇有所爱护；妻子为了对丈夫的交代，从此对婆婆也恭敬孝养。半年以后，妈妈对儿子说：“儿子啊，你可千万不能跟媳妇离婚，她实在是好得不得了。”妻子也跟丈夫说：“婆婆实在是对我们很慈爱，我们还是不能搬家。”家庭本来都没有事，只是婆媳之间有了成见，一个男人夹在两人中间，如何把成见消除，就需要智慧了。

俗语说“一个厨房里容不下两个女人”，婆媳问题由来已久。在过去农业社会里，社区邻里之间，几乎每天都在等着看婆媳吵架的笑话。有的家庭里，婆婆如罗刹恶鬼，媳妇如冤家对头；婆媳不和，丈夫就像夹心饼干，两边为难，不知如何是好。当然，也有一些婆媳融洽之家，但毕竟是少数。有很多媳妇，数十年的光阴岁月，饱受婆婆之气，等到好不容易“多年媳妇熬成婆”，婆媳问题又延续到下一代，不断地循环发生。

婆媳共同生活在一个家庭里面，为什么会成为仇敌呢？因为婆婆总觉得儿子是自己生的，忽然有另一个女人把儿子夺走，当然于心不甘。另一方面，在媳妇的心里，认为丈夫当然是她的，婆婆怎么能干涉呢？所以婆

对父母的慈悲是孝，对亲人的慈悲是爱，
对师友的慈悲是义，对众生的慈悲是仁。

媳相争，骨子里其实是在争夺独占一个男子的特权。如何才能化解婆媳之战，现在试为天下的婆媳拟订一些相处之道：

一、婆媳似母女。婆婆看媳妇，不要把她当成是外来的人，既然同为一家人，应该把她当成女儿一样。媳妇看婆婆，也不要认为她是跟你争夺男人的人，她是你所爱的丈夫的母亲，自然也应该把她当成自己的母亲一样。如果彼此能以母女相待，婆媳怎么会成为仇敌呢？

二、婆媳像朋友。婆媳之间要有善缘相处，最好的方法就是：婆婆把媳妇当成小友，媳妇把婆婆当成老友，老少之间像忘年之交。婆婆时常找媳妇谈心忆旧，媳妇经常向婆婆请示问道；婆婆体贴媳妇工作的辛劳，媳妇关心婆婆长年的辛苦。婆媳彼此都是女人，再说婆婆也曾经为人媳妇，媳妇将来也要为人婆婆，因此彼此应该相互体谅，相互关心，有了互相设想的心，自然能融洽相处。

三、婆媳如师生。婆媳相处，能像母女最好，不然能像朋友也不错，再不然就要像“师生”——婆婆是老师，媳妇是学生。婆婆既然是老师，对学生就要爱护有加；媳妇既然是学生，就应该尊敬婆婆如老师。师生一向都是善缘友好，婆媳能像师生，自然不会互不相容了。

四、婆媳是婆媳。媳妇不是女儿，既然不是女儿，就应该把她当成晚辈来教导、帮助、包容；婆婆不是妈妈，既然不是妈妈，就应以对待长辈之礼来亲近、尊敬、赞美，主动跟婆婆融和交心，诉说家常，共商家事。如此还会有什么婆媳问题呢？

前编译馆馆长赵丽云女士说“婆媳之间要跳探戈”，万一婆媳之间连探戈都不能跳了，那就只好分家，免得让男人像夹心饼干一样，难以做人。

婆媳关系（二）

有一个信徒到寺院拜佛，知客师招呼过后，随即对身旁的老和尚说："有信徒来了，请上茶！"不到两分钟，又对老和尚说，"佛桌上的香灰要记得擦拭干净！""拜台上的盆花别忘了浇水呀！""中午别忘了留信徒吃饭！"只见老和尚在年轻的知客师指挥下，一下子忙东，一下子忙西。信徒终于忍不住好奇地问老和尚："他是你什么人？怎么总是叫你做这做那的呢？"老和尚得意地说："他是我徒弟呀！我有这样能干的徒弟是我的福气，信徒来时他只要我倒茶，并不要我讲话；他只要我留信徒吃饭，并没有要我烧饭。平时寺里的一切都是他在计划，省了我很多辛苦呢！"信徒不解，再问："不知你们是老的大，还是小的大？"老和尚说："当然是老的大，但是小的有用呀！"

婆媳之间的纠葛，是自古以来中国社会和家庭的重要问题。有的婆媳亲如母女，相处得水乳交融；有的婆媳则势如水火，彼此互不相容。婆媳之间的相处之道，实在是一门大学问。

对中国人而言，结婚不只是男女两个人的结合，更是两个家族的联姻。以前的男人娶妻会说娶"一房媳妇"，于是娶过来的媳妇除了负责家务、相夫教子，更需服侍公婆。唐朝诗人王建的《新嫁娘》绝句："三日入厨下，洗手作羹汤；未谙姑食性，先遣小姑尝。"即传神道尽新妇小心翼翼侍候公婆的心情。不过，造成媳妇困扰、痛苦的，很少是来自异性的公公、伯叔，大多来自同性妯娌、小姑的排挤，及婆婆的挑剔、虐待，而等到"多年媳妇熬成婆”之后，自己又成为挑剔虐待别人女儿的婆婆了，一代一代如此轮回。

这种女性姻亲的相斥情结极为复杂，中国诗歌史上第一首长篇叙事诗《孔雀东南飞》就是描述婆媳问题的典型例子。东汉末年，庐江府小吏焦仲卿娶刘兰芝为妻，夫妻感情甚笃，但焦母不喜欢这个媳妇，百般刁难。虽然刘兰芝美丽聪慧，善良勤劳，“鸡鸣入机织，夜夜不得息”；且遵循礼教，“奉事循公姥，进止敢自专”，最后还是被遣返娘家，造成了夫妻双双殉情的悲剧。而宋朝诗人陆游和妻子唐婉的甜蜜婚姻也被母亲强行拆散，他著名的《钗头凤》一词中有着对此婚姻下场的悲伤、幽怨、无奈和不满。

从古至今，因婆媳不合而造成的家庭悲剧时有所闻。佛陀时代，有位大护法须达长者，他有七个儿子，前六个儿媳都很贤淑孝顺，唯有最小的媳妇玉耶虽然天姿国色，却骄奢傲慢，嫁进门之后，对丈夫、公婆皆蛮横无理，不孝敬，给家庭带来许多纷争。须达长者苦恼不已，只好请佛陀教化这位顽劣的媳妇。佛陀于是告诉玉耶，如何才是真正的美女，以及为人妻、为人媳应有之道。关于孝顺侍奉公婆方面，佛陀说为人媳妇要做到五点：“一者，晚眠早起，修治家事，所有美膳莫自向口，先进姑嫜夫主；二者，看视家物，莫令漏失；三者，慎其口语，忍辱少嗔；四者，矜庄诚慎，恒恐不及；五者，一心恭孝姑嫜夫主，使有善名，亲族欢喜，为人所誉。”听了佛陀的教诲，玉耶惭愧忏悔，从此成为贤惠的妻子、媳妇，整个家庭恢复了过去的和乐美满。

我觉得婆媳关系如跳探戈，要懂得你进我退，我进你退。如果两个人的脚步同时前进，就会踩到对方；如果两个人同时后退，这一支舞就跳不对长辈：多听话，少讲话，能得欢心，能多领悟；
对晚辈：多身教，少言教，能收默化，能受尊重。

下去了。所以，婆媳之间要懂得互相礼让与赞美，才能和谐相处。对于婆媳关系，我总结了四种层次：

第一等，婆媳如母女亲密。别人家的女儿成为自己家的媳妇，便是一家人，婆婆视之为亲生女儿一般，以体谅的心、关怀的情来对待她。做媳妇的也视婆婆为母亲一般侍奉、体贴、关心，偶尔对婆婆撒娇，时时找婆婆聊天，谈谈工作，谈谈心事。像这样如母女般亲密的婆媳关系，是第一等的。

第二等，婆媳如朋友尊重。婆媳之间如朋友般，以同理心设身处地了解对方的辛劳，互相尊重包容，并给予彼此生活的空间，即使有不同的意见也能适时做好沟通。如朋友般的婆媳，仍然能和谐相处。

第三等，婆媳如宾主客气。婆媳好比主人与客人，彼此客气，有礼貌，既不斗气，也不会互相看不顺眼。只要有事出远门，能告知去处；从外地回家，能带个小礼物，也还可以和平相处。

第四等，婆媳如冤家相聚。这种婆媳关系是最差劲的，有的婆婆把媳妇当成冤家对头，认为是来抢儿子、抢家产、抢当家的；做媳妇的则不勤快，只会发号施令，整天跟婆婆计较、斗嘴，或是经常在先生面前数落婆婆的不好，让身为丈夫、儿子的，夹在婆媳之间难以做人。曾国藩说："傲为凶德，惰为衰气，二者皆败家之道。"属于冤家对头的婆媳，要引以为戒。

家庭是生命的延续，也是道德的传承，如果婆媳之间不能好好相处，如何发挥家庭的功用？婆媳之间应该凡事往好处想，相互信赖，彼此尊重，共同来营建幸福美满的家庭。

老人的担心

当生命陷于低潮时，当提醒自己“走出去”，看看世界，与社会接轨，借由朋友之间的往来、兴趣的培养、献身公益、建立信仰来开阔自己的胸怀。

老人的梦想

有三个信徒去请教无德禅师，如何才能使自己活得快乐。无德禅师：“你们先说说自己活着是为了什么？”甲信徒道：“因为我不愿意死，所以我活着。”乙信徒道：“因为我想在老年时，儿孙满堂，会比今天好，所以我活着。”丙信徒道：“因为我有一家老小靠我抚养。我不能死，所以我活着。”无德禅师：“你们当然都不会快乐，因为你们活着，只是由于恐惧死亡，由于等待年老，由于不得已的责任，却不是由于理想，由于责任。人若失去了理想和责任，就不可能活得快乐。”

人活在世界上，每一个人都有梦想。每个人的梦想不一定相同，梦想也不一定能成真，但是有梦想代表对自己的人生存有一份美好的期待与希望。所以儿童有儿童的梦想，大人有大人的梦想，穷人有穷人的梦想，富人有富人的梦想，甚至就是贵为皇帝，也有他的梦想。兹将一般人共同的梦想，略述如下：

一、长生不死。一个人从青年到老年，几十年的风霜岁月，难免苦乐掺杂，贫富不一。但是人生纵使再苦，一般人总想到“宁在世上挨，不愿土里埋”。能长生不死是最好，只是虽然传说中彭祖活了800岁，其实自有历史以来人世间还未曾见过有不死之人，所以这个梦想虽为多数人的共同愿望，却是个无法实现的梦想。

二、富可敌国。既然不能长生不死，一些人因此抱定“今朝有酒今朝醉”的心态，转而在财富上希望求得富可敌国，也不枉此生。然而社会上，有哪个人的财富能胜过全国之财的呢？即使有，政治也不会放过你。只是道理如此，仍然有人甘愿“为财死”，例如清朝的和珅不就是因此而身亡的吗？

三、儿孙满堂。岁月和金钱既然都非我个人所能拥有，那么儿孙总该是我所有的吧！假如能有满堂的儿孙，也该是人生一乐！只是“三个和尚没有水喝”，满堂的儿孙，不一定能竞相孝顺。但看现在一些上了年纪的老人，在无法自力维生的时候，靠着儿女论日供给食住，每天往返于这些儿女之间，何乐之有，反而增加痛苦。所以这种梦想也不切实际。

四、再度年轻。年轻就是本钱，很多人老来总是渴望如果能够再度年轻。事实上人生不是只有一世，必然会有再来的时候，只是因为人有“隔阴之谜”，对前世不复记忆，所以不知人生乃三世循环不已的，总想假如能让我再从二十岁、三十岁开始，让我的人生重新来过。其实生命一日复一日，一年复一年，早起晚睡，算来生命已经跟我们打过多番交道了。再说，再度年轻，如果没有准备好发展的因缘，没有增加道德人望，那么，没有资本的人生，再重来一生，甚至重来十生，又能如何呢？

五、回到过去。过去的青春，壮年的岁月，愈到老年时愈是清晰地浮现在眼前。何时学成，何时结婚，何时生儿育女，何时创业……一下子，时光悄悄地走进了老年的阶段，要想回头，再度年轻，重新回到过去，此实难矣！

六、重温往事。人一旦走到了人生的最后，重温往事，美丽的娇妻，父母的关爱，初为人父母的喜悦，一切都成为追忆，不会重来。所以人生的希望，不是在过去，而是在未来。

我愿做一朵花，散发芬芳的气息，给人香味；
我愿做一座桥，沟通大家的来去，给人方便；
·佛光菜根谭·　我愿做一棵树，庇荫万千的行人，给人清凉；
我愿做一池水，滋润旅者的心灵，给人解渴；
我愿做一盏灯，照亮暗夜的道路，给人光明。

总之，光阴如流水，逝去的岁月不会复回，所以人生光有梦想不能成真，努力实践未来的希望，才有实现的可能。

退休生活

早年，在台湾拥有汽车的人还不是很多的时候，我决定买一辆车子代步，以便四处弘法。当时的台湾民智未开，对出家人尤其抱有偏见，出家人即使骑单车、戴手表、用钢笔，都会受到批评议论。我亲自走访车店，发现“载卡多”虽然比轿车贵了一些，却能载更多的人，于是买了一辆9人乘坐的“载卡多”，并且请车厂改装为26个座位，好让我的学生、徒众都能和我一起出外参访。由于车厢大、轮胎小，所以每次行车时，总是一路颠簸摇晃，甚至有好几次连人带车冲入水沟，翻到路边，承蒙佛菩萨保佑，每次都是有惊无险，尽管如此，我们不但不害怕，反而师徒之间的感情更加融洽。十多年以后，车子功成身退，许多厂商说尽好话，欲出价收购，一向随喜随缘的我却坚持不给别人，连弟子们都感到奇怪，我告诉他们：“这辆车子随着我南征北讨，走遍全省大街小巷，立下汗马功劳，现在退休了，我要为它‘养老’。”

一般人退休之后，感觉好像忽然失去一切，空荡荡的日子，不知道要做什么。尤其每天工作的人，退休的转变，甚至会使其感到人生失去了价值。

想要树立良好的形象，要立德；
想要获得事业的成功，要立志；
想要改善自我的生活，要立业；
想要赢得后人的缅怀，要立言。

·佛光菜根谭·

其实退休的人，只要懂得安排，或加入义工行列，或为人服务，退而不休的生活，空间会更宽广、自在。怎样过一个退休的春天？可以参与以下活动：

第一，松柏联谊会。有的人退休以后没事做，老是待在家里，身体、脑筋各项功能很快就退化了。所谓“天行健，君子以自强不息”，人活着就要动，不离人群，生命才有活力。退休后可以相约老朋友组织联谊会，举办长青活动，如旅游、表演、书画展、品茶会等，通过联谊、交流，交换心得，扩大生活范围。

第二，银发俱乐部。人活到六七十岁，孩子成家立业了，孙子也带不动了，日子该怎么过呢？俗语云“活到老，学到老”，只要肯学，年纪不是问题。你可以加入银发俱乐部，依照自己的兴趣，或参加读书会，或到小区大学上语文、下棋、绘画、歌唱、跳舞、摄影、太极拳等课程，日子过得充实，生活更有自信。

第三，长青旅行团。许多人年轻时就梦想环游世界，但是大多数人都因为家庭责任、工作繁忙种种原因，无法出国旅游。退休的人正好可以放下一切，到中国万里长城、印度泰姬玛哈陵、美国大峡谷、埃及金字塔、巴西伊瓜苏瀑布、意大利古罗马竞技场等世界名胜参访，不但增长见闻，也丰富生命阅历。

第四，延寿加工厂。一个人肉体的生命是有限的，智慧的生命却可以历久弥新。退休的人，可以担任义工，服务别人；可以贡献自己的智慧、技术，让年轻人接棒。对社会回馈、服务，将有限的生命延长、扩大，好比中国人讲的“立德、立言、立功”三不朽，就是把功德、思想、言论、道德、慈悲都留在人间。

退休的生活一样可以精进，发挥生命的光和热。参与以上这四项活动，会拥有退休的春天。

空巢期

> 中国古代以农立国，由于农村社会需要大量人力资源，每个家庭大都人丁旺盛，而且即使儿女长大成人，仍然与父母共同生活，因此三代同堂、五代共聚的家庭比比皆是，不但年老的父母有人奉养，又能含饴弄孙，充分享受天伦之乐，根本没有所谓的“空巢”现象。

现在工业社会，人口聚集在大城市，儿女长大后外出升学就业，如小鸟离巢而去，留下夫妻二人面对空荡冷清的房子，这正是现在新一代的父母所普遍面临的“空巢期”调适问题。

骤然失去儿女环绕的父母，首先需要调适的就是面对冷清的家庭生活，以及对儿女的思念。其实，人生聚散本无常，有聚必有散，应用平常心看待。平常广结善缘，只要你有学有德，天下人都可以做你的儿女；假如为人父母无学无德，没有培养亲子关系，就算自己的儿女，有时也会形同陌路。因此，只要你想得开，巢“空”了也很好，从此可以投身信仰，热心公益，享受兴趣的人生领域，一样可以活出自我的幸福来。

当面临所谓“空巢期”时，若不能尽快调适，生活质量也将受到很大的影响。因此，如何面对“空巢期”，提出四点意见：

第一，聚会善友来访。为了让儿女生活得好、接受最好的教育，现代父母经常忙得昏天暗地，除了工作上的交际应酬，难得有时间与春天，不是季节，而是内心；
生命，不是躯体，而是心性；
老人，不是年龄，而是心境；
人生，不是岁月，而是永恒。

·佛光菜根谭·

亲朋好友往来。因此，这个时候建立亲友感情是很重要的。经常与朋友联络，邀请三五好友到家里小聚，聊聊天，谈禅问道，互相切磋交流，不仅可以娱乐身心，也可以转移生活的重心，何尝不是一件愉快的事情呢？

第二，培养各种兴趣。年轻时喜欢做的事情，往往因事忙而不得兼顾，因此，这段时间正好是再度培养各种兴趣的时期。一个人不只有一种兴趣，可以有多种兴趣，甚至不只是动态的兴趣，如打球、跳舞、跑步等，还可以有静态的兴趣，如抄经、集邮、绘画等。兴趣不但能升华情绪，拥有自我，也能帮助别人一起面对“空巢期”的寂寞；培养兴趣爱好，不仅分散内心对孤单感的着意，也能丰富自己的生活。

第三，关心社会公益。除了关心自己的家庭，进一步还要扩大关心的层面，关心他人，关心社会，好比投入公益，到学校当爱心妈妈，到医院慰问病人，服务社会弱势团体，到寺院里当义工等，让眼界更加开阔，让心量更加广大，则关注“小我”的心，也将转而关注“大我”了。

第四，建立信仰力量。有人说心好就不必信仰宗教，其实心好是为人的基本条件，生命的圆满还需要许多资粮作为增上缘。倘若我们的心好，为什么不发挥宗教奉献的精神，帮助更多需要帮助的人呢？因此，建立信仰的力量，发大菩提心，服务大众，心灵才有寄托，生命才会更具价值。

人生各种阶段，都会面临不同的关卡。当生命陷于低潮时，当提醒自己“走出去”，看看世界，与社会接轨，借由朋友之间的往来、兴趣的培养、献身公益、建立信仰来开阔自己的胸怀。

“养儿防老”过时

佛光山常住为山上的徒众建立了医疗、疾病照护、退休养老等制度，徒众的食衣住行，常住寺庙也会全部为他们负担。我也主张徒众要孝养父母，所以现在不少徒众的父母，都依靠他的儿女，住在我们的佛光精舍里颐养天年。试想佛光山都能救济天下的人了，为什么不能帮助徒众的父母，解除他们的苦难呢？当然，徒众也要争气，有所作为，父母才能沾你的光。

过去在中国，父母年老之后子女有义务赡养他们，让他们好好颐养天年，但是现在社会环境变迁，很多人不但不跟父母同住，甚至连最起码的照顾都没有，使得许多“独居老人”的生活起居只能由政府、慈善团体来负责。

我现在年纪很大了，应该就是独居老人了，但是我却不独居，因为我们是一个僧团。我这一生，几乎身边总有很多人围绕，从来没有孤独的感觉。我曾因动心脏手术住进台北荣民总医院，那时看到儿童的病房有许多父母来来去去；相反，老人病房则很少有儿女来走动。现在的社会是孝顺的父母多，孝顺的儿女少；甚至还有儿女探望父母时，不是带鲜花、奶粉，而是带录音机，把它摆到父亲嘴边：“爸爸，你讲，财产要交给谁？”过去“养儿防老、积谷防饥”的观念恐怕已不适用于现代了。

在现在这个社会，儿女一朝长大，翅膀长成，就会飞走，自组小家庭，留下父母两人或单独一人，守着空荡的屋子。如果老人生活会自理，经济上不匮乏，情绪上能自我排遣，日子倒也无妨，怕的是贫病交加、无人看顾的老来苍凉，才是人间悲惨之事。

根据联合国卫生组织的定义，当一个国家65岁以上的老年人口超过全体人口的7%，就称为“高龄化社会”；当其比例超过14%，则称为“高龄社会”。人口老化是全世界共同的趋势，据联合国资料统计，目前已进入高龄社会的国家有意大利、德国、日本和西班牙，估计至2050年，老年人口比率超过20%的国家，还将增加美国、中国、泰国、巴西、印度、印度尼西亚等。

“高龄社会”的形成，除了医疗保健进步、人类寿命延长，更主要的原因是生育率的持续下降。根据统计，由于出生人口减少，现在是每100个工作人口扶养13个老人，但是50年后将激增5倍，每100人扶养的老人增加为64人。老人问题已不只是老人本身及家庭的问题，更是社会问题。许多先进国家能未雨绸缪，做好全民福利措施，如美国人平时缴税给政府，年老之后就由国家、政府来扶养。由此可见东西方对家庭、亲情的不同观念与态度。东方人期待儿女的孝顺、照顾，西方人觉得养儿育女是义务；东方人将儿女视为父母的附属品，西方人视儿女为独立的个体，给予他们充分的自主权；东方人用道德、舆论维护家庭和谐，西方人用法律维系彼此关系。

一个富强的国家对于老中青幼每一代都应周全关照。老年人除需要经济、生活上的照顾及完整的安养措施外，由于空巢、单身或健康状况不良，也常会出现孤僻、忧郁、焦虑、烦躁等心理问题。佛光山各道场有专为老人开办的“松鹤学苑”，让老人参与社区活动，不断学习新知，重拾生命的活力。

近年来，台湾一些企业集团看好银发市场，竞相投入“老人养生村”的兴建，但市场反应不如预期得那么好。如台塑集团兴建的“长庚养生文化村”推出后叫好不叫座，入住率不到两成。原来中国人还是习惯住在家里，与儿孙共享天伦之乐。

勤俭淡泊，为自己开创美好的明天；
慈悲喜舍，为子孙准备美好的未来。

中国是重视孝道的民族，佛教也是重视孝道的宗教。《大乘本生心地观经》云："慈父悲母长养恩，一切男女皆安乐，慈父恩高如山王，悲母恩深如大海。"父母养育之恩如昊天罔极，当我们长大独立后，怎能不思报答，尽反哺之孝呢？因此，我认为如果无法三代同堂，至少让老人家和儿孙毗邻而居，如此能方便照应，又有各自独立的空间，应该是比较圆满的安排吧。

能善尽孝道，扶养、关心父母，让他们能安享天年，是为人子女的本分与责任。另一方面，老人本身也需建立正确的观念和生活态度，如对人生的功名、感情、得失种种，要学会放下；保持开朗的心情，广结善缘；饮食清淡，养成运动的习惯等。如此，晚年才能过得健康又自在。我觉得，老人不是年纪，而是心境；老化不在身体，而在心灵。如果老年人在性格上能随和、不固执，肯"老做小"，并能适时地提供智慧和经验，相信不但不会令人讨厌，更能成为快乐而可爱的老人。

老人的担心

所谓"五子登科"，很多老年父母怀抱着理想，希望投靠移民海外的子女，享受天伦之乐。这许多爸爸妈妈，成为不会看电视、看英文报刊的"瞎子"，不会听英文的"聋子"，不会说英文的"哑子"；出门不会开车，在洛杉矶也很少有人行路，不敢出门，成为"跏子"；到了海外，要为子女洗衣、打扫，成为照顾孙子的"孝子"。

人活着，年轻时可以天不怕、地不怕，到了年老时，恐惧害怕的事就多了。老人有何所怕呢？

第一，害怕孤独寂寞。俗语有云“鸟怕落单，人怕孤独”，一些上了年纪的老人，尤其害怕寂寞，总希望有人陪着说话，以慰寂寥。现在社会有所谓“空巢期”的父母，或是没有伴侣的孤独老人，由于无人相伴，不但孤独寂寞，有时死了都没人知道，这是人生最恐惧的事。

第二，害怕子女不孝。有些年老父母，不怕世上的任何恐怖安危，就怕子女不孝。如果生养了不孝儿女，不但不能获得反哺，反而受其连累，例如在外赌博欠债、违法犯纪等，都让父母不安。养了这种子女，也是家门不幸。

第三，害怕没有后代。中国人传宗接代的观念根深蒂固，一般父母到了年老时，如果子女迟迟不结婚生子，就为后继无人而忧心。其实国家民族江山代有伟人出，何必只顾及一家、一已之私呢？

第四，害怕老病死苦。上了年纪的老人，老病死的无常弓箭随时都可能射中他，所以老年人怕死，也不是没有原因的。

第五，害怕颠倒痴呆。老年人体力日衰，除了容易患有骨质疏松、器官老化等老病以外，尤其现在有一种叫“阿尔海默茨症”的脑部疾病，会让人变得颠倒痴呆，例如贵为美国总统的里根，患了这种俗称的“老年痴呆症”，则过去的名望、财富、亲人、崇拜者，对他又有何意义呢？

第六，害怕人生无望。人生在世，可以说都是活在“希望”里，如果对未来没有希望，则活着就失去了意义。有一些老人因为年轻时没有立志，没有规划，没有建立自已与社会的关系，所以老来感到前途无望，这真是很大的悲哀。

· 佛光菜根谭 ·

老，非关年龄，最怕的是心力的衰退；
小，非关身材，最怕的是志节的不坚。

第七，害怕意外灾害。老年人比起年轻人，更容易遭受一些意外灾害，因为年老力衰，动作迟缓，对于一些突如其来的外力冲击，往往来不及反应，所以容易摔倒，甚至水、火、风、震灾等，都容易造成对老人的伤害。

第八，害怕被人骗到。有的老人年轻时也懂得积蓄养老金，但是老来因为经不起别人的甜言蜜语而被拐骗，或者因为自己贪心，结果“偷鸡不着蚀把米”，这都是让老年人难以承受的伤害。

世间，婴儿才一出生就哇哇啼哭，似乎是对未来的安全与否感到害怕；之后慢慢长大，害怕父母管教、老师责罚、情爱生变、工作无着、家庭负担等，可以说一直都是活在惧怕之中。尤其到了老年以后，更有以上的惧怕。不过，一个人如果从年轻时就懂得预备，老来又有智慧、人缘、信仰，则惧怕自然会减少许多。

面对老病

2003 年 3 月，贫僧因为胆结石发炎引起剧痛，连夜住进高雄荣民总医院急诊室，因为高血压一直降不下来，在医护人员的陪同下，又至台北荣总，由雷永耀副院长亲自操刀，为我割除胆囊。记得那次，我还在每年写给护法朋友的一封信里写下：“……从此，我已是‘无胆’之人了，虽然生命去日无多，但在这个复杂的人间，还是‘胆小’谨慎为好。”

人一生要面对的问题很多，有些可以控制，有些不能控制，好比老病，就是不可避免的。人不一定老了才会有病，年轻人也可能生病，生病是不分老少的。但是一般而言，老人生病还是比较让人挂念的，到底老病时该如何面对呢？以下四点可以借鉴：

第一，从“心不苦”做到“身不苦”。无论是小病或大病，生病是人生不可避免的。人在生病时，由于身体疼痛，多半会造成意志力脆弱。心力较弱的人，你打他一下，他就要大呼小叫；心力强的人，连眉头都不皱一下。有病没关系，面对疾病痛苦的当下，应该提醒自己“与病为友”，从心不苦才能做到身不苦。

第二，从“看得破”做到“过得好”。出家人穿的僧鞋，脚面上有洞，意思就是要人看得破，面对老病也是一样。人有许多理想、目标，但是生病这件事却没有时间性，还来不及防备，它可能就来了，因而打乱不少人对未来的憧憬。这时，若一味地执着于对将来的期待，将不得安心。所以，面对病苦要看得破，看得破就能做好现在能做的事情，就能帮助更多的人，日子也就过得更快乐了。

第三，从“药物治疗”做到“心理治疗”。老年人生病总是喜欢看医生，其实，每个人都可以做自己的医生。当身体感觉到不舒服时，勉励自己更坚强，体会病性本空的道理，才能淡然处之。能够做到这样，病也就好一半了。所谓“精神能克服一切”，心力才是疾病最好的良药。

第四，从“放下执着”做到“安然自在”。有句话说：“不是疾病痛苦，而是妄想摧残人心。”人生要像手提箱一样，能提得起，也要放得下，甚至面对疾病也要做到安然自在，才是真正的面对。

所谓“老病死生谁替得”，人生旅途上，生老病死是每个人必经的历

春山淡雅，夏山苍翠，

秋山明净，冬山沉稳。
唯四时之山，如人一生。

程，谁也代替不了。而老病不可怕，最怕的是心态不健全。

面对死亡

现在贫僧也老矣，老病死生，不知道什么时候会降临到我这里来。不过，我在年轻的时候，最顾忌的，就是怕自己在死亡的时候非常痛苦，让人家笑话："一个出家人，怎么在生死关头还这么痛苦、不舍？"因此，我一直在训练自己应该怎么死亡才是最好。现在，我也不知道对自我的磨炼是到什么程度了，但是我相信我不计较死亡，只要不痛苦，当它睡觉、安眠就好了。虽然"油尽灯枯"是人生必经之路，但我也不至于有很多意外的疑难杂症，所以没有恐惧了。至于这个世界上的所有一切，它本来就不是我的，是大家的，所以一切还是归于大家。

人有生必然有死，生了要死，死了又生，生生死死，死死生生，生死是环形的。生不是最初，死也不是终结；生死是二而一，一而二。有的人生而欢喜，死觉悲伤，其实这只是见到一半的人生。生也不一定可喜，人生是苦；死也不一定要悲伤，死亡可能是解脱，或者到更好的地方去，所以死亡如移民，不必太计较。面对死亡，为什么会悲伤？这是因为不知道死了以后还有没有。其实不必挂碍，一颗黄豆、一粒稻穗，收成以后，再播种下去，还会再生，人为什么不会再生呢？

但是，死亡毕竟是人生所挂念的事，"视死如归"是不容易的境界。死亡有什么挂念的呢？

一、挂念子孙。有的人面临死亡的时候，他并不挂念自己何去何从，反而挂念子孙将来该怎么办，儿女还没有嫁娶，孙子年龄还小，不知今后如何依靠，就是有万贯家财，这时也不知道如何为子孙分配，心中只是一直对子孙挂念不舍，所以只有怀着抱歉，黯然闭上双眼，把遗憾带进棺材里。

二、不舍事业。有的人一生勤劳创业，事业稍有成就的时候，死亡翩然而至。这时候，对自己一生辛劳所获得的成就，万般不舍。聪明的人赚钱，生时就要乐善好施，作种种用途；不聪明的人，所赚的钱财，只有留给后人使用。只是，钱财不知托付何人，所以就会挂念自己所创办的事业，今后怎么发展。但这种挂念也是徒然，无补于事，等双眼一合，双脚一伸，再多的事业也不能再管了。

三、抱憾后悔。人到死亡的时候，一生所做的大善大恶，这时都会浮现在他眼前。所做的是善事，倒也罢了，假如做了一些不该做的事，这时就会后悔。所谓“不见棺材不掉泪，不到黄河不死心”，不到临终时，不会知道自己的所行所为。假如在往昔有做过缺德的事，这时想要补偿，也很困难。就连大哲学家苏格拉底临终时有人问他有什么遗言要交代，他说：“我欠人一只鸡，还没有付钱！”从好处说，大哲学家不会拖泥带水，不想对人有所亏欠；说得不好听，在这个世间，我们有检讨过，是自己欠人家的多，还是人家欠自己的多？假如别人欠自己的多，可以含笑而去；假如自己欠别人的多，在这种生命交关的时刻，又怎么来得及偿还呢？

四、死后去处。人到死亡的时候，种种挂念当中，最挂念的，就是死后要到哪里去。关于这一点，佛经里早已讲得非常清楚。所谓“一心法珍惜生命者，感叹人生苦短；
挥霍生命者，埋怨人生苦长；
认识生命者，了悟人生苦多；
主宰生命者，不惧人生苦空。

界”，死后的去处有四种圣人的境界（佛、菩萨、缘觉、声闻），有三种善道（天、人、阿修罗），有三种恶道（畜生、饿鬼、地狱），一共是十种道路。一般人，四圣不容易有分，三善三恶的六道轮回，这是必然的。会到哪一道？这也是不由得挂念。因为“万般带不去，唯有业随身”，你平时所做的善恶业，都已安排好了你的去路。生命是“薪尽火传”，木材虽然烧尽了，只要换一根木材，生命的火还会一直继续燃烧。只是生命的结案，是善道，是恶道，就要看自己往昔所造的诸业了。

说到死亡的挂念，人到临终的时候，最怀念的人、最挂念的人，都由不得自己处理。面临死亡，应该面对现实，接受死亡的考验，并为来生结个好缘，这才是最重要的事。

遗产

我们要留什么遗产传给子孙呢？有人认为房屋、存款、土地、股票最好。其实，这是儿女纷争之源，不是最好的遗产。话说有一位富翁新居落成，大宴宾客时，他把建屋的瓦木泥工都请到上座，让自己的儿女坐下座。有人觉得奇怪，就问富翁：“你的儿孙才是主人，为何不让他们坐上座，反而让瓦木泥工坐上座呢？”富翁回答：“因为瓦木泥工都是今日为我建屋的人，儿女子孙则是他日卖我房屋之人也。”

中国人向来有传遗产给子孙的观念，子孙也都希望能获得祖先留下的

· 佛光菜根谭 ·

能放下生死烦恼，是第一等有福报的人；
能提起信心正念，是第一等有智慧的人。

遗产庇荫。善于利用遗产者，遗产能增加家族的荣光；不善于利用遗产者，遗产反而贻害子孙。所以现代人已渐渐懂得要留道德、留学问、留知识、留技能给子孙，不一定要留钱财。

自古以来，历代祖先其实已经为我们留下许多珍贵的遗产，例如道路的开拓、公园的建设、河川的防患、树林的栽植，以及各种文学、哲学、科学等道理的传承，只是我们没有感觉到这些遗产的可贵，对先人都不知感恩回报，实在可惜。现在谈谈究竟要送什么遗产给子孙，有几点看法略述如下：

一、养成儿女劳动的习惯。《葡萄树下的黄金》，这是大家耳熟能详的故事。故事中，儿女把整座葡萄园的土地都给挖掘、翻遍，最后虽然没有挖到黄金，但满园的葡萄树经过松土后，长得枝繁叶茂，果实累累，这就是留“勤劳”给子孙的最好遗产。

二、把好的观念留给子孙。父母临终前把儿女叫到床前，说：“爸爸（妈妈）没有黄金财宝留给你们，但爸爸一生乐于助人，对人讲信用、守道德、有爱心，你们要好好记着，这就是给你们的财富。”如果子孙能懂得这些财富，一生也是受用不尽。

三、教育儿女学习技能。所谓“一技在身，胜过万贯家财”，我们虽然没有万贯家产可以留给子孙，但能够栽培他，让他受教育，甚至学习各种技能，例如现在的电机、电脑、专业科技等，都非常应时有用。

四、留个好名声给子孙。所谓“积善之家，必有余庆”，父母在乡里有信誉，有道德，平时敦亲睦邻、乐善好施，把这些美德留给儿孙继承、效法，才能永久庇荫子孙。

传家宝

佛教有传承之宝，佛陀在灵鹫山以“清净法眼，涅槃妙心，实相无相，微妙法门”传付给大迦叶。禅宗初祖达摩大师传法给二祖慧可大师时说：“内传法印，以契证心；外付袈裟，以定宗旨。”佛教丛林便是以袈裟钵具作为传法的信物。过去社会上有名望的家庭都有“传家之宝”，例如有人以如意传家，有人以宝剑传家，有人以字画传家，有人以书香传家。

许多父母会希望能留下房屋田产、金银财宝给子女。但是，世间有形财宝难以久存。怎样的传家之宝才能让家庭和乐、家族兴盛绵延呢？我认为“勤俭”是传家之宝。西谚云：“黄金随潮水流来，也要你早起去捞起它。”中国人相信有财神爷，但是财神爷送财来也必须站起来礼貌地接受，如果懒惰、不理睬，也不能发财呀。世间，懒惰与贫穷是难兄难弟。因为懒惰，所以贫穷；因为贫穷，容易懒惰，这是互为因果的。要让家庭富有，家族事业永续经营，就得勤劳精进。

社会上许多成功的企业家，他们之所以能成功，绝不是从安逸享受中得来，而是从勤俭奋斗中获得的。佛教里有菩萨成佛的六波罗蜜，其中的精进波罗蜜就是勤劳、勤奋之意。俗话说：“春天不播种，何望秋来收？”不播种，如何有收成？不劳动，如何能成就？懒惰懈怠，又奢侈放逸，怎能守住家园呢？因此，勤劳、节俭是财富，更是传家之宝。

“孝道”也可作为传家之宝，亲子之间有着“上代以来，从己而出”的血缘关系。借着世代相传的伦理，人类的纲常秩序才能稳固和延续。“五伦”中以“父子”为首，为人的“十义”以“父慈、子孝”为先。佛教也非常重视孝道，所谓：“上报四重恩，下济三涂苦”，“四重恩”之一便是“报父母恩”。《大乘本生心地观经》也说：“勤加修习孝养父母，若人供佛，福等无异，应当如是报父母恩。”《五分律》中，佛陀更嘱咐比丘应“尽心尽寿，供养父母；若不供养，得重罪”。孝是道德之本，能够孝顺父母的人，其他伦理道德亦不差矣！

父母的言行是儿女学习的榜样，自己对父母供养承顺，自然也会有孝顺自己的儿女。如是因如是果，一个家庭有慈爱的父母、孝顺的儿女，亲子关系亲密和谐，也就能维持上慈下孝的伦理纲常。

当然，“慈悲”也是一种传家之宝，培养孩子有慈悲心，有善念，他就能与人为善，不会到处树立敌人，而拥有平安顺遂的人生了。慈悲是做人应具备的基本条件，一个人宁可什么都没有，但是不能没有慈悲。现代社会暴戾之气甚嚣，就是因为缺乏慈悲。以我多年来处世经验，深深体会：唯有慈悲，才能化干戈为玉帛，消弭人我之间的怨怼愚痴；唯有慈悲，才是家庭幸福的动力，才能广结善缘，成就事业。

不过，慈悲如果运用不当，也会沦为罪恶。纵容子女，会造成社会问题；姑息作恶，会导致社会失序；滥施金钱，会助长贪婪心态……所以，真正的慈悲必须以智慧为前导，否则弄巧成拙，反失善心美意。有了慈悲的心怀、慈悲的语言、慈悲的行为，不只能拥有慈悲的家庭，也能成就慈悲的社会、慈悲的净土了。

“信仰”可以是传家之宝，人不能没有信仰，没有信仰，心中就没有力量。父母把信仰传承给下一代，好比薪火相传，生命得以绵延不断。信仰，勤俭，是治家之本；忠孝，是齐家之本；
谨慎，是保家之本；胆识，是兴家之本；
诗书，是起家之本；积善，是传家之本。

是留给子孙最好的财富。因为人世间的金钱终有散尽之时，有了信仰，则能开发善美的本性，获得无量的圣财。正信的宗教会教导我们布施、守戒、忍辱、慈悲……也会让我们明白因缘果报，知道“诸恶莫作，众善奉行”，而过着有正知正见、有道德的生活。所以，我们应该选择一个有益身心、能开发正确观念的宗教信仰，作为传家之宝。

除了勤俭、孝道、慈悲、信仰可作为传家之宝，其他如儒家的仁义礼智，佛教的五戒十善、四摄六度、八种正道等，以及书香、教育、知识、明理、忠信、诚实、欢喜……都是值得代代相传的珍宝。

对儿女的教养

教育儿女，要注意自己的言语、态度与方法，要慈严并施，也要耐心诱导，你不以框架束缚儿女，儿女就能尽其特性，发展自我。儿女懂得谦恭仁爱、明因感恩、修正身心，那才是教育之道。

生儿育女

佛光山刚开山时，一些人经常将一些路上拾来、不知姓名住址的小孩送来，我心生悲悯，盖了一座育幼院收容他们。有一天，主管院务职事和我说：“我们昨天帮那些无姓名的小孩子报户口，但是户政机关不肯接受，必须要有人认养才可以入籍，但是……如果我们认养了，日后……继承财产或其他方面有问题怎么办？”我看他一副左右为难的样子，于是说道：“都归在我的户籍下，跟着我姓‘李’（我的俗家姓）好了。”“师父！这样不好吧！如果将来……”他仍然迟疑犹豫。“不要再说了，天下的儿女都是我的儿女，不管将来怎么样，我都心甘情愿。”

天下所有的父母，都把生儿育女、传宗接代当成是应尽的责任。儿女是未来的希望，是家业的继承人，更是父母心头的一块肉。只是有的人生养了好的子女，光大门楣，荣宗耀祖；有的人儿女不肖，成天游荡，惹是生非，父母光是处理他们在外所制造的麻烦，就已经不胜其苦了。

也有的人，儿女不肯读书，父母望他成龙成凤，又徒叹奈何！有的儿女不务正业，好吃懒做，父母责骂，又有何用？当然，也有孝顺的儿女，承欢膝下，体贴感恩，这就是父母最大的欣慰了。

生儿育女虽是父母的天职，但是儿女有的是来报恩的，有的是来讨债的。当然，所有父母都希望儿女是为报恩而来的，所以他们希望生养的儿女最好能具备以下条件：

一是善因善缘的儿女。苏东坡说“人皆养儿望聪明”，儿女的聪明才智高低，难以计较，能够生个有善因善缘的儿女，倒是比较重要。因为有善因善缘的儿女，不需要父母太为他操心，他本身就具备条件，善缘好运就能为他带来好的前途了。

二是福慧兼备的儿女。世间的人，福慧往往难以兼备，有的人有福报，但没有智慧；有的人智慧高，但福报不够。学佛的人皈依三宝，所谓“皈依佛，二足尊”，就是指释迦牟尼佛福慧具足，所以是人间至尊至贵的人。父母生儿育女，是男是女都不重要，重要的是福慧双全。过去中国人“只重生男，不重生女”，但是当杨贵妃“一朝选在君王侧”，举国父母都“不重生男重生女”。所以不管男女，福慧具足最为重要。

三是端正有相的儿女。在佛教的《普门品》里提到，假如信仰观世音菩萨的人，希望求生福德智慧之男，当然可以所求如愿；如果希望生个端正有相的女儿，也能如愿以偿。因为男孩子智慧重要，女孩子相貌重要。如能把自己所看重的、所在意的，祈求菩萨加被，圆满如意，必然更增自己的信心。

四是诸根具足的儿女。今日社会，有一些父母生养了先天残疾的儿女，五根不全，或是智能不足，乃至脏器有先天性病变等。可怜的父母，舍子不忍，因为总是自己的儿女；养子艰难，有很多父母为了残障儿女，苦了一生一世，从未享受到人间的福乐，每天只为残障儿女做牛做马，数十年的人生就这么陪着残障儿女消磨殆尽。所以，儿女诸根具足，是父母最基本的愿望。不过今日社会，残障儿童还是很多，因此如果社会能有公益机构集中照顾，专案教育，使那些生有残障儿童的父母减少身心的痛苦，实在是有其必要。

五是身心健全的儿女。人最大的幸福，就是身心健全，诸根俱足。可是人的因果业报各自不同，有的人先天残障，值得同情；有的人生来五体一等儿女：孝悌恭敬，晨昏定省；
二等儿女：供亲所需，敬业乐业；
三等儿女：游闲疏懒，结交损友；
劣等儿女：作奸犯科，忤亲逆伦。

健全，但是思想灰暗，悲观消极，不但自己活得不快乐，也让家人跟着受累。所以生养一个身心健全的儿女，就是父母最值得安慰的事。

其实，人生除了自求多福以外，别人又能奈何呢？有的人“身在福中不知福”，一旦到了福报享尽、有所残缺的时候，悔之已晚。所以人在健康的时候，要爱惜健康，爱惜福报，爱惜未来，要用健康的思想面对人生，千万不能让人生在无谓的烦恼中空过。

儿女的心声

邱妈妈准备一盘水果要给家人吃，小儿子放学回来，看到桌上的水果，就在香蕉上面画个人，在苹果上面画个人……邱妈妈从厨房出来一看，所有水果上面都画了人，不禁怒火中烧，拿起藤条就要打儿子。没想到小儿子理直气壮地说：“妈妈！我没有错！你为什么要打我呢？”“你这么顽皮，在水果上画了这么多人像！”“妈妈！因为奶奶喜欢吃香蕉，为了怕香蕉被别人吃了，所以我画奶奶在上面；姊姊喜欢吃苹果，我怕哥哥先抢去吃了，所以我画姊姊在上面……”邱妈妈听了很惭愧，一把搂住小儿子，说：“孩子！你真乖，是妈妈错怪你了。”

现在的青少年对家居生活毫不关心，也完全没有兴趣，成天喜欢往外发展，除了在学校读书以外，好一点的就在外面与朋友正常交际，不好的则是放荡、流连于一些不良场所，原因就是家庭没有温暖。其实，要营造家庭的温暖并不困难，例如家中经常听到爸爸的笑声，时时有爸爸指导关于人生处世之道，儿女把爸爸当作朋友，则家居也很可爱。或者能吃到妈妈的味道，诸如汤圆、粽子、烧饼、面条，或者与妈妈一同烹煮，感受到妈妈的慈爱、智慧，把妈妈当成老师一样，儿女又何必往外跑呢？

现在的青少年，只要能够在家中感受家居的欢乐、父母的恩爱、家庭的幸福美满，自然就不会想到外面游荡。由于时下一般父母都不能了解儿女的需要，总是疏于倾听儿女的心声，因此在此代表天下的儿女表达他们的心声如下：

一、父母要正派。父母有钱没钱，儿女可能认为不那么重要，重要的是要正派。父母贪赃枉法，吃喝玩乐，靠耍嘴皮子，甚至以诈骗为生，儿女也没有面子。不正派的父母，儿女口虽难开，父母可知他们的心中在滴血吗？

二、双亲要恩爱。有的父母经常斗气、吵架，平时冷战、热战不断，儿女无奈，只有跷家，终日往外跑，因为他觉得家里如同地狱，一刻也难以忍受。

三、爸爸要回家。爸爸不回家，妈妈也不肯煮饭菜，三餐都叫儿女到外面胡乱吃，如此怎么会有家庭的温暖呢？所以常有人提倡“爸爸回家吃晚饭”。但现在社会应酬之多，家庭团聚日薄，如此怎么会有欢喜居家生活的儿女呢？

四、家中有笑声。现在的家庭，有电唱机、电视机的声音，就是缺少父母欢笑的声音。儿童居家，感受不到家庭的快乐幸福，有的孩子整天见不到父母，家中空荡荡的，他也只得做一个钥匙儿童。一个不喜欢家的孩子，终日往外跑，没有亲情的孕育，如禾苗没有雨露的滋润，要他正常成长，此实难矣！

· 佛光菜根谭 ·

儿女不逆父母之意，是孝顺；
父母不逆子女之意，是开明。

五、父母多关心。现在的家庭，父母每天为生活打拼，只在物质上拼命赚钱，可是疏于家庭的温暖，对儿女没有正常的教养，就是给零用钱，满足他的物质享受，但没有关心少年儿女的希望，比金钱更重要的是亲情，比物质的东西更渴望的是精神成长的呵护。

六、管教要得当。父母对儿女没有适当的管教，比方说不顾他的尊严，在他面前夸赞别人家的儿女乖巧，说自己的儿女没有用、不聪明、贪玩不会念书。在小儿小女的耳中听来，原来在父母的心中，我是这样的坏孩子，那我就坏给你看，所以后面的问题就难以收拾了。

上述儿女的心声，父母固然听不到，就是儿女有心想要诉说一些自己的想法，父母也总是不屑地以一句“小孩子懂什么”就把儿女的意见完全抹杀。俗语说“天高皇帝远”“有冤无处申”，现在家庭也不大，父母就在身边，但他的委屈无处申诉，如此怎么能养出好的儿女呢？所以天下的父母们，你希望有可爱的儿女吗？请倾听他们的心声吧！

教子之道（一）

有一位信徒看到园头（负责园艺的僧众）正埋首整理花草，不解地问道：“照顾花草，您为什么将好的枝叶剪去，枯的枝干反而浇水施肥？而且从这一盆搬到另一盆中，没有植物的土地，何必锄来锄去？”园头禅师道：“照顾花草，等于教育你的子弟，人要怎样教育，花草也是。”“花草树木怎能和人相比呢？”园头禅师头也不抬：“照顾花草，第一，对于那些看似繁茂却生长错乱、不合规矩的花，一定要去其枝蔓，摘其杂叶，免得它们浪费养分，将来才能发育良好；就如收敛年轻人的气焰，去其恶习，使其纳入正轨一样。第二，将花连根拔起植入另一盆中，目的是使植物离开贫瘠，接触沃壤；就如使年轻人离开不良环境，到另外的地方接触良师益友，求取更高的学问一般。第三，特别浇以枯枝，实在是因为那些植物的枯枝看似已死，内中却蕴有无限生机；不要以为不良子弟都是不可救药，对他放弃，要知道人性本善，只要悉心爱护，照顾得法，终能使其重生。第四，松动泥土，实因泥土中有种子等待发芽；就如那些贫苦而有心向上的学生，助其一臂之力，使他们有新机成长茁壮！”信徒听后非常欣喜：“谢谢您替我上了一课育才之道。”

世间，无论功在乡梓或是祸殃乡民者，其思想个性的养成，均离不开父母的教育与家庭的熏陶。所以对于孩子的品格和道德的养成，父母的观念、方法是非常重要的。可叹的是，现在社会信息复杂，价值观模糊，让做父母的常常感到不知如何教育儿女才好。以下四点“教子之道”贡献给大家参考：

第一，励以志，不励以辞。有位身陷囹圄、悔不当初的狱中人，回忆少年时期逞凶斗狠，每次和人打架，满身伤痕地回到家里，母亲声色俱厉：“你还好意思回来，爱打架就去打个够，打输了就别回来！”这样的教育，使得他性格愈加暴戾，终于犯下杀人罪。所以教育子女时，要让他受到尊重，加强他的责任感，教导他理性地表达自己，鼓励他确立生活目标，而不是用严厉的语言不断苛责。

第二，劝以正，不劝以诈。有个小孩在学校偷了同学的圆珠笔，父亲教育，不是知识的瓦砾，而是学问的堡垒；
教育，不是教条的枯藤，而是生命的花园；
教育，不是装饰的花蔓，而是深邃的内涵；
教育，不是溺爱的礼物，而是佛心的泉源。

知道后，立刻给儿子一记耳光说："你怎么可以偷人家的笔呢？你要圆珠笔，爸爸可以从上班的地方拿一大包给你。"这样的父亲怎能做儿女的表率呢？所以，教育子女要以身作则，"身不行道，不行于妻子"，自己要有高风亮节的行谊，才能教导出言行道德高尚的子女。

第三，示以俭，不示以奢。春秋时鲁国大夫御孙说："俭，德之共也；侈，恶之大也。"节俭的人，对物质的欲望必定较少，奢侈之人，必定多求妄用。寡欲则能谨身节用，不被利欲蒙蔽自己的良知道德；奢侈则因不能满足己欲，导致铤而走险，招来祸殃。俗语说"由俭入奢易，由奢入俭难"，父母应以身作则，让子女们从小就养成节俭的习惯。

第四，贻以言，不贻以财。西晋何曾日食万钱，子孙习其骄溢而倾家；宋朝寇准豪华奢侈，子孙遗其奢靡而穷困。与其留给儿女万贯有形家财，不如把宝贵的人生历练、无价的知识经验，以及生命的智慧遗留给子女，让他们在馨香的道德环境中耳濡目染，培养健全的人格，长养廉洁的道德，传承前人处事的智慧，这才是让子女安居乐业之道。

父母教育子女的方法，除了提供无虞的物质生活，还要给他们精神生命的滋润，所以父母应有无限的方便与善巧，有时以严格来折服教导，有时要以慈爱为善巧抚慰，恩威并济，宽严并施，最重要的是父母以身作则的教示。这四点"教子之道"提供参考。

教子之道（二）

《诗经》上说："父兮生我，母兮鞠我。拊我畜我，长我育我。顾我复我，出入腹我。欲报之德，昊天罔极！”青少年要学会体谅父母的辛劳，协助父母打扫家居卫生、做家务、接待客人等。父母的言行会影响孩子的行为，如果父母乐于助人，自然在家庭里也会营造关心他人的气氛，小孩在这种环境下成长，也会学习关心他人的能力。

父母对儿女的教育，如果太过严厉，会让儿女因为害怕而不敢与父母沟通，有时甚而导致孩子养成说谎的习惯；如果太过溺爱，又会让儿女养成骄慢放纵的习性。如何教育儿女礼貌有序又不会太压抑想法，让儿女天真活泼又不致太过放逸无礼，实在是身为现代父母者一大课题。要给儿女什么样的教育呢？以下有四点意见：

第一，有自我要求的习惯。有些父母过于疼爱儿女，课业上的进度、生活上的整洁，都是由父母促成，甚至也有由父母代劳的。父母不在身边，儿女的成绩乃至生活习惯就一塌糊涂。这样的教育，不是爱护，反而是让儿女养成依赖心，时时要人照顾。因此，要让儿女养成自我要求的习惯，这是让儿女对自己负责，也是训练儿女独立，懂得照顾自己。

第二，有尊敬接受的性格。教育儿女养成尊敬接受的性格，尤其在现代这个人际关系密切的社会非常重要。有了接受的性格，才能虚心纳受师长、主管、同侪的教导与建议；尊敬他人，才能接受他人的意见，尊重别人的存在，处事上才不会任己之意，为所欲为。你有了这种融和、接受的个性，才能与人和合共事。古德云“涵容是处事第一法”，尊敬接受的性格就是涵容的养成。

第三，有明因识果的知见。从小要养成明因识果、不与不取的知见。

·佛光菜根谭·

上等教育家，教导做人和处世；
中等教育家，教导做事和知识；
劣等教育家，什么都不会教导。

有了这样的知见，才能让儿女时时注意自己的善恶行为。明因识果，儿女就会知道所有的言行举止，都必须由自己承担与负责；明因识果，他就会懂得“不以恶小而为之，不以善小而不为”，知道去恶向善。正见养成后，父母就不用担心儿女在人生道路上走错方向。

第四，有感恩说好的美德。培养儿童表达感谢，口中常常说好，心中常常感恩。懂得感恩的人，才能体会别人的付出；懂得感恩的人，才能懂得报恩。一个懂得感恩说好的人，必定是一个知足常乐的人。

教育儿女，要注意自己的言语、态度与方法，要慈严并施，也要耐心诱导，你不以框架束缚儿女，儿女就能尽其特性，发展自我。儿女懂得谦恭仁爱、明因感恩、修正身心，那才是教育之道。

教子之道（三）

孟子幼年丧父，由母亲抚养长大，在母亲贤惠的教育下，留下“孟母三迁”“断机教子”的美谈。韩愈3岁时就父母双亡，由兄嫂抚养长大，他在贫困中刻苦自学，而有“文起八代之衰，道济天下之溺”的文学成就。日本曹洞宗初祖道元禅师3岁丧父，8岁亡母，童年即体悟人世无常及人情冷暖，因而发心向道。所以，只要自己肯立志向上，发愤图强，依然能从贫瘠恶劣的环境中创造出美好的前程。

一般人说“儿童是国家未来的主人翁”，俗语也云“看三岁定终身”“从童年看出成人”，或是“童年的生长影响一生人格的发展”。这些说法都是在告诉我们儿童教育的重要性。以下六点说明：

第一，维护儿童人格的尊严。儿童的自尊心与自信心是相辅相成的，不要以为孩子还小，就轻易在众人面前处罚打骂，或是说一些中伤的语言，这样的伤害会让孩子一生难以忘怀。所以为人师长要维护儿童的人格尊严。

第二，养成儿童感恩的美德。所谓“锄禾日当午，汗滴禾下土。谁知盘中餐，粒粒皆辛苦”，应该要让儿童了解，每日的一粥一饭、半丝半缕，都是父母、农夫、商人、工人等辛苦努力工作而来，应存感恩之心，建立惜福的美德。

第三，培养儿童认错的习惯。所谓“智者改过而迁善，愚者耻过而逐非”，掩饰错误是带着错误生活，无论身心，负担既重且大。而认错是“觉昨非而今是”，放下错误，小心轻松，也令人赞他的勇气。认错，也是给自己修正行为的机会，有如擦掉错误的清洁剂，可以让人重新开始。因此要培养孩子不怕认错的习惯。

第四，化育儿童接受的性格。口袋，要能装得下东西才能拥有；杯子，要能倒得进清水才能解渴；儿童，也要听得进别人的教导才能成长。所以要教导儿童，接受是进步的根本，接受才是智慧的来源。

第五，重视儿童处世的礼貌。古德云：“貌轻则招辱。”做人处世要有礼貌。有礼貌的人，心中就有伦理；心中有伦理次序的人，才会有法制规矩的观念。如此，人情处事就不会随便、轻慢。因此从小就要养成处世的礼貌习惯。

第六，教导儿童正常地生活。小孩子的意志较弱，缺乏自制力，但也是弹性大、可塑性高的时候，因此要训练他们生活正常，才能培养良好的生活习惯。生活正常，身心健康，精神良好，更能做事有条理、处事幼儿童稚时，靠父母改造自己；
青春年少时，靠老师改造自己；
长大稳定时，靠自己改造自己；
成熟思考时，靠佛法改造自己。

有计划。

古德云："父母教子，当于稍有知识时。"孩子的习性一旦养成，等到长大再要改正，恐怕已非容易之事。所以儿童的教育，应在他稍有认知时就开始导引学习的方向。

教育的原则

玄沙师备禅师开示大众说道："诸方长老大德，常以弘法利生为家业，如果说法的时候碰到盲、聋、哑这三种人，要怎么去接引他们呢？你们应想到对盲、聋、哑三种人怎么好说禅呢？假如对盲者振揵槌、竖拂尘，他又看不见；对聋者说任何妙法，他又听不见；对哑者问话，他又不会言表，如何印可？如果没有方法接引此三种残障人士，则佛法就会被认为不灵验。"大家都不知如何回答。有一个学人，就将上面玄沙禅师的开示，特地向云门禅师请益。云门禅师听后，即刻道："你既请问佛法，即应礼拜！"学人依命礼拜，拜起时，云门就用拄杖向他打去，学人猛然后退。云门说："汝不是盲者！"复大叫，"向我前面来！"学人依言前行。云门曰："汝不是聋者！"云门停了一会儿道："会吗？"学人答曰："不会！"云门曰："你不是哑者！"学人听后当下有省。

人的最大本钱，就是教育。一个人尽管天纵英才，资质优异，后天的教育仍然非常重要。教育可以变化气质，增加知识，明白道理，提升人格。过去的人想要了解一个国家的强弱，都先问这个国家有道无道；乃至一个领导人的好坏，也是看他有道无道；道德观念的有无，就看他对教育的重视与否。所以教育关乎一个国家的发展。

发展教育也要懂得掌握要点，有的国家一味学习外来的文化，废弃了自己民族文化之所长；有的国家废止博大悠久的历史文化，只看重眼前的蝇头小利。以下兹以教育的四点原则贡献诸方：

一、生活重于知识。一般人以为教育就是学多少字、读多少书、知道多少常识。其实，教育最重要的是正确的价值观与生活态度，例如吃饭要有感恩的心情，穿衣要有物力维艰的了解。一切都有因果，都是得来不易。在生活里要有因果观，有因果观念就是教育；懂得感恩图报、发心回馈，就是教育。有了生活的教育，就与单纯获取知识的教育不一样了。

二、道德重于功利。有的人以为教育只是为了拿到毕业文凭，可以谋得高薪的工作，所谓“名利双收”就是受教育的目的。实际上在教育的内涵里，功利的价值只是渺乎小哉，道德才是教育的真正意义。例如，印度的甘地以不抵抗、不合作主义为万千民众争取权益，树立了自己的道德人格，岂是万千书卷所能比！中国古来多少帝王，如秦始皇、纣王、幽王等，将人与之相比，人皆不喜，因为无道；反之，有的人一生穷途潦倒，如蔡邕、苏东坡等，他们风骨嶙峋，为人所重。可见道德重于功利。

三、普济重于接受。现在教育最大的缺点，就是重视功利，养成学子自私贪吝，凡事只为自己图利益，不为天下苍生谋福。但是真正的教育，必须要有菩萨的发心，如释迦牟尼佛及跟随他的十大弟子、耶稣的十大门徒、孔子的七十二贤人等，这许多人因为受到老师教育的感染，兴起献身

· 佛光菜根谭 ·

责备的话中要带有抚慰，批评的话中要带有赞扬，训诫的话中要带有推崇，命令的话中要带有尊重。

普世人类的发心，因此能留名青史。所以，能有“先天下之忧而忧，后天下之乐而乐”的普济思想，才能显得出受教育的学子人格不同于一般。

四、自觉重于他教。在佛教里的学生有两种，一种是声闻，一种是缘觉。声闻是经由老师教导而悟道，缘觉就不一定有老师教导，自己观因缘，自发自动，自己追寻，自我觉悟。所以，教育有家庭教育、学校教育、社会教育、团体教育，但真正的教育在于自己，自己无心于教，所谓“言者谆谆，听者藐藐”，也无济于事。佛教的教育就是“觉”的教育，但是先要“自觉”，而后“觉他”，进而才能“觉满”。

俗语云：“一斗米养一个圣贤，一担米养一个江洋大盗。”孔子的学生也不一定个个都成为圣贤，佛陀也有提婆达多为叛徒。所以，没有自觉的教育，不易成也，自己没有自觉要向上、向好、向善，即使有再好的名师也教不成，所以教育要靠“自觉”最重要。

好的家长

美国著名的教育家和演讲口才艺术家卡耐基，小时候是一个非常调皮的小男孩。在他9岁的时候，父亲将继母娶进门。他父亲向新婚妻子介绍卡耐基时，如是说：“希望你注意这个全郡最坏的男孩，他实在令我头痛，说不定明天早晨他还会拿石头砸你，或做出什么坏事呢！”出乎卡耐基的意料，继母微笑着走到他面前，托着他的头，注视着他。接着她告诉丈夫：“你错了，他不是全郡最坏的男孩，而是最聪明的男孩，只是还没有找到发泄热忱的地方。”此话一出，卡耐基的眼泪不听使唤地滚滚而下。就因为这一句话，建立了卡耐基和继母之间深厚的感情；也因为这一句话，成就了他立志向上的动力；更因为这一句话，让他日后帮助千千万万的人一同步上了成功之路。

家长是引导子女行为善恶的主因，有形、无形之中，耳濡目染，成为子女学习效仿的对象。所以为人家长者，出言行事务必谨慎，一举一动合乎礼仪，就能给予子女好的影响。好的家长应如何？

第一，恭敬父母，尽心孝养。“养儿方知父母恩”，为人父母者更能体会父母的养育之恩，“欲报之德，昊天罔极”。为人父母者，孝顺父母，更能让子女以你的孝行作为学习的榜样。

第二，恒以善法，教导子女。有些父母虽然教导子女要守规矩，要有礼貌，但是一到公交车站，就要孩子赶快占座位，或以各种方式不买车票，乃至于带着儿女闯红灯等。这看似无形的小动作，实际上都让子女学会了不诚实、占便宜，以及不懂得礼让的坏习惯。因此，对子女的教导应从每个善念上去养成。

第三，悯念童仆，知其有无。陶渊明说：“此亦人子也。”意思是不管童仆，或是任何一位属下、员工，他都是别人家的子女，主管应当推己及人，以爱护自己子女的心来宽待他们。对于他们的冷暖、饥虚、疾病、劳苦等困难多加体恤，协助处理解决。这样的行为，能让子女学习关心别人，以仁慈、谦和的心待人。

第四，近善知识，远离恶人。《礼记》说：“与君子游，如入芝兰之室，久而不闻其香，即与之化矣；与小人游，如入鲍鱼之肆，久而不闻其臭，受教者，应如“虚空”接纳一切，方能容受真理；
施教者，须像“虚空”无所不相，才能同事摄受。

亦与之化矣。”所以，家长与贤德之人相交，见闻会有所增长，家人也能同而学习；假如与势利之人相交，则难保厄难不近身，家也不免同遭其殃。所以要近善知识，远离恶人。

父母是子女学习的第一位老师，也是子女终身的指南。假如父母能“动则思礼，行则思义”，那么儿女离具有“心境如青天，立品如光月”的美德也就不远了。

坏的家长

小君走进大雄宝殿东张西望，香灯师走了过来。“师父！我在外面捡到一元，是不是可以投到功德箱？”“啊！好乖的小孩，这么懂事，要好好用功读书，以后才会像佛陀那么有智慧。”小君笑逐颜开。隔天，小君再来寺里：“师父！我又捡到一元，一样投入功德箱，好不好？”香灯师温和地说：“当然好！你吃过饭没有啊？这些供过佛祖的糖果给你吃，吃了会增长福德。”第三天，小君又来寺里说他捡到一元，香灯师觉得奇怪，问他是在哪里捡到钱的。小君怯怯地回答：“其实是我自己的钱。我第一天来这里，看到师父好慈祥，说话又是那么亲切，就很想天天都能见到您，和您讲话。不像在家里，爸爸妈妈一天到晚吵个不停，心情不好时，还拿我当出气筒。只有在师父的面前，我才觉得自己是个好孩子；只有听师父讲话，我才觉得很快乐。”“傻孩子，以后不必捡到一元，一样可以天天来拜佛。”父母应该为儿女营造一个祥和的家庭，不要让小朋友到家外再找家。

儿童是国家未来的主人翁，但在东西方都有很多虐待儿童的案例。不过，基本上西方还有儿童保护法，尤其有人说，美国是儿童的天堂，是青年的战场，是老人的坟场，可见儿童在美国受到的重视与保护之周全。反观东方，虐待儿童不但司空见惯，而且好像是理所当然的事，有些父母打骂儿女，还理直气壮地说："儿女是我养的，我为什么不可以打骂他？"所以东方不少儿童就在这样的思想下，成为受虐儿童。

兹将儿童受虐的内容略说如下：

一、骂他、打他，不鼓励他。有的父母为了打孩子，特地制作"家法"，每次打小孩都棍棒、藤条齐来，甚至一天要打上好几次，每次打小孩的理由都冠冕堂皇，例如小孩子难教，不打他、骂他如何成器。甚至不只父母打骂，学校的老师也以打骂为教育方法，学生不会背书就罚跪，写字、作文不好就罚打；因为无能的父母与老师，除了打骂以外，不懂得鼓励他，给予爱的教育，因此可怜的儿童就这样成为体罚下的受虐儿了。

二、气他、嫌他，不教育他。天下的父母，当然多数都把儿女当成自己心头上的一块肉，爱他、保护他；但是有的父母儿女一多，就会气他为什么要生到我家里来，甚至嫌他成为家里的负担。由于父母经常生他的气，不时地嫌他这也不好，那也不对，儿女于是成为惊弓之鸟，视家庭为牢狱，对家毫不眷恋，日子久了就会跷家，甚至逃学，所以家庭教育失败，连带地也影响学校教育，导致社会问题丛生。

三、怪他、恨他，不关爱他。在中国的家庭里，常见一些妈妈打破了一个碗，就怪儿女没有帮忙；父亲在外面受了别人的气，回到家里也拿儿女出气，动不动就怪儿女不成材，恨儿女不成器。尤其有的父母不和，任何一方都可以把气出在孩子身上，所以有很多儿童在家庭里，整天只看到

在赞美、鼓励、信任中成长的小孩，
比较健康乐观。
伤害孩子自尊的言语举止，
是造成孩子没有自信、对人怀疑、自暴自弃的因素。

父母的战争、相骂，得不到父母的关爱，不成为问题儿童也难。

四、任他、随他，不抚养他。现代的父母，每天忙着上班赚钱，疏于照顾儿女，也少有时间与儿女互动，增进亲子情谊。尤其现在很多双薪家庭，父母同时在外上班工作，儿女每日放学回家，父母还未下班，于是成为钥匙儿童，乃至成为飙车族，甚至加入打群架的帮派。这都是由于父母放任儿女，随儿女自生自灭，没有负起抚养的责任。一棵刚出土的幼苗，没有浇水、施肥，花草树木也不能正常成长，何况很多单亲的幼小儿童，没有正常的家庭抚养、教育，任他、随他又怎么能成功呢？

总之，虐待儿童的定义，不只是身体上的打骂，还包括精神虐待，甚至性虐待、疏于照顾等。上述的情况当然不一定全然如此，但是只要有几分之几的儿童在这样的环境里成长，他能健全成长、成为国家的主人翁吗？

青少年的道德

《天下》杂志做了一项调查：考试作弊的行为与自己的道德有没有关系？全国超过半数的中学生认为作弊与道德没有关系。从这项调查显示，青少年对于人文道德观念的认知并不健全。然而人文道德教育，不是一味由老师教导、父母要求，而是要有自知之明。现在我们提倡“三好运动”，做好事、说好话、存好心，倘若大家能在身、口、意上多注意，如身做好事、口说好话、心存好念，就会提升道德水平。

有些西方国家对于建立青少年道德教育非常重视，比方在公共场所严禁大声喧哗，对师长应当尊敬，不可以恶意说谎、欺骗，倘若违反了，就以劳动来代替处罚，到慈善机构、福利机构等地累积服务的时数，像佛光山在美国的西来寺，就经常接受犯错的高中生到寺院里劳动服务，并为其证明服务的成绩。这是个不错的方式，不致严重到体罚，却能有效地让青少年警觉自己犯了错就要接受处分。

大家口口声声讲人格、道德，究竟什么是人格、道德呢？人格就好像是窗户一格一格的，超出范围就不成格了。道德也有范围，比方能合乎佛教的“五戒十善”、儒家“四维八德”的精神就是有道德。我们常听人家说“传统的、古旧的、过去的道德观念”，其实，道德没有新旧之分，道德是宇宙之间的正气，充满在宇宙之中，不因为你有钱就能有道德，不因为你有才能就是有道德，即使贫穷、失业、一时的失败，只要不失去做人的原则，对社会、他人能有贡献，还是被认为是有道德的。

道德具有维系国家纲纪、保护社会人民生活安全的功用。有规则的是道德，好比汽车有车道、火车有轨道、飞机有航道，一旦偏离则后果不堪设想。为人处世亦是如此，虽要圆融通达，但是更要以因果为规则，正规正矩，才不会丧失人格道德。

有仁义的、有正义的、有忠义的，所谓“四维八德”即是道德。“仁”字由“人”和“二”组合而成，意思是心中要有别人，不能只有自己。我们要反省自己，心中有人吗？有父母、有师长吗？有苦难的众生吗？有道德的人，凡事都是大众第一，自己第二。

再者，能向上的是道德。有道德的人不是弱者；有道德的人，做起事来努力不懈、精益求精，不会有始无终，这种奋发飞扬的态度就是道德。

此外，能升华的是道德。一个人光求知识的进步是不够的，应该要求人格要能升华，信心升华、观念升华、人我升华就是道德。比方过去做一小时的义工，现在能做两小时；过去布施给人五块钱，现在能给人十块钱；过去和人见面只是点个头，现在不但点头还会微笑。待人好，人格提升就是道德。

同理，不道德的行为，小则影响自己处世的态度，大则侵犯别人的权益，但是人往往不容易察觉。不道德的行为如：说理而不认错，怪人而不自责，无耻而不反省，愚昧而不自知。

常人最大的毛病莫过于不肯认错，只管说理，譬如吩咐的事情没有做好，推说是时间不够；打破东西，不愿承认自己的冒失，却责怪东西没放好。心里头总是觉得别人不好、东西不好，自己才是对的。不肯认错就不能改正，如何能够进步呢？

所谓“责人之心责己，恕己之心恕人”，老是说别人不对的人，必定是自己本身有问题，才会引发外在的问题；如果自己做得好，人家自然会感受到你好。

《佛遗教经》说：“惭耻之服，无上庄严。”一个人要有惭愧心、羞耻心，经常反省自己是不是做错了，是不是不够慈悲、不够容忍，才能提升道德水平。世间最可怕的是愚痴、不明理，凡事不应自满，不要自以为是，“明白自己”才有成功的希望。

一个人有钱，别人不一定认为你是好人；一个人有权势，别人也不一定认为你是好人；反而一个人有道德，别人就会说你是好人。所以，建立道德观很要紧，比获得奖状、拥有财富更重要。青少年应该建立诚信、荣誉、和平、正派的道德观。尤其世间以正为本，行得正，做得正，有正念，人格修养才能升华。

·佛光菜根谭·

唯有真诚忏悔，不断改过，
才能进德修业，日新又新；
唯有谦冲自牧，尊重他人，
才能团结合作，共成美事。

青少年要建立道德观念，树立为人处世的君子风范；倘若一个人没有品德，不懂得修德，不能赢得人家的信任，那么做人就失败了。

青少年的情绪

我童年出家时，每当不会背书或做错一点事，就会被罚跪香或拜佛，当时心想：拜佛不是很神圣的事吗？为什么会是处罚呢？以后大家不是都不爱拜佛了吗？后来，我建立佛光山，创设沙弥学园，因为沙弥年纪小，很顽皮捣蛋，纠察老师也罚他们跪香、拜佛。我知道以后，连说："不可！不可！"老师问："不然，要如何处理呢？"我说："罚他们睡觉，不准拜佛，尤其不准他们参加早晚课诵。""那不是正中了他们的心意吗？如果这样做，他们岂不是变得越来越没有道气了吗？"我说："不会的，因为孩子们虽然睡在床上，但钟鼓梵呗声却历历入耳，哪里会睡得着？何况当他们看到同学都可以上殿，而自己却不能参加，他们心里会了解，睡觉是被处罚的，拜佛是光荣无比的。他自然就会生起惭愧心，改过迁善。教人，先要从人情上着手，才能再进一步谈到法情；先要去尊重他们，才能培养他们的荣誉感。"这个方法实行了半年以后，沙弥们果真变得自动自发。

青春期的孩子比较叛逆，一旦对事情感到不满或遭受压力无法突破，容易以自我伤害的方式来发泄情绪。青少年要如何适度发泄情绪，父母、师长又当如何教育学生、子女，才不会造成孩子心理的障碍?

有人说情绪失调等问题，是由于压力太大所造成，其实不能把这些情况完全归罪于压力。我幼年在丛林出家，接受严苛的教育，也没有躁郁症、忧郁症啊！即使是苦不堪言，还是要忍耐。说实在的，这个时代就是太自由、太开放，有了胡思乱想的空间和机会，才会造成这么多精神疾病的问题。

打开报纸、电视，几乎都是社会乱象的报道，没有深度、没有道德、没有善美的社会，怎么会不引发精神疾病呢？世界卫生组织已公布，忧郁症是 21 世纪三大疾病之一。社会进步，不但没有带来快乐，却增加了人们精神上的压力，令人闻之不胜唏嘘。

面对生活中的一切，人人都会有不同程度的情绪表现，倘若长期压抑，有时会因为心理负担过重，造成身心上的某些障碍，因此，适度的发泄也是有必要的。尤其是青春期的孩子，年轻气盛，又多愁善感，一旦遭受压力无法突破，容易以不当的方式来宣泄，因此，更加需要给予情绪上的引导。

为了避免因为情绪失控而伤害自己、伤害别人，当心情不好的时候，可以借由做自己喜欢做的事情来转移注意力，比方散步、唱歌、运动、爬山、听音乐、学舞蹈、戏剧表演、投入工作、结交善知识、训练各种技能、学习语言等，以沉淀纷乱的心灵。或是改变想法，正向思考，带着积极向上的活力面对发生的困难；内在向上的能量，也能平衡不愉快的情绪。甚至培养幽默感，适时地解除紧绷的状态，也能舒缓压力。

在心理调适上，青少年应该做好自己，不要常常与人比较、计较。老是希求“自己样样出色、样样比人好”的人生，一旦无法如愿，内心就会感到空虚、无力。坦然接受自己的人生，生活才能安然自在。

人有情绪是正常的，过度的情绪反应是可以避免的。因此，面对青少年的压力，为人父母、师长者，应该给予适当的协助，在快乐环境中长大的小孩，才能有健全的身心。对于青少年的教育更要避免消极的劝阻，改以鼓励代替责备，以慈爱代替呵骂，以关怀代替放纵，以同事代替隔阂。

青少年血气方刚，过于责骂他，会产生叛逆心理：“反正你认为我坏，我就坏到底吧！”所以，对于青少年的缺点要多包容，以鼓励来劝勉向上。例如：“啊！你今天只挑了三担水，这么少，真没用啊！”这样讲话容易使人产生挫败感，换句话说：“啊！真好，今天挑三担水，假如明天再增加一担，那就更好了。”如此，能激励他奋发向上。

父母打小孩，老师打学生，是因为已经没有办法，才会出此下策，其实不打骂小孩并不表示不关心。所谓“良言一句三冬暖，恶语伤人六月寒”，良宽禅师对翻墙夜游的沙弥不怒不火，只是叮咛：“夜深露重，小心着凉。”从此沙弥被感化而不再夜游，所以用爱才能赢得爱。

当然，父母也不能过度放纵孩子，否则会造成他为所欲为的行为；但也不能过分威权，否则会让子女产生敌意。青少年时期最需要的是关怀。例如海伦·凯勒自小残疾，曾因别人不懂自己的表达，一度情绪暴戾，但是在老师的关怀之下，改变了她的一生，使她日后成为举世闻名的伟大人物。

另外，现代教育当注重“同事摄”，老师和学生相处要能打成一片，不要求每个学生都在同一个模式中成长，要能让他们在不同中各自发挥所长，在不同中互相包容。让学生觉得你了解他们，而不是拂逆他们，让学生觉得你很体贴，值得信任，他们自然就能接受你的教导，也就能避免彼此的

·佛光菜根谭·

勤奋不故意拖延，忍耐不顾忌怯弱，
勇敢不过度自责，放下不计较得失。

隔阂。

总而言之，对于青少年的情绪反应，除了为人父母、师长应多予关心，青少年本身也要找出适合自己的情绪出路，以确保能尽速远离烦恼的旋涡。

新时代的青少年（一）

处在媒体科技发达、网际网络兴盛的时代，青少年看电视、上网的行为已愈来愈普遍。青少年时期正是人格塑造的时候，模仿力也最强，倘若自我约束力差，又不擅于选择好的节目，恐怕会在暴力、色情等内容的潜移默化之下，造成身心的不健全，促使不良行为发生。

新时代的青少年比起上一代人的成长环境，他们的物质条件更为优厚，生活方式更为自由开放，能参与的活动也较多元化，因此更要慎选休闲活动，评估活动本身的价值和利益，才能增益心智、增上品德。一个健康的休闲活动，要以不伤己、不伤人为原则。青少年时期喜欢追求新鲜刺激，好比飙车，虽然可以享受快感，却容易造成意外事故，不但危害自己及他人的生命安全，所产生的噪音也会影响附近居民的生活安宁。另外，休闲活动的选择还要顾及金钱上的负担，不因个人的喜好而随意浪费父母的血汗钱。

为能增加生活经验的广度和深度，青少年须做多元化的学习，除课堂上的知识吸收，通过广泛的活动参与，将所学的知识与生活结合也是必要的。现在许多学校、机关团体举办游学团，利用寒暑假带领年轻学子到海外做短

少年要有礼赞生命的感恩，
青年要有自觉信念的价值，
壮年要有活水源头的精进，
老年要有欢喜生活的平静。

·佛光菜根谭·

期语文学习及生活体验。倘若家庭经济许可，这也是不错的选择，可以增广见闻、开阔眼界；或者参加读书会、上图书馆阅读，以丰富心灵的广度。

体能性活动如散步、慢跑、打球等，不仅可以锻炼体魄，也能增加恒心和耐力。运动一旦成为专长，甚至还能为国争光。此外，登山、郊游、多接触大自然等，也能开阔心胸。

才艺性活动如学习音乐、美术、舞蹈、书法等，能陶冶性情，稳定心志。写作、撰述，能帮助我们厘清思绪，更清楚地认识自己。对烹饪有兴趣的可以趁着假日空当精益求精，一旦学精了成为技能，将来还能为社会所用。所谓“万贯家财，不如一技在身”，广为学习，提早为日后的社会需求做准备。

服务性活动，如到各个机关、团体担任义工，能培养服务的热诚；到医院、育幼院、老人之家等慈善机构关怀慰问，能增加慈悲心和信心。

除了动态的活动，静态的禅坐、静修也有助于修身养性，集中注意力，能使头脑更灵活，提高读书的效率。不仅身心能得调适，更可开阔心胸，享受空无、寂静的禅悦。

有些青少年认为放假就是自由的开始，平时在家里要被父母管，在学校里要被老师管，好不容易有了假期终于可以获得自由，可以不顾一切地玩乐。其实，现阶段虽然自由，但长大以后不一定就能自由，因为所学有限，将来的成就也就有限。要想获得成就，趁年轻的时候就要打好基础，好比植树、种花，要将根往下扎深，一旦遭受风吹雨打才能承受得住。人的一生，基本的教育、技能、道德、观念大多是在青少年时期养成的，学会善用假日时间，放松身心、增广见闻非常重要，能掌握时间的人才能拥有成功人生。

新时代的青少年（二）

许多年轻人在虚拟世界里找到了各种需求，但也衍生出社会问题，例如网络援交、性侵害、诈骗等事件时有发生，甚至有个美国年轻人因为过于投入网络打杀游戏，竟然在真实生活里杀害了游戏对手，实在是骇人听闻！反思这些事件的发生，引导青少年建立正当的休闲观念，已成为一项重要课题。

现在社会上有许多难以解决的问题，青少年问题之严重就是其中之一。青少年有些什么样的问题呢？

一、身心难以平衡。青少年在成长期中，身体与心理不断在变化，这时如果没有适当的思想教育、心理教育，在幼小的心灵里容易失去平衡。例如，生理上的变化，有时连父母都不敢诉说，造成对人生的迷惘。因为没有正当而适时的开导、教育，遇到挫折很容易自暴自弃，这是现在家庭教育最大的隐忧。

二、难抵外境的诱惑。青少年脆弱的心灵，道德教育还没有生根，对外境的诱惑当然没有充分的力量抵抗，也拿不定标准。例如，一个青少年从学校走回家，你可知道他一路上要经过多少关卡的试验吗？诸如桌球厅、网吧、卡拉 OK 等在招手，赌博、吸毒、帮派、集体械斗等不好的朋友在引诱。关云长有过人的武功，才能过五关斩六将；小小年纪的他，哪有那么大的功力过关呢？

三、对自我了解不够。青少年如果缺少父母“爱的教育和道德上的开导”，很难对自我有充分的了解。偏偏现代青少年不容易有福享受正常的亲情关爱，只靠自己在人生的旅途上摸索，凭着一知半解惹下麻烦，往往遭受责备、打骂、怨怪，如此使得青少年更加隐藏自己、逃避现实，所谓“借酒浇愁”当然只有“愁更愁”了。

四、学习课业的压力。青少年从儿童时期起，就背负着沉重的书包，天天往来学校、家庭之间，老师父母只是要求他成圣成贤，但没有帮助他解决问题。假如现在的父母能陪着儿女成长，每天有一小时辅导他的课业，减少他的困难压力，让他感到读书有乐趣，不要对读书感到厌倦，则爱读书的青少年必能减少许多问题。

五、青涩情感的迷思。青少年情窦初开，深藏在心底的秘密总是不容易为人所知。现在的学校、家庭，对这方面都没有一种正当的规范教育，父母或者抬出一些固有的礼教，老师只是强行呵责，让他幼小的心灵只有偷偷找寻不正当的解决方法。例如，偷看黄色小说，邀约三五好友在不正当的场所游荡，他认为横竖无人了解他的心情，只有用不正当的方法来麻醉自己，这不但是青少年的堕落，也是社会的沉沦。

六、父母亲的期许。一般父母，自己没有完成的目标，总希望儿女能完成，例如没有出国留学，没有得到博士学位，没有考上明星学校，没有钢琴、舞蹈、艺术的天才，好像在人与人之间自己矮了许多，因此把遗憾寄托在儿女身上。有的青少年本身自信心就不够，内心对前途感到惶恐不安，这时面对父母的期许，只有让他更加难以负荷。

七、对传统的叛逆。青少年受到时代思潮的影响，尤其现在是个知识爆炸的社会，他对传统自然产生一种不成熟的叛逆，但又不敢像一般真正的革命者，对传统抗命，只是觉得自己不以为然的事，一直在心中发酵，在家庭里，要做诚信孝顺的儿女；
在学校里，要做尊师重道的学生；
在工作上，要做勤奋谦让的君子；
在信仰上，要做正信真理的智者。

很容易走上极端，因此不正当的行为、思想就会产生。

青少年有很多问题都需要朋友的开导，然而父母能做他的朋友吗？老师能做他的朋友吗？当青少年对人生感到迷惘的时候，如果能有他心目中的师长、父母、朋友适时引导，必然能得救。

治家之法

家不是光靠一个人的努力就能和乐，而是要全家上下一心，共同创建。所谓“同体共生”，家里的每一个分子，更是彼此共生共荣，因此，要建立和乐家庭，上慈下孝，是每个人的责任。

家的可贵（一）

家庭是人生旅途的加油站，是止痛疗伤的避风港，是亲情温暖的安乐窝，也是怡情悦性的休息处。家庭的和谐对于个人身心的成长、社会国家的安定，都有连带的关系。我们看当今的社会有多少儿童因为父母不和，放学之后，宁愿在外游荡，家外找家；有多少成年人也因为家庭不睦，下班之后，宁愿流连街头，吃喝玩乐。这些人在家庭中所受到的挫折、创伤，都将成为社会的问题、国家的包袱。

家有许多的名称：家庭、家宅、家第、家府、家门、家屋、家居、家舍、家园……

家有许多的内容：家产、家风、家务、家业、家具、家珍……

家有很多词可以形容，如家声远扬、家常便饭、珍惜家谱、家书万金、家法伺候、家庭工业、家庭教育、家族制度、家庭生活、家庭背景、家庭纠纷、家庭负担、家庭副业、家传秘方……

有很多人物可以称家，父亲叫家严，母亲叫家慈，还有家兄、家妹；凡是家里的人都可以，有的称为家祖父、家祖母、家叔父、家伯父、家仆、家小。

甚至畜生也可称家，如家禽不是野禽，家鸡不是野鸡，家鸽不是野鸽，家狗不是野狗。

家有很多的意义。有人以家为天堂，以家为安乐窝；有人以家为地狱为冰窖，寒舍就是贫穷之家。

有的人喜爱家的温暖，喜爱家的安全；有的人故意跷家，把家比作枷

父母的平安是颐养天年，
儿女的平安是健康成长，
夫妻的平安是和睦相处，
事业的平安是经营得当。

· 佛光菜根谭 ·

锁，比作牢笼；甚至，有的人发誓永不回家；有的人说回家的感觉真好。

家，有的是豪门巨富的家，警卫森严；有的是贫苦之家，门可罗雀，凄凉无比。有的家，人丁兴旺，五代同堂；有的家，形单影只，所谓单亲家庭，甚至还有独居老人，这不知是家不是家？

有的家是积善之家、贤良之家；有的家被人称为暴发户是不善之家；有的家被人称为凶暴之家、无缘之家。

有的家可以营造欢喜、幽默笑声；但也有的家生出恩怨烦恼，虽是亲人，也是吵闹不断。

在他乡的游子一直思念，想要回家，但在家里的兄弟却吵着要分家；有的恩爱夫妻共同营筑可爱的家庭，但有的夫妻吵着离婚，各自分家。

俗语说“家家有本难念的经”，在世界上，每一个国家、每一个种族，家是家人的共同目标，不管怎么忙碌，到了晚上总要回家。

家，还有家里、家外的分别，家人都会有着不同的想法。学生到学校里面把学校看作战场，回到家里就如天堂。青年人认为家是牢笼，他总要到外面找片自由的天空。

丈夫在外是一条龙，回家就好像是一条虫；在外是官长，众人之上，回到家就是小儿小女的牛马。女人在外面都要化妆成天仙美女，回到家甘愿做个黄脸婆；在外是大家闺秀，回到家是河东狮吼。老人欢喜居家，不愿外出，因为一世的岁月辛劳，不想到外面再顶着雨露风霜。

俗语说“桃源虽好，总非久恋之乡”，家居虽然简陋，总是我自己的家，“金角落，银角落，不及自己家里的穷角落”。

家的可贵（二）

家是构成社会的基本单位，如果社会上家不成家，国就不成其为国。因为国家是由许多的家庭组合而成的，家庭则是由许多的人所组织而成。修身才能齐家，家齐，才能治国平天下。

家，是一个奇妙的地方，不管什么人，天南地北，到了一定的时候，总会想要回家。一般人，白天上班，晚上下班要回家；在外营生，过年过节要回家。家，有最亲的父母，有最可爱的儿女。不管有钱没钱，家总是一个安全的地方。有人把家比作天堂、安乐窝，但也有人觉得家就像地狱、冰窖一样。家，是以爱为中心，如果家中有爱，当然是天堂，是安乐窝；家中没有爱，缺少温暖，那就失去家的意义了。

兹以六事说明家的可贵：

一、家庭是温暖的小窝。家人的亲情，家人的甜言蜜语，家人的患难与共，家人无所顾忌的谈话，要吃要睡，都是那么自由，这不就足以说明家庭是一个安乐窝吗？

二、家人是可亲的骨肉。家里的每一个分子，都与自己有骨肉血缘关系，家里的人最可信赖，如果连家人都不能相信，世上还有何人可以信赖呢？家人纵有不同的意见、不同的利害关系，一般说，只要是对外，家里的分子总是团结一致，这是自然的亲情表现。

三、家财是共享的资源。在中国的社会，朋友都有通财之义，家人更有共财的传统。家里的钱财，感情好的兄弟姊妹，大家不分彼此，不计

· 佛光菜根谭 ·

为人父母，要心甘情愿养育子女；
为人师长，要心甘情愿培育英才；
为人学生，要心甘情愿承受教诲；
为人子女，要心甘情愿孝养父母。

较谁用多少，总是共有共享。但是一个家庭的兄弟姊妹当中，如果有人心胸狭窄，或者婚配外人，则家人的亲情也好，共享钱财也好，就会受到一定的冲击，严重的还会搞分家。所以，中国传统的三代同堂，由于时代变迁，慢慢变成小家庭，缩小家庭分子，以维持家财共享的传统。

四、家风是人格的养成。每一户人家，都有不同的家风。有的家风以勤俭持家，有的以孝顺闻名，有的是兄友弟恭，有的家规严谨，有的书香世家，讲礼严明，更是让人尊敬。所以，一个家庭的每一分子，为了维护家风的名誉，总是战战兢兢地讲道德、养性情，因此家风是人格养成的最好地方。

五、家训是品德的树立。每一个优良的家庭都有它特殊的家训。例如《朱子家训》成为中国一般家庭的模范。再如岳武穆的母亲“教忠教孝”，以忠孝教育子女；“孟母三迁”，也是为了让家中的子弟不受环境污染。一般家庭的分子都以家训为荣，不会对家训做出反抗的举动，所以一个家训能持之数代，不管中庸世家、书香世家、政治世家、农耕世家，都成为家训的特色。

六、家和是兴旺的秘方。家庭虽然都是亲人同处共居，但是“家和”是一个家庭的中心要求，所谓“兄弟同心，其利断金”说明家和的重要。如果一个家庭中出了一个意见不同的异议分子，有德的好聚好散，无德的或者染上恶习，结交恶友，在家中需索无度，这个家庭就会生大变故。所以，“家和万事兴”是千古不变的道理，也是家的可爱与可贵之处。

家的可贵（三）

那年我在荣总做心脏手术，36个小时处在迷糊中，清醒后第一句话就跟医生说："我要回家。"医生一听大惊，问："大师，你要回哪个家？"我猛然想到：我出家快60年了，哪里还有家？回佛光山太远了，那就回病房吧！病房有徒众、有许多关心我的人在等着。可见家是很重要的，所以大家要好好爱护家庭。

凡是动物，都有一个家，鸟类在屋檐下、大树上做窝；墙角边、废仓库是老鼠的家；蚂蚁、蛇蜥以土洞为家；鱼以水为家；昆虫、蝶蛾以树叶为家。看起来生命都希望有一个归宿。

什么样的家才是安全的、温暖的？

第一，鱼以海洋为家。鱼当然是在水里才可以存活，但是，如果它选择的是一个浅泽或是一个水洼，而不是海洋，那么这个家就充满危险性。在浅泽的鱼，轻易地便被鸥鸟、鹭鸶所攫取；而数天或数月的烈日会让水洼干涸，水洼既涸，鱼何以存身？因此庄子才说"相濡以沫，不如相忘于江湖"。

第二，鸟以山林为家。只要有树丫为架，树叶为盖，任何一棵树上当然都可以筑巢。但是，独木上的鸟窝容易成为猫儿觊觎的对象，也易被顽童所破坏，一点也不安全。如果选择在丛林中筑巢，树林不仅可当蔽障，林中的种子果实也是食物的来源。因此山林才是鸟类安全的栖息之地。

第三，人以屋舍为家。人类的幼年期较其他动物长久，对家的需求更殷切。但仅具遮风避雨功能的屋舍，不见得是安全的所在，有些家庭潜伏的危险性比其他的地方更可怕，例如夫妻不和、家庭暴力，整个家庭充满火药味儿，使人在家里受到重大的伤害，甚至有家归不得，也不想归。一勇猛中要有慈祥，慈祥才能让人信服；
慈祥中要有力量，力量才能让人跟随。

个屋舍，还要有家人相互关怀、互相尊重的内涵，才能成为保护、长养我们的地方，才能成为“家”。

第四，道以空无为家。出家人的家在哪里？寺院是我的家吗？寺院不是，寺院是大众修行的地方，不应该是我的家。那么，修道人的家在哪里呢？修道人应以空无为家。空无不是没有，虚空有没有呢？虚空拥有天地万物。修道人应该把自己的心放大如虚空，以天地宇宙为家，视万物为家人。

家的意涵不仅是一个窝、一个巢、一个洞、一间房舍，家应该是温暖、安全、和乐的所在。

家是心之所在

曾经看过报道，近几年有自称国际公民的现代吉卜赛人，打着“家即是心之所在”的口号，在不同国度不同城市之间穿梭，或许是伦敦、纽约，或许是东京、悉尼，人一到，行李一放，心放在哪里，哪里就是“家”。

家，有很多的意义。有人认为家是天堂、是安乐窝；有人认为家是地狱、是冰窖。俗话说“家家有本难念的经”。《法华经》形容“三界如火宅”。《涅槃经》言：“居家迫迮，犹如牢狱。”即使有的家庭幸福快乐，但是“家”如“枷”，我们不也如囚犯般被牢牢束缚起来吗？

我们每个人都来自“家庭”。“家”字，在殷墟出土的甲骨文里即已出现。《周礼》一书言：“有夫有妇，然后为家。”《礼记》载：“昏礼，万世之始也。”从这些记载可以明白，男女结合并建立婚姻关系，是家庭形成不可或缺的条件，也是整个社会制度的基础。

不过，最早的远古社会，人们过着杂婚、群婚的生活，根本不知何谓婚姻、何谓家庭。婚姻、家庭是人类发展到一定阶段才出现的社会形式。而随着历史的演变，婚姻关系也从“多数配偶制”“一夫多妻制”，到现在尊重人权与平等所建立的“一夫一妻制”。现代家庭的定义应该是“由婚姻、血缘或收养关系，而共同生活的社会组合单位”。

说到家庭的功能，《礼记》里认为婚姻的作用是“合二姓之好，上以事宗庙，下以继后世”，传统的婚姻为的是传宗接代，家庭则是养儿育女的场所。不过，现代人际关系密切、紧绷，人我竞争激烈、复杂，不敢说是绝后，也是空前了。如此，家庭在生育、养护、教育、安全保障等功能之外，我们更得思考如何培养子女良好的人格道德、传授文化知识、灌输正确的价值观念及增强未来进入社会的适应能力。

家庭中的每个人各有不同的性格，人心不同，各如其面；即使是双胞胎，面孔相同，心也不同。从有形上而言，家不只是让我们居住，延续我们的生命，维持我们的健康，最重要的是家庭中每一分子应该共同护持家庭的需要，共同为家庭制造欢乐，如买一盆花、挂一幅画，营造居家品质；有幽默感，带给家庭欢乐的气氛。就无形上来说，家是由相互关爱、相互依赖所凝聚的，若要家庭幸福美满，成员相亲相爱，彼此之间要有互相体贴、扶持、尊重、包容等良好的互动关系。

因此，不管有形上是固定的家或移动的家，结构上是大家庭、小家庭

·佛光菜根谭·

愚者也有幸福，只是幸福常在遥远的彼岸；
智者也有幸福，只是幸福总在当下的眼前。

或双亲家庭、单亲家庭，我们的“心”可以决定“家”的意义。我们心里认为家是快乐的天堂，是人生的安乐窝，是安全的避风港，家就是很温馨且美丽的地方。反之，心里认为家是束缚的牢狱，是寒冷的冰窖，那么家就是一处痛苦且不自由的地方。

大家，小家

有人说，美国是儿童的天堂、青年的战场、老人的坟场。中国的孔子对社会的期许是：“老有所终，壮有所用，幼有所长，鳏寡孤独废疾者，皆有所养。”由此可见，东西方对家庭的界定与观念是不同的。

怎样才是理想的家庭？大家庭好还是小家庭好，我想应是各有优缺点吧。

家庭的结构和社会背景、时代变迁有密切关系，而这一切又根源于民族性与文化性。西方是注重矛盾与独立的个体文化，中国则是注重和谐与统一的整体文化。所以，西方人的性格多为个人取向、自我取向，中国人的性格多为团体取向、他人取向。如此的社会性，从家庭观念可见一斑。

中国人一切以家为本位、为出发点，例如在称谓上常将家里的人、事、物冠上“家”字。这些人、事、物，原本都独立存在着，冠上了“家”字，显示中国人把家里的一切看成家庭整体的一部分。家庭涵盖个人，个人属于家庭，家庭或家族的安危、成败、荣辱也和个人息息相关，因此有所谓的“家声远播”“家丑不可外扬”“家和万事兴”的观念。甚至在过去法律上，也有“一人当灾，全家遭殃”“一人犯罪，株连九族”的现象；在道义上，则存有“一人显赫，全族荣耀”“一人有福，连及满屋”的心态。

在佛教里，出家修道的沙门虽然削发离家，不营世间功名利禄之事，但其成道度众的功德，亦被认为能庇佑亲人。《弘明集》卷十二即写道：“如令一夫全德，则道洽六亲，泽流天下。”古德也有“一子出家，九族升天”“亲族之荫胜余荫”的说法。

这种个人与亲属、家族的纽带关系曾有人譬喻，中国人升迁后，前后左右尽是自家亲属，好比火车头后面拖着一大串车厢；西方人升迁，则前后左右无一私人，如同飞机起飞，是单独个体，周围没任何物体跟随。此喻含嘲讽之味，但也贴切地说明中国人的家族文化。

所谓“家为邦本，本固邦宁”，孟子也说“天下国家，天下之本在国，国之本在家，家之本在身”，因此要修身齐家，而后才能治国平天下，这就是中国人由家庭而家族，由家族而国家的“天下一家”之观念。

中国人重视家庭，传统观念里，往往推崇多子多孙的大家庭，将之称为“义门”，而认为分家是可耻的行为。历代法律也明令规定禁民分居，《唐律·户婚》记载：“诸祖父母、父母在，而子孙别籍异财者，徒三年。”《明律》《大清律》里也有同样的规定。凡此，法律制度、舆论、习俗、伦理道德和重视血缘关系、和谐、统一之性格，以及农业社会对劳动人口的需求、地理环境等，都是中国传统大家庭形成的因素。

不过，从农业社会走向工商社会之后，随着现代化的生活和自由流动的工作形态，只有父母及其子女的核心小家庭已成为现代家庭的主流。但是，近年来似乎又有潮流逆转的趋势。因为生活消费高，房价飙涨，许多年轻人结婚后无力自行购屋，便继续赖在父母家。小孩出生后，夫妻俩还公婆的微笑，是子孙的太阳；
儿女的音声，是父母的音乐；
·佛光菜根谭·
妻子的爱语，是丈夫的和风；
丈夫的臂膀，是全家的依靠。

要照常上班，遂将孩子留给父母亲照顾，如此可省下购屋费、孩子保姆费、外出用餐费等。站在老一辈的立场，只要身体状况允许，帮助自己的孩子来照顾孙儿，一则排遣退休后的空洞寂寞时间，再则含饴弄孙，延续天伦之乐，也是美事一桩！

核心小家庭有自由、甜蜜的气氛，也有夫妻并肩携手建立家庭及抚育孩子的奋斗历程，个中酸甜苦辣，我想是每个当事人点滴在心头的。至于大家庭，无论是三代同堂，或兄弟不分家的大家庭，其中家族的凝聚力，以及“出入相友，守望相助，疾病相扶持”的情义，也是生命中不可缺少的营养素。

一般而言，传统大家庭里重视长幼秩序，婚姻也比较稳定。当然，大家庭里人口多，人际关系也较为复杂。有人将中国传统家庭形容为“社会小乾坤”，它具体而微地呈现社会一切现象。因此，大家庭的成员走入社会后，往往比较容易适应各种复杂的社会关系。如“忍让”是人际和谐的必要条件之一，林语堂在《吾国与吾民》里写道：“中国人之忍耐，盖世无双，恰如中国的景泰蓝瓷器之独步全球。”他还认为这种忍让德行是得自于最好的学校——大家庭训练出来的。

总之，大家庭、小家庭各有优缺点，也各引发出一些问题，如大家庭的“兄弟阋墙”“婆媳不和”，而小家庭一个个独立，造成独居老人增多，“钥匙儿童”四处溜达也是不可忽视的。

和乐家庭（一）

中国人有“落叶归根”的思想，就是回家的观念；“倦鸟归巢”，也是懂得要回家。龙鱼归于大海，狮虎隐于深山；陶渊明不为五斗米折腰，所以高唱："归去来兮，田园将芜胡不归！既自以心为形役，奚惆怅而独悲！"当然，我们为了理想、为了事业，要离家奋斗。但是，家园、乡土、妻儿、亲人，更是人间的至宝，所以在外面求不到的东西，回到家庭里，得到温暖，也是非常宝贵。

每个人都希望自己的家庭是温暖的、可爱的。尤其所谓"一家之计在于和"，一个家庭最难能可贵的是和谐的气氛。但是"和谐"并不是你想要就有，它必须是在家里成员共同营造下才能拥有。什么是家庭和谐的条件？有四点：

第一，和合无争，快快乐乐。一个家庭里要和谐，必须每一个人在思想见解上相互了解，在生活习惯上相互尊重，才能和合无争，快乐相处。尤其每个人都会有一些自己的想法，无论是长辈、后辈，要相互了解尊重，忍让包容，日子才会欢喜好过。

第二，赞美尊敬，和和气气。无论是父母、长辈、儿女，大多希望被鼓励、被赞美，受到肯定与尊敬。因此，虽然是一家人，彼此可以直心相对，但也要相互给予一些赞美、尊敬的语言，才会增进和谐的气氛。有了赞美，有了尊敬，生活会增添活力，生命会增长信心，内在会增强力量，家人会感到生活的快乐幸福。

第三，慈悲助人，亲亲爱爱。所谓"不是一家人，不进一家门"，既是一家人，就要慈悲以对，相互帮助。如果我们对家人都没有一点帮助，没有一些慈悲，彼此感受不到一点恩惠情义，怎会建立深厚的感情？因此，

·佛光菜根谭·

家内和睦者，家道必昌；
外事和睦者，外事必办。

父母对子女、儿孙要普施慈爱，为人子女者也要对父母长上、亲朋好友给予孝顺、尊敬、仰慕、协助，彼此才会亲爱相处。

第四，节俭勤劳，诚诚恳恳。“耕种田要朝朝到，庭园地要朝朝扫”，这是传统农业社会勤俭持家、诚恳朴实的生活典范。就是到了现代工商社会，“成由俭，败由奢”的明训仍是每一个家庭所应谨记戒慎的。能够节俭勤劳、诚恳谨慎，必能建立平安之家、和乐之家。

以上这四点家庭和谐的条件，是营造幸福家庭所应努力的方向。

和乐家庭（二）

《法句经》云：“居家事父母，治家养妻子，不为空而行，是为最吉祥。”《无量寿经》也载：“世间人民、父子、夫妇、家室、中外亲属，当相敬爱，无相憎嫉，有无相通，无得贪惜，言色常和，莫相违逆。”果真家庭能如此，那可真是人间吉祥事。

以下有四点，提供作为建立“和乐家庭”的参考：

第一，上慈下孝，合家和乐。家不是光靠一个人的努力就能和乐，而是要全家上下一心，共同创建。所谓“同体共生”，家里的每一个分子，更是彼此共生共荣，因此，要建立和乐家庭，上慈下孝，是每个人的责任。

第二，夫妇融洽，相敬如宾。所谓“夫有义，妇有德”，夫妇同心同德，家庭一定融洽。但是假如夫妻相处不和，互相怨恨，这是儿女的不幸，兄弟互相怨恨，受害的是父母；
夫妻互相怨恨，受害的是家庭。

受害的是整个家庭。因此夫妇虽然是不同个体，关系至为密切，无论人前还是人后，都要恩爱亲昵，彼此尊重，才能建立良好的家庭关系。

第三，兄友弟恭，上下有序。一个家庭，无论年龄大小，大家恪守本分，礼让和谐，必能井然有序。尤其是兄弟姐妹之间要互相尊敬，如古人所云“父子和而家不退，兄弟和而家不分”。彼此爱护，才能和谐融洽。否则兄弟阋墙，只会造成父母的伤痛，削弱家庭的力量。

第四，敦亲睦邻，守望相助。平时要亲人邻居多往来，即使只是一个礼貌性的招呼、一点小小的物质结缘、一句赞美关怀的语言、一些好处利益的分享，都会回报到自己的身上，带来善美的因缘。尤其现代人大都居住在小区里，彼此关照更显重要，守望相助，就能遏止小偷、坏人的觊觎。人我相助，就是天堂；邻里相敬，即是净土。天堂就在自己家中，净土就在居住的小区里。

古人说：“家门和顺，虽饔飧不继，亦有余欢。”兄友弟恭，夫义妻贤，中外和乐，必致祯祥。以上这四点，是“和乐家庭”的条件与助力。

治家（一）

现在的家庭里，普遍存在着一些问题，诸如债台高筑、理念不同、性格怪僻、劳逸不均、自我执着等，家庭因此从安乐窝变成冷战场，从避风港变成是非地。甚至亲人不亲，家不成家，人生的意义、人生的乐趣就会因此降低、减少许多。

人生在世，为官有为官之道，经商有经商之道，居家也有居家之道。家不是一个人的，家是全家人共有的，家中的每个成员都有责任经营和维护家庭的幸福。那么，居家之道有哪些应该注意的？

在人际关系上，家庭里有父母子女，也有公婆媳妇、妯娌、兄弟姐妹等关系。平时我们对父母要恭敬孝养，让他们衣食无缺，并随时禀白自己的工作、去处，不令父母担心。除了甘旨奉养、光宗耀祖之外，能再引导父母向于正道，有信仰，远离烦恼，才是最究竟的孝道。兄弟姐妹于事业、生活上应该互相帮助，以尽手足之情。对于子女，教育要宽严合度，平时多以赞美代替责备，以鼓励代替打击。婆媳、妯娌之间，须有“不是一家人，不入一家门”的认知，能在同一屋檐下，同吃一锅饭，都是过去缔结下的因缘；好好珍惜这个善缘，纵有摩擦，只要自他立场互易，便能减少不必要的隔阂与揣测。

夫妻是最亲密的关系，当初因为爱而结合，生活在一起，更要相敬相爱、互信互谅。做丈夫的，身边要少带钱，要回家吃饭；出门应酬，夫妻应该成双成对；平日多一些幽默感，对于忙碌辛苦的太太、儿女，常常给几句安慰、感谢的话。做太太的，平时须把家庭整理干净，准备美味可口的饭菜；勤俭持家，不私藏金钱，隐瞒秘密，并对先生多说赞美、肯定的话。能够如此，夫妻感情就能长久维系下去。

生活起居里须养成良好的生活习惯，及替别人着想的美德。例如，早睡早起，生活起居正常；进门要弹指、关门要小声、走路要轻步、转弯要轻咳作声等。每日要勤于打扫庭院，把家里整理得窗明几净，布置得美化舒适，院子里、阳台上亦可莳花植草，以增进生活情趣。平日饮食要正常适量，营养均衡，不故意节食，也不暴饮暴食，便能保持身体的健康。

平日也应有正当的休闲，养成良好的读书习惯，借由阅读增加知识，扩大学习空间。如果家中环境许可，可以设个佛堂，每日晨起，于佛菩萨圣像前献花供水、上香礼拜，或诵经一卷，或静坐五分钟；夜晚临睡前，可于佛前礼佛静心，或读诵《佛光祈愿文》，反省自己的功过。

最后，家庭的经济管理也要健全，常言“有钱不一定万能，但是没钱则是万万不能”。金钱是维持我们生存的基本条件，一般人都希望财富愈多愈好，不过自古以来有钱的人不一定快乐。我觉得真正的财富是欢喜不是金钱，没有欢喜，纵使再多的金钱也没有意义；真正的财富是知足，不知足的人，即使把全世界的财富给他，他还是贫穷的，因为内心永远觉得不够，此即所谓“财多愈求，官高愈谋，人心不足，何日够休”（《安乐铭》）。

所以我们应该把财富的范围扩大，财富不限于金钱、汽车或别墅，这种财富是无常的。钱财非万能，家里的经济虽然不宽裕，但是在精神修养上能够提升，如懂得欢喜、知足，就是无价之宝。

平时我们要懂得开源节流，常常想：我有多少的“源”可以开？生财之道无他，智慧、勤劳、结缘是也。所谓“开源”，除了有形的财富，更要开发心灵的财源，如慈悲、智慧与明理、通达。“节流”方面，节省日常生活的金钱支出之外，还要节省时间与节省生命。

人的一生，与家庭生活关系密切。家庭是悲惨的地狱，或是欢乐的天堂；眷属是善人聚会，或是怨憎相会，全在我们一念之间。《无量寿经》言：“世间人民父子、兄弟、夫妇、家室、中外亲属，当相敬爱，无相憎嫉。有无相通，无得贪惜。言色常和，莫相违戾。”要让家庭幸福和乐，柔软、慈悲心是不二法门。眷属之间，多一些赞美的声音，多一些关怀的温情，多一些互助的行动，多一些忍耐的智能。彼此相互学习，常怀惭愧、

·佛光菜根谭·

儿女有慈母的教育，这是人生最幸福的事情；
文夫有贤妻的扶持，这是世间最美满的境界。

感恩之心，就能将家庭建设成清净安乐的国土了。

治家（二）

中国古来圣哲贤人均强调家庭教育的重要。像颜之推的《颜氏家训》、朱柏庐的《治家格言》、曾国藩的《曾文正公家训》等，都被认为是读书修身、治家之道的宝典。佛陀时代，须达长者娶嫁媳妇、女儿，对象希望是有同样信仰的佛教徒，还说“没有皈依三宝的人，请不要投生在我的家庭里”。可见，以信仰传承也是一种治家之道。

治家之道有哪些呢？

第一，妻女无妒则家和。俗语云：“一个厨房容不下两个女人。”其实，家庭里的妻、女、姑、嫂，相处之道要彼此跳探戈，对方进一步，自己就退一步，和平礼让恭敬，不要嫉妒，多生是非。因为嫉妒如火，能烧毁一切。所以家庭的最大道德，就是不要相互嫉妒，家庭自然和谐。

第二，兄弟无偏则家兴。家庭中，兄弟姐妹的思想、意见、看法，要合于中道，不要太过偏颇、执着。更不能为了争取家庭中的地位、财产，而演出兄弟阋墙的不幸事件。所谓“苦瓜虽苦共一藤，兄弟虽愚共一心”，兄弟团结无偏，家庭才能兴隆。

第三，上下无纵则家尊。家庭中，无论长辈、晚辈不可纵情纵欲，要依理遵法，家庭才会有尊严。曾国藩在朝为官，权重一时，经常关心家中子孙不患少，而患不才；
家业不患贫，而患少义；
家道不患衰，而患无志；
交友不患寡，而患多邪。

兄弟、子侄的生活情况。他特别写信告诫大家，不可流于“骄逸”，因为“骄逸”是败家之道。因此，一个家庭要有尊严，必须上下无纵。

第四，嫁娶无奢则家足。婚姻嫁娶是家庭的大事，难免郑重其事。所谓：“嫁女择佳婿，毋索重聘；娶媳求淑女，勿计厚奁。”人品的良好端正才是重要的，至于礼节则不可太过奢华、浪费，家庭就会富足。

第五，农工无休则家温。农工之家能勤于耕作、劳务，不懒惰、不懈怠，家庭自然温饱无缺。现今的工商社会，也不一定指农工之家，只要从事正当事业，都要勤劳勉力，你不游乐、不偷懒，就不怕经济不景气，即使摆个小面摊都能够让家里的大小衣食温饱。

第六，祭祖无忘则家良。慎终追远，是中国人的传统美德，是子孙对先人懿德的缅怀纪念；有时也会遇到邻居、亲友丧祭之事，这时也要适时协助，给予慰问。一个家庭，不忘记祭祖之诚，不忘失丧祭之礼，必定是一个良善的家庭。

家的两字真言

不光是有形的东西可以做传家之宝，有的时候，长辈给我们一个善美的观念、一句有益的话、一个理念，也可以留传给子孙。比方“四维八德”，各种好的语言、好的思想，甚至培养儿女受高等教育，也可以传家。因为钱财会有用完的一天，但是好的观念、教育带来的知识、智能，却是一生受用不尽。

每一个人都有一个家庭，家庭的兴衰起落都是其来有自的。有谓“宁慎于始，莫怨于终”，如何维护一个家庭的和乐，以下有“家的两字真言”六点说明：

第一，传家的两字真言是“忠”与“孝”。古人说“一等人忠臣孝子”，又说“为人以忠孝为辞，余都是末事”，足见忠孝乃自古以来所重视的传家精神。忠孝，是从我们的内心激发出来的一种感情、良知，一种爱心和美德，是维系人类关系的伦理纲常，把忠孝的精神发扬起来，家庭会更为美满，社会将更有秩序。

第二，治家的两字真言是“勤”与“俭”。勤俭朴素，是做人的美德，也是治家的要点。“家有千贯，不如日进分文”，你若不勤奋耕耘，终有坐吃山空的时候；反之，所谓“家业自勤俭中来”，只要肯勤俭，可以弥补家里的贫乏不足。

第三，安家的两字真言是“忍”与“让”。六祖慧能大师《无相颂》：“让则尊卑和睦，忍则众恶无喧。”能让，使家庭长幼有序，和睦融融；能忍，是消弭是非的利器，是人际关系和谐的秘方。能忍能让，是安家的第一法。

第四，兴家的两字真言是“读”与“慈”。一个家庭要和乐，父慈子孝不可少，读书明理更重要。所谓“子孙虽愚，经书不可不读”，在过去传统社会，都以耕读为庭训，何况现在更是信息时代，社会变迁快速，要想跟上时代进步的脚步，读书也就益显得重要了。因此，为人父母，应多花一点时间陪小儿小女读书，让书香与慈爱盈满家庭。

第五，防家的两字真言是“盗”与“赌”。一个家庭，不过于奢华，就能防止盗贼的觊觎。然而，不仅要防范外面的盗贼，更要防范自家的贼。何谓自家的贼？《佛说孛经》说：“恶从心生，反以自贼，如铁生垢，消毁

·佛光菜根谭·

不为财动，不为情动，不为名动，不为谤动，
不为苦动，不为难动，不为力动，不为气动。

其形。”因此，不生贪念，不做恶事，尤其不聚赌博弈，更是维护一个幸福家庭所应戒防的。

第六，亡家的两字真言是“暴”与“怒”。有云：“刻薄成家，理无久享；伦常乖舛，立见消亡。”兄弟阋墙、妯娌分家，乃至夫妇离异，不都是因为家庭不和导致争执暴怒才引发的？因此一个家庭里，要慎防衰败、悲剧的发生，尤其要远离暴力与嗔怒。

传家的龟鉴真言很多，这“家的两字真言”可以作为依据。

齐家格言

一个家庭要想“家和万事兴”，家庭里的分子必须要能相互了解、相互体谅、相互尊重、相互包容。一般人都说要服务社会，为什么不从服务家庭做起呢？一般人都说要建设国家，为什么不从家庭建设做起呢？

每一个人的成长都与家庭背景有着密切的关系，像习惯的养成、人格的完成、观念的建立等等，因此我们可以看到，自古以来，许多前贤仁者撰文训示子女立身处世之道，维护传家门风，如《颜氏家训》《训俭示康》《朱子治家格言》《曾国藩家书》等都是有名的传家庭训。在这里，也提供以下四点“齐家格言”作为治家的参考：

第一，勤则家兴。有谓：“万般罪恶从懒惰起，万般财富从勤劳始。”你能勤于洒扫庭院，维持家务，家里一定整齐清洁；你能勤于田园耕种，

·佛光菜根谭·

能够乐善好施，必非贪财之辈；
能够视死如归，必非无耻之徒；
能够淡泊名利，必非好名之人；
能够扬亲显荣，必非不肖之子。

田里必定丰收有余；乃至勤于帮助亲友，就会有欢喜的人缘；勤于付出服务，就会有成功的因缘。个人勤劳，个人会被赞美；家庭成员都勤劳，家庭就能兴盛。所以，勤劳能兴家致富。

第二，懒则家穷。《长阿含经》载，懒惰懈怠有六种相貌："富乐不肯作务，贫穷不肯勤修，寒时不肯勤修，热时不肯勤修，时早不肯勤修，时晚不肯勤修。"像这样懒惰的人，不肯付出，不肯努力，好逸恶劳，不务实事，茶来伸手，饭来张口，走到哪里，怎会为人喜见？家里又怎能致富呢？

第三，俭则家富。宋朝的司马光对儿子司马康说，人以奢侈为荣，他却以俭朴为美。俭约之人，过失少；奢侈之徒，犯罪多。贵如宰相的司马光，也以俭约为荣。我们可以看到，道德高尚之人无不从勤俭中走来，富贵的家庭也无不从勤俭累积而成。善于治家者，不当的开支，不可以花用，不应浪费处，就不必开销。这里节省一点，那里节省一点，就能集腋成裘；这里俭约一点，那里俭约一点，就能聚沙成塔。

第四，奢则家贫。人在世间，拥有的富贵利禄，好比银行里的存款，如果日用太过，所谓"费多为居家之病"，你挥霍无度，奢华浪费，慢慢地福报享完，就没有了。《曾文正公家训》亦云："居家之道，惟崇俭可以长久，处乱世尤以戒奢侈为要义。"只有远离奢侈，才能远离贫穷，家庭才能富足。

要建立一个健全的家庭，这四点"齐家格言"不能不注意。

卷三 人情面面观

趋利求名空自忙，利名二字陷人坑；
急须返照娘生面，一片灵心是觉皇。

——唐·布袋

左邻右舍

“客气”是人与人之间建立关系的管道，有客气的语言、客气的态度、客气的礼物、客气的礼貌等。乃至彼此表示客气，可以通过握手、点头、微笑、寒暄，都能表达好感，建立友谊，维持往来。

远亲不如近邻（一）

古老的中国社会，非常重视左邻右舍，经常王姓人氏聚在一起叫王家庄，张姓的人家住在一起叫张家村。每一个村庄都有他们共同的祠堂，一旦村庄发生了纠纷，既不需要去派出所，也不需要上法院，只要到祠堂里，由村长和长老斡旋、仲裁，就能解决问题了。再不能解决，到土地庙前，一人一把香，赌咒发誓，纠纷也就烟消云散了。

随着时代慢慢发展，社会日益进步，房屋建筑也慢慢从过去的四合院，转变成今日独栋式的别墅，左邻右舍不再像过去一样关系亲密。甚至现在不是比邻而居，而是住小区，从小区又发展出大楼的公寓式居住环境。在大楼里，重重叠叠，挨家挨户的大门深锁；左右邻居都是各人自扫门前雪，关系慢慢冷漠了。

现在的大楼和公寓里的住户，彼此不相往来，也互不相识，邻居的感情愈来愈疏远了，就是提倡守望相助、敦亲睦邻，也是虚应故事罢了。尤有甚者，慢慢从邻居的感情疏远，而到现在的族群对立，所以社会的纷争就更加没有了时。

游鱼共聚在一个池塘里，飞鸟同在林中鸣叫，走兽也各占山林，最后的目标，都是求得相互的和平共处。人类为什么反不能像虫鱼鸟兽一般地共同生存呢？

“单丝不成线，独木不成林。”没有左邻右舍，势孤力单，小偷来了，

·佛光菜根谭·

身在世间，若能经常为对方着想，
随顺别人的需要，增加自己的韧性与强度，
哪怕是一块破铜烂铁，也能久炼成钢。

都没有办法应付。一个人到了孤掌难鸣的时候，就想到朋友的重要；一个家庭，到了受到外侮的时候，就想到左邻右舍的亲密关系了。

过去的左邻右舍，也有一些人欢喜串门子，东家长、西家短，长舌妇人，是是非非没有了时。现在的教育发达，人与人之间的礼仪、语言，都相互地尊重，不揭发别人的隐私，不搬弄人我是非，这是教育成功的结果。

一个国家的健全，必须要靠基层的民众有情义、有知识、有道德、有联谊、有互助，才能厚植国本。所以，我们要想让古代左邻右舍的情谊重现于今日，我们的政府也要有一些政策和办法，才是人民之福、国家之幸。

远亲不如近邻（二）

子曰："德不孤，必有邻。"古人除了选择与品行高洁者为邻外，更不惜花费重金"买邻"，如南梁的宋季雅，为了与功勋卓著的吕僧珍为邻，花了1100万买下吕僧珍的侧宅。吕僧珍问他房宅的费用，宋季雅答："一百万买宅，千万买邻。"

俗语说"远亲不如近邻"，因为芳邻是你在危急时可以及时伸出援手的人。

芳邻是小孩子的玩伴；芳邻是家庭主妇聊天、心得分享的对象；芳邻毁谤人，欺负人，必损其阴德；
赞美人，帮助人，必增其福德。

是降低宵小来袭的义工；芳邻也是作品的赏析者，如陶渊明所云“邻曲时时来，抗言谈在昔。奇文共欣赏，疑义相与析”。

外出时，芳邻可以帮忙看家、协助看管孩子、帮忙照顾老人、照顾家中的病患、帮忙喂猫狗、代收报纸信件等；搬家时，芳邻可以帮忙打扫、搬运物品；婚丧喜庆时，芳邻可以帮忙备办；家中器物毁损，芳邻可以帮忙维修；芳邻还可以帮忙买菜，甚至于煮了好吃的饭菜、点心，还可以与芳邻分享，如杜甫的《客至》云“盘飧市远无兼味，樽酒家贫只旧醅。肯与邻翁相对饮，隔篱呼取尽余杯”。

现代的社会治安不佳，可以与芳邻成立夜间巡逻队、爱心妈妈，以加强保安，预防犯罪的发生；意外发生时，芳邻还可以帮忙报警、协助缉凶。就如《晏子》所说“君子居必择邻，游必就士；择居所以求士，求士所以辟患也”。

芳邻的好处大抵有二：一为互相往来，彼此帮忙，给人方便，也给自己方便；二是数邻聚居，必有我师焉，择其善者而从之，可以增长知识与见解。因此，除了孟母的“三迁择邻而处”外，还有陶渊明的“昔欲居南村，非为卜其宅；闻多素心人，乐与数晨夕”。

当然，邻居除了芳邻外，还有恶邻，恶邻是自扫门前雪、品行不端、偷窃、暴力、深夜喧哗、乱堆垃圾、粗言恶口、窥探、饲养宠物随处排便等。除此之外，现代的公寓也有老死不相往来的“邻人”。

与芳邻往来，可以见贤思齐，可以导德齐礼；与恶邻相交，就如《离骚》所曰“兰芷变而不芳兮，荃蕙化而为茅”，因此选择芳邻，是人生的一大课题。而您呢？是别人的芳邻，抑或恶邻乎？

讨厌的人（一）

有一副对联，上联写着“一二三四五六七”，下联是“忠孝仁爱礼义廉”。这是讥讽人乃“王（亡）八”“无耻”之辈。人所以为人，因为有羞耻之心，人到了不知羞耻的地步，则此人已是无可救药了。

人都有爱恶之心，对世间一切人、事、物，有的喜欢，有的讨厌。讨厌的一句话，讨厌的一件事，讨厌的一个地方，讨厌的一种职业。仔细想来，人的一生当中，一定会遇到许多讨厌的东西。人之本性，“爱之欲其生，恶之欲其死”，对于讨厌的东西，如果不加以去除，必感心里不快，尤其在我们身边，更是经常遇到一些讨厌的人，例如：

一、轻浮的女性。女性讲究的是端庄贤淑，但是有的人没有女德，言行轻浮而傲慢，这种女性即使外表长得再美丽，也引不起别人的好感，甚至心生厌恶。因为“君子不重则不威”，一个人如果自己不庄重而轻浮，要想获得他人的尊重，此实难矣！

二、唠叨的老翁。老人应该是值得尊敬的，在一般人的观念里也并不讨厌老人，甚至有的人还希望为老人服务。但是有些老公公、老婆婆，经常唠叨不已，喋喋不休，一直讲一些无聊的话，或者闲话自己的过去，如此，即使亲如子女，也会对这种唠叨的老人生起厌烦之心。

三、懒惰的青年。青年是可爱的，但是可爱的青年要热情、勤劳、奋发、前进，才会让人喜欢。假如生性懒惰，茶来伸手，饭来张口，做事懒洋洋的，遇到吃喝玩乐就兴致高昂，这种青年也是为人所不喜。放眼今日社会，家中冷静倾听，不只增长知识，而且受人欢迎；
空谈闲论，不只令人生厌，而且暴己之短。

的青少年子弟，从小没有养成勤劳的习惯，总把家庭当成饭店、旅馆，吃饭、睡觉才会回家，平时在外游手好闲，无所事事，怎会不让人讨厌呢？

四、耍赖的壮汉。社会上，每个乡里、每个社区几乎都会出一两个无赖汉。无赖汉不但让人讨厌，而且让人惧怕。有些地方的地痞流氓，都是从无赖汉产生的。一个人如果不讲理，只会跟人耍无赖，怎不让人反感而讨厌呢？所以一般人对于无赖汉，总是敬而远之。

五、无耻的小人。一些市井小民、村姑农妇，虽然没有受过高深的教育，但他们讲道义，知惭耻；反而一些受过高等教育的知识分子，乃至从政的高官们，心中只有名和利，完全不知道德为何物。这种寡廉鲜耻的小人，让人羞与为伍。

六、傲慢的官僚。在讨厌的人当中，傲慢的官僚最常见了。我们每见一些高官厚爵，出入排场盛大，车马奴仆成群，前呼后拥；但是为人无德无行，只会贪污舞弊，不懂为民服务，而且狐假虎威，作威作福，榨取民脂民膏，这种傲慢无德的官僚最是令人唾弃。

以上所提六种讨厌的人，在我们的身边都有。他们其实就是我们的一面镜子，如果我们不想让别人把我们当成鬼神一样敬而远之，就不要成为令人讨厌的人。

讨厌的人（二）

禅堂里新进来一位年轻的行者，习气非常恶劣，尤其经常偷窃别人的东西，虽屡经劝导，却不知悔改，引起所有住众不满，纷纷向住持和尚投诉。住持每次听了，都只是“哦！哦！哦！”，轻描淡写地带过去。时间日复一日地过去，这位行者依然故我，住众们多次反映，住持和尚也都是“哦！哦！哦！”地应着。最后，大家按捺不住心中的怒火，向住持和尚抗议：“如果他不走，我们走！”老和尚缓缓开口：“你们要走实在很可惜，如果他走了也很可惜。即使你们要走，我还是决定留他下来，因为你们无论走到哪里，都懂得约束自己，不犯过失，但是如果佛门都不能包容他的错误，一旦让他回到社会，他只会做更多的坏事，伤害更多的人。你们难道一点顾念社会的心都没有吗？我会耐心地等待，直到他改过的一天……”所有住众闻言，都惭愧不已。那位行者在门外听到这番对话，更是感动得痛哭流涕，从此认真修道，成为禅门的栋梁。他就是后来的八方禅师。

一只小猫、小狗，得不到主人的喜爱，它的日子就会难过；一个人让人觉得讨厌，他的生活就会过得很无奈。居家环境过于脏乱，让人心生讨厌，就会恨不得立刻搬离；丈夫讨厌太太，太太讨厌丈夫，可能因此走上离婚之路。被人讨厌实在是件很难堪的事情，假如能把讨厌转为喜爱，家庭恢复亲爱，社会恢复喜乐，人间就能祥和欢喜了。

一个人到了被人讨厌的地步，必定是本身出了问题。人为什么会被人讨厌呢？试述原因如下：

一、没有礼貌。做人要有礼貌，才能获得别人的尊重。所谓礼貌，就是时时刻刻给人尊重、给人礼遇、给人肯定、给人赞美。没有礼貌，势必遭人厌恶；一旦让人讨厌，则到处被人批评、被人拒绝，就是意料中的事了。

懂得做事的人，要做“本分事”，
懂得做人的人，要做“本分人”。

二、没有威仪。做人要注重威仪。假如一个人行为不端庄，坐没有坐相，站没有站相，走起路来左顾右盼、横冲直撞，说起话来口沫横飞、语气激动，就会为人所看轻。

三、没有诚信。一个人要获得别人的尊重，必须自己诚诚恳恳，对人讲信用，重然诺；如果到处欺三瞒四,一旦信用破产，则为人所厌弃。因此，与人约定的时间，不能轻易爽约；相互承诺的事情，不能敷衍了事。俗话说：“夜路走多了，当心碰上鬼。”违背良心的事做多了，总有一天会被看穿，所以做人要有诚信，才能树立人格品牌；假如失去诚信，让人讨厌，就难以恢复他人对你的信心了。

四、没有好话。人之所以被人讨厌，与不会说话也有很重要的关系。宾主对话、商业对话、师生对话、朋友对话、医生病人对话、父母儿女对话，都有一定的礼数。如果语言轻率，不尊重人，让对方因为你的话而受到委屈、受到伤害，让人心生厌恶，对你有了先入为主的看法，把你列为难以沟通的对象，那么再想要达成对话的目的，就会难上加难了。

五、没有德行。一个人没有钱财，不一定让人讨厌；没有名位，也不一定引人讨厌；不会说善言美语，也不致让人讨厌；但是没有德行，就叫人讨厌了，因此为人处事要以德为重。例如，一个知趣的人，人家认为他懂分寸；一个知进退的人，人家说他有礼貌；一个爱护弱小的人，人家说他有慈悲心；一个肯为人服务的人，大家赞赏他很热心。一个人能受人肯定，就不会被讨厌；不令人讨厌，就会被人所接受。所以，立身处世先要跟人建立善的因缘，才会为人所欢喜，一生才能有所作为。

讨厌的人（三）

我有一个侄子，在我回乡探亲后，一再表示想要到美国去。好不容易让他去了，又要求我帮他付学费。完成学业了，又要我帮他买房、找职业，但是他生性懒惰，几次实在无法满其所求。后来他跟我说，你创建的西来寺数十年，我可以两天就让它毁坏。外人好或不好，或者基于嫉妒，或者基于思想不同，这倒也罢了，对于家人亲友这种无理的索求，我一介贫僧，所有的一切都是佛教的、十方的，叫我对家族做什么，个人哪有什么能力？我不能拿三宝佛门的钱来帮助他们啊！这种对我的仇恨、谩骂，我也只有觉得，愈亲的人都是冤家债主吧。

人在世间生活，身边一定有许多的亲人与朋友。周遭的这些人，有的虽无血缘关系，却亲如家属；有的虽是亲人关系，却仇如冤家。究竟围绕在我们身边的人，谁是亲，谁是怨呢？有时候，可能连自己都难以分辨清楚。在佛教的《善生经》里有“四种怨亲”，说明四种看起来是亲人实际上是冤家的人：

第一，有贪欲而假畏伏的人。有一种人，之所以与你交往，是存有企图之心。他为了得到你的财产、权位、名利、美貌等利益，而假意地遵从你、畏惧你，甚而服侍你，这样的人，是有贪欲之心者。孟子说“为人也多欲，虽有存焉者寡矣”，也就是说一个贪欲之人，其心中的道德良知是非常微薄的，这样的人是寡德之人，也是冤家，而不是亲友。

第二，有所求而说美言的人。《礼记》云：“君子之接如水，小人之接是非朝朝有，没有现在多；
是非朝朝有，不听自然无。

如醴；君子淡以成，小人甘以坏。”有的人想要请求你的协助，希望得到你的帮忙，他会对你做出种种的奉承，说出种种的好话，甚至说尽种种谄媚之语，让你心花怒放，因而不察其人的品行善恶好坏，以及所求之事是否合于道德。这一种人是小人，也是冤家，而不是亲友。

第三，有谄谀而来敬顺的人。有一种人想要亲近你，是想仗恃你的势力，想假借你的名位，想依靠你的威风，因而假意来恭敬你、顺从你。事实上，他是想狐假虎威，为非作歹。如果重用这类人，必会造成国贫民疲、上下不和。荀子说：“非我而当者，吾师也；是我而当者，吾友也；谄谀我者，吾贼也。”所以，对你有谄谀之心的人，是贼人也是冤家，而不是亲人。

第四，有图乐而来交友的人。有些人与你交往是因为你有钱，跟你在一起可以享乐。《战国策》载：“以财交者，财尽则交绝。”为了图乐而相交的朋友，不是患难同当的朋友，而是吃喝玩乐的酒肉朋友，等到与你相处没有玩乐的机会，或是你所能给的利益消失时，彼此之间的友谊也就停止了，所以这一种人也不是亲人，而是冤家。

我们身边的人，是正是邪，是怨是亲，这就要看自己如何运用智慧来分辨了。

难看的人

有一个士官，因为军人待遇微薄，没有办法养育五个儿女，我刚刚为佛光山设立了育幼院，他就把五个小孩交给我代他抚养。不到一两年，我不知道他在哪里出家，他现了僧相到佛光山来探望他的子女。这原本也是人之常情，我们也很尊重他。但我接待他的时候，他就跟我说："星云法师，我给你一个建议，你们佛光山的慈惠、慈容等比丘尼，见到我都不顶礼，他们不是违反八敬法吗？"我当时听了非常不以为然。慈惠、慈容法师她们有留学日本的学历，学佛出家都有一二十年了，应该算大比丘尼了，你是一个才落发的中年出家汉子，你要叫她们向你礼拜，在我想，她们实在也拜不下去。

人在日常处众中，一切行仪都会引来别人的观感、看法。有时候我们赞美某人威仪庄重、为人正直，或说某人慈祥恺悌、平易亲切，都可见出其行仪之美。但也有的人行为不正或有不当，表现出一些难看的表情或行为，让人看了，嗤之以鼻，例如：

一、垂涎欲滴，吃相难看。人的性格，有的人好名，有的人好利，有的人好面子，喜欢装门面，但也有的人好吃，看到美食就嘴馋得口水都快要流下来。尤其参加宴会时，众人都很有风度地相互谦让，只有他紧盯着满桌菜肴，一副垂涎欲滴的样子，甚至急不可待地动筷子，旁若无人地狼吞虎咽。这种贪婪的模样不但吃相难看，而且让人觉得他教养不够。

二、众中无状，行为难看。有的人非常注意出众，在大庭广众里总是表现自己礼貌、优雅的一面；但也有的人在大众中坐无坐姿，站没站相，喜欢与人勾肩搭背，交头接耳。一些不合礼仪的无状行为，只会让人敬而远之，不会想要与他结交。

三、见钱眼开，样子难看。钱财人人喜爱，但钱财应该取之有道，只是财色往往使人失态，有些人只要有钱可赚、有利可图，总是不择手段，人之所患，莫甚于不知其恶；
人之所美，莫甚于好闻己过；
人之所贵，莫过于明理好义；
人之所鄙，莫大于寡廉鲜耻；
人之所尊，莫甚于慈悲喜舍。

甚至不顾尊严地谄媚奉承有钱人，就如蚂蚁见到糖果、蝴蝶遇到花香一般，那种见钱眼开的样子真是难看至极。

四、色胆包天，形象难看。有的人行为不检，在大庭广众下公然对异性以言语挑逗，或者做出不尊重人的行为。这种色胆包天的人，固然毫无形象可言；有的人私下偷偷摸摸，做出有违礼法的放荡行为，也是令人不耻。

五、得意忘形，威仪难看。有些人伤心失意时，伤痛欲绝，倒也情有可原；有的人得意时，例如中奖、升官、考取功名等，他就眉开眼笑，喜形于色，甚至得意忘形，口沫横飞地高谈阔论，一副小人得志的样子，毫无威仪可言，也是为人所不屑。

六、怒时咆哮，表情难看。人在生气的时候表情已经非常难看了，有的人还会暴跳如雷，骂东骂西，骂你骂他，那种咆哮怒骂的表情只会让人觉得你修养不够，更加看不起你，这都是不知自我节制所招引的结果。

七、懒散懈怠，姿态难看。一个人衣冠整齐、端庄正直，平时出现在人前都是精神抖擞，容光焕发，自然让人乐于亲近；反之，平时懒散懈怠，精神萎靡，对什么事都提不起兴趣，走路垂头丧气，衣着邋遢，一副疲倦无力的样子，不但姿态难看，前途也很难被人看好。

八、龌龊猥琐，形容难看。做人应该正大光明、心胸磊落，走路昂首阔步，信心十足，如此才能赢得别人的尊敬。但是有的人生性拘谨放不开，举止庸俗不大方，形容鄙猥琐屑，这种人自觉卑下，也很难让人对他心生好感。

难看，就是不好看的意思。人都希望求美、求好，所以做人先要学习让人看你很顺眼，千万不要做一个难看的人。

好恶之念

想到贫僧一生虽与病为友，但没有挂碍，生病时也不觉得自己生病，所谓“心无罣碍，无罣碍故，无有恐怖”，就能够“远离颠倒梦想”，《般若心经》实在是最好的人生观。所以，贫僧常说的四句话：“冷不怕，怕风”，这是在大陆过冬的感受；“穷不怕，怕债”，这是贫僧童年的回忆；“鬼不怕，怕人”，这是社会历练的教训；“死不怕，怕痛”，应该就是贫僧现在生活的最真实的写照。

儒家说“恻隐之心，人皆有之”，其实“好恶之念”也是人皆有之。

说到好恶，好的，爱之欲其生；坏的，恶之欲其死。我们每个人一生当中，好多的大事都有好之、恶之的看法；即使在一天当中，于生活中的琐碎之事也有好之、恶之的习惯。例如，对一件衣服的颜色、款式，各有好之、恶之的分别；对一桌的饭菜，所谓各人口味不同，也都各有所好与各有所恶。

在每个国家的各个大学里都设有许多的研究所，或是开办各种科系，固然是为国家造就了多方面的人才，但其最初的立意无非也是为了就着学子们的好之、恶之的性格而权宜开设。

交朋友，近朱者赤，近墨者黑，皆由各人的好恶观念而左右。有的人对于亲生父母，百般地忤逆反抗；有的人虽是异姓、异乡人士，他认作义父、义母。可见好恶难有标准，都看当事人的心中一念。

诗人看到月光，诗情画意；小偷仰望月光，视如寇仇。我喜欢一个人，信仰他，崇拜他，他如圣如贤；一个人，我不喜欢他，视他如仇如敌。喜不妄动，动必有道；不滥言，言必有理；
不苟求，求必有义；不虚行，行必有正。

欢吃臭豆腐的人，臭豆腐是珍馐美味；对不喜欢吃的人而言，臭不可闻也。

好恶就是一个人的喜欢不喜欢、我爱我不爱，有的人好逸恶劳，有的人好善恶恶。一个人的性格如何，从他的好恶、爱憎当中，可以看出端倪。有的人好名好利，有的人好强好胜，有的人好权好势，但也有的人好仁好义、好忠好孝、好慈好悲，可以说各有所好，但从中也可以看出各人的内涵和操守是优是劣了。

好恶之心，还是一般世间人的人心、人性，一个人如果不太强调自我的好恶，能以大众之所好为好，所谓“人之所好，我好之；人之所恶，我恶之”。不以一己之成见来强分好恶，而能还给世间好恶的标准，所谓忠奸、善恶、义利，自有他的人生规范与意义。

假如说我们要更上一层楼，在佛教里认为，能把好恶之心、得失之念更加淡化，所谓“不思善，不思恶”，从中去找到一个无分别的世界，那么人生就能够更加解脱自在了。

装的世界

过去私塾中的学生，学业未成便想外出发展，老师担心他所学不精，难以立足。学生说：“老师不必挂念，学生外出就业，只要有一百顶高帽子，就能所向无敌。”老师不以为然，说：“做人要凭真才实学，哪里是替人戴高帽子，就能通行无碍呢？”学生说：“老师不必挂碍。老师的道德、学问可以说名扬四海，所谓名师出高徒，不管我走到哪里，只要标榜我是老师的学生，只要我抬出老师之名，别人还能不照顾我吗？”老师听后大悦：“那你或可功成名就了。”

有人说，这个世界善良的好人是装出来的，吓人的魔鬼也是装出来的。其实，真正的好人不需要装，真正的坏人他也装不起好人。因为既然是假装的，就不可能与原来的真相完全一样。因此有人装斯文，斯文的假象被人识破，一钱不值；有人装可怜、装可爱，让人看破，所谓揭穿了假面具，要再让人对他生起信心，恐怕就很难了。有人装道德，道德四两可以充半斤，一时还可以蒙混得了别人；有些人装学问，就不容易过关了，因为学问四两是四两，半斤就是半斤，由不得掺假。

这个世界，大部分的人都喜欢伪装，化装游行、化装舞会，甚至化装表演。明明是一个不肖的奸臣孽子，到了舞台上，可以化装成忠臣孝子；明明是一个风尘荡妇，在舞台上可以装成大家闺秀。偏偏这个世间，多数人都为那些装扮的假象而入迷而陶醉而向往；明明告诉你，这是化装的，但是你看得出假装背后的真相吗？现在试举数例：

一、装聋作哑。有的人对你的所求不表示认同，不肯帮助你，他就来个装聋作哑，顾左右而言他，让你不得办法，只有知难而退。

二、装疯卖傻。有的人想要韬光养晦，不想在浊世里与人共浮沉；有的人胸怀大志，不愿与人同流合污，但又怕自己的意图被拆穿，于己不利，因此就故意装疯卖傻。有名的蔡松坡将军，就是靠这一套功夫掩饰，蒙骗了袁世凯的侦探，逃到云南组织起义护国军，最后终于打破了袁世凯的帝王之梦。

三、装模作样。有的人没有真才实学，却喜欢装成一副老学究的模样；有的人道德修养不够，但在人前总是一副道貌岸然的样子。其实再怎么装日能知其所无，无法空透隔墙之碍；
月无忘其所能，能够照亮阴暗之处。
如日如月，可谓有自知之明也。

模作样，表里不一，终会被人看穿。

四、装腔作势。有一些势利小人，平步青云，做了大官，他就装腔作势，展现他的威风。甚至现在一些大官的随扈跟班、侍从人员，乃至一个开车的司机、守门的警卫，都会狐假虎威，仗势欺人，这都是善于装腔作势的小人。

五、装神弄鬼。过去装神弄鬼的人很多，尤其在民间，装神弄鬼总是有人相信。有名的包青天断案，在《狸猫换太子》这出戏里就是利用“装神弄鬼”这一招，把大恶人郭槐吓得只有坦承招供。用装神弄鬼来办案，无可厚非，但用装神弄鬼来欺骗人民，借神敛财，殊为可恶。更有甚者，现在不但有人装神弄鬼，还有人装佛，真佛、活观音、达摩、济公、弥勒等都有人装，可怜的大众看装的装惯了，所以有的人“以装为业”也就不稀奇了。

总之，这是一个“装”的世界，与其装恶人、装坏人，不如大家都来装君子、装好人，把这个社会装成真善美的世界，那么即使是装，只要装得真，装得美，还是好事。

观人之道

明儒王阳明有一次带领一群学生外出讲学，走在大街上，遇到甲乙两名妇女隔街对骂。甲骂乙：“你不讲良心。”乙妇回骂：“你才不讲天理。”王阳明对学生说：“你们来听，这两个妇人在讲道理。”学生说：“老师，他们是在吵架，不是在讲道理。”王阳明说：“他们一个讲良心，一个讲天理，不是讲道理，是讲什么呢？”学生不解，王阳明继续说：“凡是讲天理良心者，用来要求自己的就是道理，要求别人的就是相诟也！”

在我们身边有很多的人，其中不乏好人、坏人、善人、恶人、君子、小人，可以说什么人都有。但是我们一时看不出一个人究竟是属于哪一种人，必须要有一些因缘、境界，才能观察得出其人的操守、精神、度量、心境。所以“观人之道”有四点：

第一，利害时可观其操守。利害当前，最容易看得出一个人的操守如何。有的人只问是非，不计利害，只要是对的，是应该做的，则不管利害得失，他都义无反顾，这种人最有操守。有的人不问是非，只讲利害，只要于我有利，不计是非好坏，甚至别人受害，他也无暇顾及，这种人是十足的卑鄙小人。所以在利害之前最能看出一个人的操守。

第二，饥疲时可观其精神。这个人有耐力吗？他勇敢吗？他奋斗的精神力如何？他的力量究竟有多少？平常看不出来，在他饥饿疲倦的时候，你就可以一览无余。有的人稍为饿上一餐，稍为疲累一点，就像泄气的皮球，完全提不起劲来工作。有的人虽然饥饿了，还是力图振作，务必要把工作完成；虽然是疲倦了，他为了成就一件事情，仍然不惜一切辛苦，不达目的誓不罢休。所以，饥疲时可以观出一个人的精神力与意志力。

第三，喜怒时可观其度量。一个人的度量大小，平时不容易看得出来，不过当他欢喜或是生气的时候，自然显现在外。有的人欢喜的时候，他可以接受别人的建议，甚至批评指教；但是一旦生气的时候，即使再好的朋友，给予再好的忠言，他都觉得刺耳。有的人欢喜的时候，可以与朋友共享一切成就，但是一旦生气翻脸了，则任何一点好处也不肯给人占便宜。

观操守在利害时，观精力在饥疲时，
观度量在喜怒时，观镇定在震惊时。

所以，一个人的度量大小，在喜怒哀乐的时候最容易看得出真实的面目。

第四，恐怖时可观其心境。人在遇到惊慌恐怖的时候，他的镇静力如何，可以看出其人的心境。有内在涵养的人，能看透世情的人，面临生死危急之境，他也能冷静面对，淡然处之。例如，道树禅师与外道斗法，任凭外道以法术变成缺手缺脚、无头无脸的鬼怪来吓他，他都无动于衷。他“以无对有”，他豁达无惧，他的心境里没有这一切的鬼怪，所以再恐怖的景象，他也能不为所动。因此，恐怖时可看出一个人的心境。

人生的阅历，要从观人、观事里获得；人生的道德修养，则要在反观诸己的功夫上增加，所以观人之余，更要观己。孟子对齐宣王说：“吾力足以举百钧，而不足以举一羽；明足以察秋毫之末，而不见舆薪。”可见观人容易观己难。

心眼

慈惠法师自普门寺出来，一个五六年级的小学生从后头拉住慈惠法师的衣角，嗫嚅道：“法师，你给我100元好吗？”由于社会乱象丛生，诈骗事件时有所闻，慈惠法师不胜疑惑。还未回神，小学生又说：“妈妈今天不在家，老师要我们交作业材料费，我需要100元。”慈惠法师看着小学生额头沁着汗珠，涨红的脸蛋流露出一股殷切期待的模样，心想：“或许他真的需要这100元吧！”于是掏钱给他。一个多月以后，一位穿着现代的母亲领着孩子到普门寺找慈惠法师。见面时，母亲开口道：“师父你认识他吗？”慈惠法师回答：“抱歉，我不认识。”这位母亲热络地握着慈惠法师的手说：“我因为出国，忘记留钱给孩子，听他说有一天学校要交作业材料费，需要100元，是师父你给他的。我是个公教人员，没什么可以表达我的谢意。听说你正在筹办佛光大学，就以10万元赞助你办大学，聊表心意吧！”

常听人说：“某人大小眼，待人有好坏心。”一般讲，这是很正常的事，你有条件，他尊敬你，自然用大眼看你；你没有条件，做人又不好，自然要用小眼看你。

大眼看你，你很伟大；小眼看你，你很渺小。大小眼看人，之所以被人诟病——主要是怪你不识人。有条件的人，你轻视他，就会说你大小眼；不上台面的小人物，因为有钱，或者跟你套交情，你就种种呵护，这种大小眼就惹人非议了。

除了大小眼看人以外，心里想人，用善心看人，用恶念看人，心与境本来就很容易相应。你是正人君子、伟大人物，他当然要用善心看你；你是卑劣小人，油腔滑调，他当然要用恶意待你。只是你认为的正人君子，也许是你看错了；你觉得他是卑劣小人，也可能是你太过主观认定。所以你的善心、恶念，也会遭人批评。所谓“慧眼识英雄”，“善心”才有平等法，所以心眼如何，就有待公评了。关于“心眼”，试说如下：

一、处世不要小心眼。做人都要和人接触，所谓待人处世，不可以疑忌，不可以小心眼。有人批评说“狗眼看人低”，如果用小心眼看人，每个人都不健全。所以说用佛眼看众生，一切众生皆是佛；用盗贼的眼光看人，世人都像是盗贼。看人都是佛，太高估了他；看人都是盗贼，也太小看了

为人要有品德，做事要有品质，
立业要有品格，生活要有品位。

他。最好用人来看人，是君子的，要看他是君子；是小人的，就看他是小人。但是也不必形之于色，中国人的处世之道讲究忠厚。如《法华经》中的常不轻菩萨："我不敢轻视汝等，汝等皆当作佛！"韩愈说："坐井而观天，曰天小者，非天小也，实乃所见者小也。"小心眼处世，处处防人，处处苛刻，实非处世之道。

二、涉世要多个心眼。有一些涉世未深的青年常常为人所骗，经常上当吃亏，所以初入社会，涉世未深、经验不足，应该多一个心眼。现代的社会，人心不古，尤其一些没有社会经验的人士，跟人合伙遭人拐骗，跟人共事遭人暗算。一般人都说"上当学乖"，吃亏能多学得一些经验，每一个成功的人多少都有一些吃亏上当的经验。能多一些心眼，凡事不要一厢情愿，多一些了解，多一些探讨，这是涉世应该注意的事。

三、待人不可坏心眼。人是群居的动物，在家里有家庭的分子，到公司机关有公司机关的同事，在社会上有各种职业、各种身份的人士，我们总应该要与他们相处、互动。待人重要的是不可存着坏心眼，不要自恃自己聪明，以为我心中想些什么、眼里看些什么别人不知道。其实，坏心眼很容易被人识破看穿，所以做人宁可自己吃些亏，如憨山大师说"吃些亏处原无碍，让他三分有何妨"。好心还是会有好报的。

四、感情不要死心眼。人是有情众生，对亲人的感情、朋友的感情，都还容易处理，唯一就是男女两性之间的感情比较难以处理。尤其当某一方对感情执着不舍，所谓"死心眼"，硬缠不放时，会带来很大的麻烦。对治"死心眼"，要用"慧眼"，有了慧眼就不会执着，有了慧眼就能多方面观照，有了慧眼不但能看清自己，也能看清对方，所以吾人应该把"心眼"转化为"慧眼"。

小心眼

从前有一位长老誉满士林，可惜用脑过度，血气运行不顺，日夜两脚如冰。他有两个弟子，笃志修学，紧随师父，不离左右，师父为弟子讲学时，弟子则为师父按摩。两名弟子各按摩一只脚，但是两人常常相互嫉妒对方，隔阂也越来越大。一天，甲因为有事外出，乙想毁坏甲的功绩，竟将甲平时为长老按摩的脚打断。甲回来一看，不禁痛哭，认为乙狠毒，实在难以饶恕。等到乙出去的时候，甲也把乙所负责按摩的脚照样打坏。由于徒弟的小心眼，却让长老身受其害。

社会上，小心眼的人很多。小心眼是人类的劣根性，见不得别人好，不容易容纳异己的存在，而且欢喜跟人比较、计较，所以就被人讥为“小心眼”。小心眼的人因为不能“宰相肚里能撑船”，他只是计较、自私、执着，所以永远看不到别人的好。反之，一个有度量、有包容心的人，自然不会小心眼。以下试说“小心眼”的特征：

一、不能看远。小心眼的人没有远见，看不到未来，只想到现在；现在他不喜欢你、看不上你，因此不会想到将来因缘难定，可能有一天他会需要你。由于他看不到未来，没有培植因缘，因此失去了许多未来成功的因缘。反之，如果能够看得远，知道将来我可能会需要你，未来我们可能会有携手合作的机会，将来你可能会给我助力，也许就不会小心眼了。

二、不能看好。小心眼的人不能把别人的长处、优点看出来，他总是看到别人的短处、缺点，甚至即使看出别人的好处、优点，他也会刻意丑化、矮化，所以在他的心目中不容易承认别人比自己好。

三、不能见大。小心眼的人如同“坐井观天，曰天小也”，其实是自己所见者小，非天小也。如果他能从一沙一石中见到三千大千世界，如果他能从别人的一言一行里看出人家的优点，就不会小心眼了。

四、不能共有。小心眼的人不能与人共有，他有一辆脚踏车，就不欢喜你也有一辆；他有一栋房子，就不欢喜你也有一栋。凡事都想独占，不愿意与人共享，这就是小心眼。

五、不能容物。小心眼的人，一点小事他都不能原谅。一句话不愿听闻，他要辩个明白；不喜欢的人在他旁边，他会怒形于色；不愿意看的一件事，他会强烈地表现出排斥的举动。因为不能容物，就像我们的眼睛容不下一粒沙，所以是名副其实的“小心眼”。

六、不能忍性。小心眼的人听不进一句谏言，容不下一句忠告，再好的良言美语在他听来都如针刺耳，所以小心眼的人就是没有修养，没有动心忍性的功夫。

小心眼的人，处处被人包容，显示自己渺小；如果能大其心量，凡事包容、尊重、体谅、友爱他人，就能成为一个“有容乃大”的人，自然处处受人尊敬。

客气

一休禅师应邀去将军府吃斋，守卫的人不准他进府，因他穿着破烂的衣服。一休禅师只好回去换了一件海青袈裟，再去赴宴。用斋的时候，一休把菜一直往衣袖里装，将军很诧异：“师父！是不是家中有老母或寺里有大众？等一会儿我令人再煮菜送去，现在请您先用啊！”一休禅师道：“你今天是请衣服吃饭，并不是请我吃饭，所以我就给衣服吃！”将军听不懂禅师的话中之意，一休禅师解释道：“我第一次来的时候，因为穿了一件破旧法衣，你的守卫不准我进门，我只好回去换了这身新的袈裟，他才放我进来，既然以穿衣服新旧做宾客的标准，所以我以为你是请衣服吃饭，我就给衣服吃嘛！”

“客气”是人与人之间建立关系的管道，有客气的语言、客气的态度、客气的礼物、客气的礼貌等。乃至彼此表示客气，握手、点头、微笑、寒暄，都能表达好感，建立友谊，维持往来。不过，客气的言行要真诚，切忌虚伪。客气的内容，其实蕴含很深的意义，略述如下：

一、客气是表示谦虚含蓄。客气的内容，首重礼貌；对人要尊重，所以才要客气。尊重别人，就表示客气，例如某些事情不能明说，怕语言刺伤对方，只有用含蓄的语言，让对方感受到我们的心意，继而接受我们的意见，这就是客气的效果。人与人交往，懂得谦虚含蓄就能走遍天下；如果态度不谦虚、语言不含蓄，就很容易得罪人。

二、客气是表示婉转拒绝。别人对我们有所要求时，如果力之所以，可以直下承担，但是不得已必须拒绝的时候，就要婉转表达，所以要客气。客气地说明自己不得已的困难，获得对方谅解。这不但说话要婉转曲折，还要有客气的功夫，让人感受到你的诚意，才不会伤了感情。

三、客气是表示借故推托。客气的内容真是变化万千，有时候因为客得理而能饶人，是谓厚道，厚道则路宽；
无理而又损人，是谓霸道，霸道则路窄。

气而接受，有时候客气是借故推托之辞。人与人之间，拒绝他人本来就是有伤感情的事，但是如果懂得客气地表示，可以弥补因拒绝所造成的伤害。所以，不得不借故推辞的时候，尤其要客气谦卑，虽然拒绝会让人不舒服，但因为你的客气态度，也能让对方稍感释怀。

四、客气是表示进退有据。懂得客气的人，对于进有前进的客气，对于退有退让的客气。当进的时候，不要有太多的客套，应该当仁不让；当退的时候，所谓“鞠躬下台”，应该要更客气。一般不懂得客气的人，就不懂进退；不懂进退，别人就觉得你不合礼仪。别人对我们的批评，我们对别人的闲话，主要就看客气的分寸拿捏得恰不恰当、客气的程度周不周全。

五、客气是表示旁敲侧击。吾人跟别人对话、商谈时，有时候直接说明，有时候需要旁敲侧击。就如一场战争，直捣黄龙是一种战术，迂回转进也是一种方略。当然，做人不能心机太深，但是人与人之间关系的微妙，不能不掌握客气的要则。客气主要就是为了不伤害到对方，能够客气、欢喜地达到目的，不是更好吗？

六、客气是表示尊重友谊。客气不能虚伪，客气是讲究诚实。人与人往来，重要的是要让对方接受；能让对方接受的客气，就是对人尊重、友善。每个人都有一个共同的希望，就是受人尊重，人的尊严不容伤害，所以客气之道就是要尊重他人，尊重、客气才能促进友谊。

礼多人不怪

1995年我到荣民总医院做了八个小时的心脏手术。等麻醉苏醒后，被送往加护病房观察。偶然睁开疲惫的双眼，看到一位老太太来往于各病床间拖地，为了感谢她维护环境清洁，也为了不错过与每一个众生结缘的机会，我勉强移动虚脱无力的双手，往身上搜寻纪念品，却遍寻不获。突然我看见对面桌上一篮水果，于是对看护的侍者说："拿个水果给老太太吃！""哪里有水果呢？加护病房是不能带水果进来的。""那不是吗？"我指了指对面。唉！原来那是章金生教授为了来探病，连夜赶工画了一幅水果油画送给我。虽然这一次我没有送成，但是出了加护病房的二十几天里，我天天都忙着把访客送来的鲜花、水果转送给别人，让大家缘缘相结。

俗话说"礼多人不怪"，其实"礼多人会怪"。仆人侍奉长官过于殷勤，长官会不胜干扰；夫妻相处，礼节过多，不见得能增加感情。我是一个公务人员，你经常送礼塞红包，造成我工作上的为难；逢年过节，亲朋好友往来，你礼多，我总要回报，所以"礼过多，人会怪"。

"礼多人不怪"是在有限的范围内，所谓合情合理之下。所以礼要适中，人才不会怪。有的礼成为虚伪，有的礼成为繁文缛节，有的礼超越太多，有的礼不必要、不应该，所以礼多人也会怪。

中国被称为礼仪之邦，结婚有婚礼，过寿有寿礼，祭祀有祭祀礼，丧葬有葬礼。不管什么礼，都必须要有敬礼，要有礼仪，如果不合乎礼法，反而有礼不如无礼。

有的人做错了事，赶快曰"失礼"；有的男女不当的行为，称为"非礼"。所谓礼者，多少不重要，重要的是礼貌周到，彬彬有礼，礼尚往来，

> 知己、律己，是立身处世之要道；
> 容他、助他，是人际相处之良津。

相互为礼。所谓礼者，是人类行为的规范，所以要"知书"才能"达礼"。

人类社会互相往来，以礼为先，例如贺人寿者，要用"如岗如陵""松柏长春"；贺人婚嫁者，则用"才子佳人""美满姻缘"；贺人新居者，用"美轮美奂""凤栖高梧"；贺人乔迁，要说"地灵人杰""孟母遗风"；贺人经商，要作"大业千秋""利济民生"；贺人工业者，要说"工业建国""福国利民"。其他诸如学校、医院、旅馆、茶肆，在礼貌上都应该祝贺。如果相识相交的人，遇到这些事而不祝贺，即为失礼。

礼貌过多，成为繁文缛节，成为别人的负担，所以"礼多"不见得"人不怪"。礼太厚，人家受不了；礼太薄，对人不恭敬；礼太多，别人嫌烦；礼太少，别人会见怪。

礼啊！实在是很难处理得恰到好处。所以，礼者，理也。只要合于敬意的道理、行为，就是有礼了。

初见

在日常的居家生活中，除了家人以外，常常会有一些访客上门，如果是初次见面，我们应该如何打招呼呢？平时在公共场合里，与人相遇了，不管识与不识，若是初见，我们应该如何与人应对呢？

"初见"是人与人之间的一件大事，因为过去素不相识，今日有缘面对面见到了，必须要有一些动作、一些表态，才能沟通彼此，千万不能冷漠以对。尤其现在一些服务于公共场所的人，乃至寺院道场的知宾、照客，不能把自己当成是替机关站岗，更不是守卫门户，应该给识与不识的初见者一些欢喜。对于初见，有六件事应该注意：

一、主动向前打招呼。在门口相见了，要主动向前打招呼“欢迎光临”“欢迎大驾”“请问有什么能让我为你服务的吗”“我负责在这里服务，有什么需要请尽管吩咐”“我与这里的关系很熟，希望能有机会为你服务”。如果你能这样主动打招呼，则客人立刻祛除陌生的感觉，犹如回家一样，他感受到你的温和、热情、体贴，对这个地方也会心生好感。

二、主动开口问候。人和人见面，就算是彼此认识，也是多时未见，今日见到了，我们要主动开口问候：“你好吗？”“吃过饭了吗？”“全家都来了吗？”“还有朋友同来吗？”因为你的问候，拉近了彼此的距离，让人有宾至如归、如沐春风的感觉。

三、主动微笑示意。如果我们是一个服务员，或是寺院道场的知宾、照客，不管在什么地方，见到人要主动微笑。尤其对初来的客人，想到对方初来乍到，对我们的地方并不熟悉，更应该主动地面带微笑，不能冷漠以对，让人感觉像是进了衙门机关一样，毫无人情味。

四、主动服务帮助。初次见面，一番寒暄、问候之后，就必须主动为他服务。如果是要来见什么人，可以替他打通电话联络；如果是要填表报名参加活动，应该送上纸笔。就算是没事、纯粹来观光的客人，也应该带他到客堂喝茶，不可怠慢。

五、主动带路参观。在寺院道场，不管对方是好奇来参观，还是为了信仰来参拜，都应该亲切地带他到佛殿礼佛，或是到客堂谈话，甚至随缘给予一些佛法开示，千万不能敷衍了事，草草打发他，自己四处闲逛。

· 佛光菜根谭 ·

笑容，是世间最美的色彩；
赞美，是世间最好的声音。

六、主动解决问题。对于有问题求助的人，不管是否初见，都应该热心为他解决。尤其在寺院道场里，如果能主动热心地为人解惑释疑，让所有来者都能心开意解，豁然开朗，把原本的烦恼抛之脑后，道场一定能兴隆。

人与人初次见面，第一印象最重要，最初的一面能给人一个好印象，后面的事情都好办。如果初见时让对方有了成见，事后再想加以改善弥补就困难了。一般经商的人，商场上注重“以和为贵”；佛教的寺院道场，更应该以“亲和力”度众。如果初见的礼貌都不够，有的闭口不语，呆坐不动，或是板着脸孔，毫无表情，如此要怎么接引众生呢？

交朋友

苏东坡到金山寺和佛印禅师打坐参禅，苏东坡觉得身心通畅，问禅师道：“你看我坐的样子怎么样？”“好庄严，像一尊佛！”苏东坡听了非常高兴。佛印禅师接着问苏东坡道：“学士，你看我坐的姿势怎么样？”苏东坡从来不放过嘲弄禅师的机会：“像一堆牛粪！”佛印禅师听了也很高兴。苏东坡见禅师被自己喻为牛粪，竟无以为答，以为赢了佛印禅师，于是逢人便说：“我今天赢了！”消息传到苏小妹的耳中，她问道：“你究竟是怎么赢了禅师的？”苏东坡眉飞色舞叙述了一遍。苏小妹听后正色说：“哥哥，你输了！禅师的心中如佛，所以他看你如佛，而你心中像牛粪，所以你看禅师才像牛粪！”

《佛说孛经钞》说朋友有四种品格：有友如花，有友如秤，有友如山，有友如地。朋友如花，花开美丽的时候，将它戴在头上；枯萎了，就弃之如敝屣。有些人交朋友也是一样，你有办法的时候就同你亲密来往，一旦你没有利用价值了就和你一刀两断，真是“贫在闹市无近邻，富在深山有远亲”。还有一种处处衡量你斤两的朋友，好像一把磅秤，你重要，他对你好，你失势无财了，他全身而退。又有朋友如金山宝矿，内中好花遍长，众鸟荟萃，大家都来这里挖宝取财，交上这种朋友，会让我们沾上一些光，受一些益。另外一种朋友，宛如大地山川，可以生长万物，与他交往，可以增长我们的智慧，砥砺我们的志节，使我们在这片山川大地之中欣欣向荣。

另外，在《阿含经》里，也提到四种可亲的朋友：

一、“止非”的朋友。他能明辨是非，分别善恶，告诉我们什么能做，什么不能做。指示我们正当的目标、正当的途径，是“劝人止恶，示人正直，护彼庄重，示人天路”的朋友。

二、“慈悯”的朋友。他很关心我们，爱护我们，能够给我们精神上极大的支持，是“见利代喜，慈心悯念，见恶代忧，称誉人德”的朋友。

三、“利人”的朋友。他经常给予我们协助，可以帮助我们，与我们同甘共苦，患难与共。在我们需要扶持的时候，能够在一旁支持我们，是“令不放逸，令不失财，令不恐怖，群相教诫”的朋友。

四、“同事”的朋友。“同事”不一定是指与我们在一起工作的人，而是指与我们“志同道合”的朋友。这种人“不惜身命，不惜财宝，互相勉励”，是很好的益友。

另外在佛经里，又告诉我们有五种不可亲近的朋友，辨识这五种损友交道德的朋友，如读圣贤列传；
交风趣的朋友，如读散文小说；
交精明的朋友，如读财经文献；
交诚实的朋友，如读历史诗篇。

也有方法：

一、“笑而不笑”的朋友。这种人面色阴沉，皮笑肉不笑，不知道他怀有什么鬼胎、什么计谋。

二、“喜而不喜”的朋友。这种朋友阳奉阴违，也不可与之亲近。比方说，我做生意赚了大钱，做事升了官，应该为我感到欣喜，他却虚有其表地故作欢喜，在心里嫉妒我。

三、“慈而不慈”的朋友。这种朋友也不可亲近。比如说，冬令救济是慈善的事，他不但不响应，反而劝我们不要做功德。这种朋友心胸狭小，只看到自己，没想到别人，不能对他人慈悲，更不会对你慈悲了。

四、“耻而不耻”的朋友。大凡做错了事或对不起别人时，应该感到羞耻、惭愧，他却旁若无人，一副若无其事的样子，这种人没有惭耻心，行事容易偏失，也不可以深交。

五、“听而不听”的朋友。古代的大禹闻善言而拜服，对别人的善言能够感谢与接受。可是，有一种朋友却听不进忠告善言，只当成耳边风，不能闻善而善，又如何与之为善？所以，这种朋友也不可结交。

人情面面观

中国是一个讲人情的社会，所谓“秀才人情纸半张”“人情练达即文章”。关于人情，从小父母就教我们要懂得做人；及至长大，对于义理人情，如果不能通达，就不能为社会亲友所接受。

·佛光菜根谭·

“讲清楚，说明白”是人际相处的妙方，
“改心性，革陋习”是自我进步的动力。

关于人情的说法，讲究人情的，如送礼、请客、报恩，总觉得自己要能不负他人的人情；如果欠下他人的人情债，日夜难安，总觉得心里有愧。当然，也有一些人不顾人情、不近人情、不买人情的账，我行我素，这在社会上做人处事，就会被人批评为没有品位了。

中国人过去认亲，除了父系的内亲，还有母系的外亲，也就是所谓的表亲；“一表三千里”，就是要讲人情。人与人之间，为了建立人情关系，可以走后门，可以拉裙带关系，都是为了建立人情关系。

同乡、同学、同党、同派、同业，凡是能“同”的关系，都要尽量把他拉出来，有时自己没有关系，还要借助别人的关系。甚至有说“有关系就没有关系，没有关系就有关系”，这就是人情在里面作祟了。传统社会，讲究人情，所谓“人不亲土亲”，就是以社会、人我、学习、门派等，拉近人情。“人在江湖，身不由己”也是因为难以摆脱人情的关系。

做人最容易患的毛病，就是怪你不近人情，怪你不合人情；但是自己有情没有情，并不知道。所以经常有人慨叹：“人情如流水，人情薄如纸，人情冷似霜；人在人情在，人去一场空。”

人，要求别人都讲“看个交情、看个面子、看在往昔的关系”。其实人情是有尺度的，是有深浅的，是有轻重的，人情是很难称量的；人情之外，还是以道理、以法律，比情更容易订立标准。

佛法讲“依法不依人”，就是说依道理不依人情，人情是有变化的，道理是比较公平的。所以讲人情的社会、讲人情的人生，如果能进而讲道理、讲法律，人生评价世间的标准就容易有另外的一番境界了。

沟通的诀窍

我们想要给人一些忠告、一些规劝，甚至借机给他一些教育。首先，你必须要以诚恳的态度，让他感受到你是以爱他为出发点，他感受到你的诚恳、善意，当能接受你的规劝。

礼貌

美清到附近的邮局提款。她的前面是个老态龙钟的阿婆，正无助地向办事人员说：“对不起，我不会填表格。”办事人员看看后面的美清，笑容可掬地说：“小姐，您方不方便帮这位老太太填表格？我趁这个空当先办您的。”“当然可以。”过了一会儿，美清已经填好表格，和老太太热络地交谈着。办事人员把款项交给美清，一接到老太太的表格，就夸赞：“小姐！您的字好漂亮！”“哪里，您才聪明呢！”美清笑得好甜。“阿弥陀佛！阿弥陀佛！你们两位真好！”老太太不住地合十称谢。这时，在一旁等着要提款的法师看到两位小姐手上都挂着念珠，于是慈蔼地说道：“你们都是人间的活菩萨。”

人与人之间能否和谐相处，礼貌是很重要的一环。礼貌者，有电话的礼貌、书信的礼貌、见面的礼貌、访问的礼貌、穿着的礼貌、语言的礼貌、应对的礼貌、宴会的礼貌、社交的礼貌、乘车的礼貌、驾驶的礼貌、交通的礼貌、运动的礼貌、年节的礼貌、伦理的礼貌、国际的礼貌等。

所谓礼貌者，给人一个笑容，给人一个点头，给人一句应话，都是表示礼貌。甚至讲究礼貌的人，连措辞、手势、握手，都要见得出你的诚恳，否则别人就会认为你的礼貌都是虚假的。

人与人之间，即使是夫妻，也要相敬如宾，以礼相待，才能和谐到老；即使亲如父母子女，也要有一定的礼貌。如果父母子女之间不能以礼相待，将来想要父慈子孝就很难了。

·佛光菜根谭·

有德，人必尊之；有功，人必崇之；
有容，人必附之；有量，人必从之。

所谓礼貌，从家居的礼貌讲起，例如家里的人，早上起床，要互道早安，平时要常说“请、谢谢你、对不起、非常抱歉”，如此家庭一定会和乐美满。到了社会上，公共场合的礼貌，例如轻声、慢步、沉稳、安静、跟人点头、弯腰、说好，其实这不但会获得友谊，得到尊重，而且可以赢得人心。

有礼貌的人随时都会赞美对方，比方“这朵花好漂亮、这件衣服很合身、这个客厅很雅致、茶具真美好”，虽然是赞美东西，其实就是赞美主人，拥有这些东西的主人必定会很高兴听到你的赞美，并且接受你的礼貌跟友谊。

但也有一些人，跟你握手时眼睛看着别人，跟你点头时一边在和别人说话，这种没有专注的礼貌、表情，都会招来反效果，让人不喜欢。

礼貌也不一定要送礼、送钱、赞美、恭维，真正的礼貌是一个人的修养，一个人有了教养，在家居或走入社会，甚至在国际上，都会格外受人尊敬！

听话听音（一）

佛光禅师问克契禅僧：“你自从来此学禅，好像岁月匆匆，已有十二个秋冬，你怎么从不向我问道呢？”克契禅僧答：“老禅师每日很忙，学僧实在不敢打扰。”一过又是三年，佛光禅师再问克契禅僧：“你参禅修道上，有什么问题吗？怎么不来问我呢？”克契禅僧回答道：“老禅师很忙，学僧不敢随便和您讲话！”又过了一年，克契禅僧经过佛光禅师禅房外面，禅师再对克契禅僧道：“你过来，我今天有空，请到我的禅室谈谈禅道。”克契禅僧赶快合掌作礼道：“老禅师很忙，我怎敢随便浪费您老的时间呢？”佛光禅师当下大声喝道：“忙！忙！为谁在忙呢？我也可以为你忙呀！”

人从小就学习“说话”和“听话”，但是一直活到老，说话不一定说得好听，听话也不一定听得正确。我们经常跟人家道歉：“对不起，我听错了！”“我说错话了，对不起！”因为基本上我们没有养成说好话、听好话的习惯，在潜意识里，好的少，错的多，因此对的、好的就不能胜过错的。你且听说——

一、听善事难，听恶事易。社会上，假如一个人讲某某人好，某某人做了很多善举，我们不容易相信；假如有人说某某人很坏很丑陋，做了很多坏事，我们立刻就相信了。人如果能把性格改变一下，听到善的容易相信，听到恶的懂得分析、辨别一下，则此人的品行一定能增进。

二、听真话难，听假话易。一般人，你跟他讲的是真话，即使对他有利，他也不容易相信；你对他讲的是假话，对他不利，例如说“有人说你坏话”“有人批评你”“有人怪你”，他也会相信。人若能接受真话，把假话用心思考，真假必然有所不同，则这个人的智慧自能高人一等。

三、听好话难，听坏话易。平时我们见到某人，真心地赞美他“你学问不错”“你文章写得很好”“你很有美德”，他会回答你“不要瞎捧场了，我哪有这么好！”如果你说“你这个人不诚实、虚伪”，他马上就生气，认为你骂他、冤枉他。所以听好话难，听坏话易。一个人如果好话、坏话都能分辨，必定善于识人也。

·佛光菜根谭·

求革新不可太快，厌恶人不可太凶，
要他好不可太过，用人才不可太急，
听发言不可太率，对自己不可太宽。

四、听真实难，听是非易。朋友当中，有的人讲话，专说是非，都是一些子虚乌有的事；有的人讲话很实在，都是确有其事。但是，真实的话一般人不容易听得进去，总是持怀疑的态度："是这样吗？"是非的话，他一听很容易就深信不疑。可见听话要有大智慧、大慈悲。一个人能把真假好坏的话分得清楚，应该就是人上人了。

五、听规劝难，听谄媚易。朋友相处在一起，有的人有了不好的行为恶习，我们要规劝他，希望他改进，并不容易。例如，抽烟的人要他戒烟，酗酒的人要他戒酒，赌博的人要他戒赌，他不但很难接受，弄不好还要仇视你，跟你绝交。假如你不要劝诫他，反而谄媚地赞美他，例如"你的酒量很好，你的香烟都是名牌，你的赌品非常可敬"，他听了你如此谄媚的好话，不但非常高兴，甚至将你引为知己朋友。只是这样的人，其人格、功过也就可想而知了。

六、听事实难，听谣言易。台湾有一种现象，每逢选举时谣言满天飞，报纸、电视也跟着这许多谣言起舞，大众见多了，也习以为常。造谣生事，混淆了社会大众的视听，刺激着大众的感官神经，真实的一面大家反而觉得平淡无奇、不够刺激。所谓"谣言止于智者"，只是我们社会上的智者在哪里呢？

说话是一种艺术，听话也是一种艺术。有的人把别人赞美他的话误会成是在消遣他、讽刺他，把好话听成坏话；有的人明明是在指责他，怨怪他，他反而当成好话，心生欢喜。所以好话、坏话，都在于自己的心中一念。语言是人与人沟通的工具，真正会说、会听，甚至会三思的人，才能得到语言的三昧。

听话听音（二）

柳宗元的朋友王参元家里失火，柳宗元原本想写一封信慰问，但他以为“盈虚倚伏，去来之不可常”“塞翁失马，焉知非福”，因而写了一封信“恭喜”他。王参元满腹经纶，然而他不愿表露自己的才能，以致不能显贵。柳宗元曾经多次邀他出仕为官，都被婉拒。这次柳宗元在信中提到“乃今幸为天火之所涤荡，凡众之疑虑，举为灰埃”，如此王参元的才能“乃可以显白而不污”。柳宗元认为这正是他出来为大家服务的好因缘。

语言是传递信息、沟通思想的工具，通过语言，可以表达自己的看法，可以表示对他人的关怀。从音量上说，语言有大声、小声，甚至还有无声；从意义上说，有善言、恶言，也有不善不恶言；从虚实上说，有真话、假话，还有不真不假的话；从方式上说，人类以口讲述，动物以肢体表达，风雨以自体撞击发出声音。

话人人会讲，但是学习“会听”更是重要。如何才算是“会听”，略述如下：

一、听善言要用心着意。对于他人加之于我的恶语妄言可以不理会，但是善言美意则要用心着意。能记住善言，运用善言，就是会听。

二、听谏言要虚心接受。人总喜欢听褒扬的话，不喜欢听劝谏之语。俗话说“皇帝背后骂昏君”，在上位者如果以权势对待下属，不但无人敢谏言，只会助长窃窃私语的风气。其实，忠言逆耳，对于谏言要能虚心接受，进而自我修正，才算是会听。

三、听谎言要明辨真假。有的人为了维护自身利益，不惜编造谎言欺骗他人。对于谎言，大可不必费心拆穿它，但是心里要清楚明白，才不至于乱了方寸。如此，也就是会听了。

四、听谤言要反躬自省。俗话说“不遭人忌是庸才”，一个人如果周遭完全没有人批评、毁谤他，极有可能是个庸才。所以，被人毁谤不要紧，重要的是要自我警惕，有则改之，无则加勉。听谤言能反躬自省，那就是会听了。

五、听谗言要心生警戒。谗言比谤言、谎言更可怕。人很容易被谗言所惑而做出错误的决策。所以，对于谗言能心生警戒，而不被蛊惑，也就是会听了。

六、听美言要心生惭愧。批评的话少有人肯听，赞美的话则人人爱听。听到人家赞美你真勤劳、很庄严、有智慧、好慈悲，大都会扬扬得意；反之，有人批评你真懒惰、没气质、很愚笨、没良心，你可能就会难过好几天。其实，在美言之前要心生惭愧，不能自以为是，才是会听。

七、听恶言要确实检讨。当别人以恶言待我时，应该自我检讨：我真是如他所骂的那样吗？如果不是，何必生气？假如他骂的是事实，则要自我检讨。这才是会听。

八、听直言要心生感谢。有的人讲话总是拐弯抹角，说了半天才听懂他要表达的意思；也有的人讲话直来直往，一针见血，但是较难让人接受。其实，直言就好比人家送礼，送的是真品而不是假货，应该感到欢喜才是。所以，听直言能心生感谢，就是会听。

“会听”很重要。主管要会听属下的反应，处事才会圆满；夫妻之间要

· 佛光菜根谭 ·

信其言，不察其行，是智者之愚；
信其行，不察其言，是愚者之智；
察其言，亦察其行，是智者之智；
不察言，亦不察行，是愚者之愚。

会听对方的心声，才懂互助体谅；朋友之间要会听彼此的看法，才能产生共识。因此，“会听”是人生一大学问。

听话听音（三）

五代时和凝与冯道同朝为官，和凝请随从帮他买了一双鞋子花了1800元，后来冯道也买了同样的一双。和凝问：“你这鞋子多少钱？”冯道说：“900元。”和凝一听大怒，指着随从怒斥：“别人买只花900元，为什么你替我买的却花1800元？”这时冯道不慌不忙地举起另一只脚说：“这只脚也是900元。”

讲话可以传达心声，语言往往代表一个人心中的想法，所以一个会听话的人总能听出弦外之音、言外之意；不会听话的人，则可能错解意思而听出是非烦恼来。因此，人除了眼睛会看、嘴巴会说，耳朵尤其要会听话。怎样听话呢？有六点：

一、会听。人家明明说的是好话，你却把它听成坏话；明明是在指正别人，你却听成是在批评自己；明明说的是这个意思，你却错解成那个意思：这就是不会听话。为了表明记录佛陀说法内容的真实性，佛经都是以“如是我闻”四个字开头。所以“如是听”“如实听”很重要。

二、兼听。许多大学生在主修科目之外，还会兼修其他副科；也有的人不只学习一项技能，还兼修相关知识。听话也是如此，除了听主题，

有志气的人，一句话也能使他长进，
正如刚发芽的幼笋，寒风冷雨也能助它成林。

还要听附带的说明，听说明才能明白事情发生的始末。有句话说：“兼听则明，偏听则暗。”无论任何场合、对任何人，都要学会兼听，尤其是主管，不能只听一面之词就轻易下判断，要能兼听其他的意见，才能使事情圆满。

三、全听。一场会议的进行，会有各种意见提出，为避免断章取义，听者要能把它全部听下来，最后凭着自身的经验、知识帮助我们抉择对与错。

四、谛听。《金刚经》里须菩提尊者因“谛听”佛陀开示，而洞然“应无所住而生其心”的佛法要义。谛听就是注意听、认真听。为什么学生考试成绩不理想，就是上课时没有谛听。如果能谛听，再加以思考、运用，还怕没有办法把书读好吗？因此，不能谛听就如同甘露法水没倒进容器里，容器当然就倒不出法水来。心也好比是容器，你的心容得下善言法语吗？

五、善听。所谓“佛以一音演说法，众生随类各得解”。有的人听话，不去理解话中之理，反而把善言听成恶语，把真实听成虚假，把好意扭曲成恶意。在广大的人群里总有少部分不是善听者。然而善听很重要，一个善听的人，要能从幽默的言谈中听出言外之意，要能从反对的声音中听出众人的心声，要能从不好听的话里改变自己。有句俗谚说“听话头，知话尾”，能“闻一知十”也就是善听。

六、静听。听对方讲话的时候，不但要避免杂音干扰，心中的杂念也要去除。静静地听，才能听出话中真正的含义，假如听话的时候妄想纷飞，就如清水倒进肮脏的器皿里也会成为浊水，那么好话也会听成坏话了。

总之，怎样听话？除了会听、兼听、全听、谛听、善听、静听之外，最主要的还是“多听”。“多闻熏习”才能深入，才能熟练。

说好话（一）

有一次，林语堂应邀参观一所大学。参观后与大家共进午餐，校长认为机不可失，便再三邀请林语堂对同学即席讲话，林语堂推辞不过，于是走上讲台，说了这么一个故事："古罗马时代，暴虐的帝王喜欢把人丢进斗兽场，看着猛兽把人吃掉。这一天，皇帝又把一个人丢进了兽栏里。此人虽然矮小，却是勇气十足，当老虎向他走来时，只见他镇定地对着老虎耳语一番，老虎便默默地离开了。皇帝很惊讶，又放了一头狮子进去，此人依旧对着狮子的耳边说话，之后狮子一样悄悄地离开。这时皇帝忍不住好奇，便把此人放出来，问他：'你到底对狮子、老虎说了什么话，为什么它们都不吃你？'此人回答说：'很简单呀，我只是告诉它们，吃我可以，但是吃过以后，你要做一场讲演。'"一席话听得学生哄堂大笑，可是一旁的校长却窘得不知所措。

说话，是一种技巧，也是一种艺术，更是沟通人际往来的工具。古今中外对说话的重要性有不少至理名言。例如，《论语》云："一言以兴邦，一言以丧邦。"西方谚云："上天给人二目、二耳、一口，要人多看多闻而少说。"俗话说："赠人益言，贵比黄金；伤人之言，恶如利刃。"因此说话要合乎身份，要恰到好处，更要适可而止，切勿因失言而取祸，更勿因多话而令人生厌，或因说虚妄之言而被人瞧不起，乃至因轻言而为人所辱。

说话的目的是要沟通彼此的思想、看法，说话可以估量一个人的人格、个性和知识。一个人对一件事的看法、观点如何，在一番谈话之后，几乎

· 佛光菜根谭 ·

别人灰心的时候，
一句鼓励的话，能使人绝处逢生；
别人失望的时候，
一句赞美的话，能使人重见光明。

可以表露无遗。因此，先思而后发言，可以减少说话的过失。

说话的重要，关系着一个人的前途和事业。一句赞美人的好话，可以使人心生欢喜，终身为其效命；一句伤透人心之言，可以使多年知己反目成仇。因此“口下留德”是做人很重要的修养。

说话时，态度要诚恳，语气要和善，遣词用字要婉转，不可盛气凌人。最好多说肯定句，少用疑问句，例如多说“当然”“很好”“没问题”等令人乐意接受的话。尤其，平时应该学习说令人感动的话，不要说讽刺别人的话；应说令人欢喜的话，不要说令人难堪的话；应说令人起信的话，不要说令人丧气的话；应说有益于人的话，不要说浪费别人时间的戏论。说话还要能皆大欢喜、面面俱到，要替别人留有余地，千万不可专横武断、强词夺理，更不可攻讦他人的短处，夸耀自己的长处。

说话如同射箭，射出去的箭就收不回来了，因此平时要谨口慎言。佛教的十善业中，口业便占了四项，即“不妄语、不两舌、不恶口、不绮语”。如果说话断人希望，也是杀生。

人是为了欢喜才到人间，所谓“良言一句三冬暖”，会说话的人，首先考虑到的是，一句话说出来是为了传达自己的意思，也是希望对方能欢喜接受，所以要学着说好话。会说好话的人才能带给对方欢喜，也才能成为一个受人欢迎的人。

说好话（二）

有的人开口闭口只会说：“我的性格、我的性情、我就是这样！”

其实，社会上每一个人都是相互依存的，心中除了自己，还要有别人的存在。一味地孤芳自赏，只会孤立了自己。有的人会有一种习惯性的反叛心理，例如过去佛光山有一位职员，确实也是个人才，但是只要我跟他说话，他一开口就说："不是，不是啦！"我说："我是，你不是。"他又再说："师父，不是啦！"我说："你怎么一直说我不是？"他说："哎哟！对不起，我讲习惯了。"又好比有的人总是说："不是这样，我怎么样，但是怎么样……"唉！在他而言，是在说道理，但是在别人看来却是一种不肯认错的行为。

每个人每天都要说话，从早说到晚，从小说到大。说话，有说话的艺术、说话的巧妙。有的时候，说得不好，自己不知道；有时候想说好，却又不知从哪里说起。以下四点，可以作为我们检视自己如何说话的方法：

第一，不知而说是不聪明。所谓"知之为知之，不知为不知"，不知道的就不要说。你不知道，又要故弄玄虚、牵强附会，甚至说错了，或说得不得体、不合题，这种"强不知为知之"就是最大的不聪明。常言道"不知者无罪"，这还不如不说的好。

第二，知而不说是不忠实。有时候你知道事情却不肯说，这是不忠实。佛教的"妄语戒"，不只是说谎、诳言才叫妄语，知道实情而不说，这也是一种妄语。你知而不说，耽误事情，造成遗憾，甚至引起误会，都是不当的。因此，你知道而应该说的，就应该坦诚，应该忠实而说。

第三，想而不说是不坦诚。有些人性格比较怯弱犹豫，常常话已经到了嘴边，却还是开不了口。这表示内心的勇气不足，还不够坦诚。事实上，

只从柔处不从刚，只想好处不想坏，
服务勤劳不退缩，谦和恭敬不埋怨。

·佛光菜根谭·

有些事情应该说的，还是要说。比如，知识可以布施给人，关怀可以温暖别人，信息可以共同分享，这些说出来，都是可以交换意见，彼此交流，利益自己，也利益他人。《净名经》云“直心是道场，直心是净土”，你能坦白诚恳，这就是修行的道场。

第四，不说而说是不机智。有些场合不必说的，他画蛇添足地说了；或者有些场合，不需要多说的，说得太长、太多，这都是不机智的。好比有些典礼中，主办单位礼貌邀请来宾致辞，内容就要愈短愈好。假如你说得太长，听者藐藐，甚至令人哈欠连连，不但不受欢迎，反而失去意义。

说好话（三）

当今最高明的禅门教育，所谓“不说破”，即退而求其次，指东说西；再退而求其次，以鼓励代替责备。例如，称初来佛门、行事冒失的人“初参”，或者说参学已久的老油条是“老皮参”，又或者说人“不知惭愧”“不知苦恼”，这些话既具有教训意味，又不失厚道，能令人心生警惕，恰似净水一般，能涤人习染。而赞叹法门也像“不说破”的禅门教育，它既可以增进人际关系，言外之意又有更深一层的内涵。但可惜，现在佛教里流传的无非是“你很发心、你很慈悲、你很庄严、你很虔诚、你很肯出功德布施……”我觉得这许多俗套的赞叹，并不会太引起人的欢喜。

“说好话”是“三好运动”中的一项，也就是身口意“三业”里的“口业”修行。说好话就是净化口业，到底应该说些什么好话呢？举例如下：

一、这位张先生经常在各地修桥、铺路，尤其勤于助人，是一位社会好人。

二、这位李小弟，虽然年龄幼小，可是在各地倡导环保回收，专做一些别人不愿做的事，非常难得。

三、这位王同学参加“百万人兴学活动”，虽然自己也还在求学阶段，仍不忘要帮助一般社会教育的推展，诚属可贵。

四、这位刘老婆婆非常有礼貌，在任何地方都可以听到她把“请、对不起、谢谢你”挂在嘴边。

五、那位陈老先生很热心公益，你看他在社区里扫街，整理环境，真是把大众的事都看成是自己的事。

六、这位吴太太慈悲喜舍，热心助人，尤其社会上稍有风吹草动，哪里有灾难，她都热心抢在人前，给予赞助。

七、那位王经理心地很柔软，就像菩萨一样慈悲。

八、那位周太太很有气质，知书达理，尤其信仰虔诚，热心助人。

九、这位林先生天生就有领袖的魅力，看他亲和的态度、热诚的话语，处处为人设想，总是给人带来无限希望。

十、这位赵女士全身散发着浓厚的道气与德行的芬芳，让人乐于亲近。

十一、这位马总经理平时总是气定神闲，而且平易近人，欢喜助人，是个肯给人因缘的人。

十二、那一位蒋科长谈吐幽默，诙谐风趣，和他在一起，真是如沐春风，他为人间增添了无限的乐趣与欢笑。

·佛光菜根谭·

寡言者未必是愚痴，利口者未必是聪明，
自尊者未必是傲慢，承顺者未必是忠诚。

十三、这一位沈大姐非常爱惜福报，把握因缘，在任何时候、任何地方，她都会给人欢喜，是一个很有智慧的人。

十四、这位韩太太真好，在团体里总是随缘随众，给她建议什么，总是从善如流。

十五、这位郑老师关怀社会，谦恭柔和，尤其说话时就像冬阳春风，让人感到温暖、舒服。

除了以上所举，再如“你真是一位君子，温良谦恭；你真是一位大作家，文章如行云流水；你很有艺术才华，书画写字，独树一帜；你做什么像什么，真是言行一致；你发心护众，守时守信，令人尊敬”等。

其实，所谓好话，举凡赞美人的学问、道德，关怀人的身体、生活，乃至对人尊敬、给人安慰，能够鼓舞别人信心、勇气的话，都是好话。

说好话赞美人，也要适当、得体，而且要恰如其分针对他的特长而说，如果赞美不当，让对方觉得你是在讽刺他，那就适得其反了。所以，说好话需要智慧，更要真诚，才能发挥好话的正面力量。

聊天

有一个董事长生病住院，公司的员工每回来探病，为了让董事长欢喜，便不断报告公司这个月营运如何，利润多少……董事长满脸无奈：“我现在不管订单、入账多少，我现在只要能够小便最要紧。”

朋友在一起闲话家常，叫作聊天。所谓聊天者，就是不必正经八百地谈些天下大事，也无须预设主题，或是严肃地分析问题、探讨问题的原因；聊天时，大家可以轻松地无所不谈，上下古今，中外趣闻，只要不涉及人我是非，都可以拿来当成聊天的资料。例如：

一、谈时事。聊天时，举凡国家大事，甚至国际的时事新闻，谁先知道，都可以当成独家报道讲给大家听。这种天下、国家的政经大事，无日无之，所以一些读报的人都有特殊的心得，这些新闻的来龙去脉，经过自己加以描绘、注解，就更加生动精彩了。

二、谈新奇。聊天的人当然不会把一些旧闻拿出来炒，一定是述说一些新奇的事，以表示他识多见广。例如，美国大兵在伊拉克的孤儿院救出五百个饥饿的小孩。再如，中国湖南省一个人称“平姨”的百万富翁，她的职业其实是一名扫街的清道夫，她说“职业不分贵贱，不管贫富，人人都应该有工作……”诸如此类，都可以当成聊天的话题来谈。

三、谈心得。有的人在聊天时，把他做人处事的感悟、读书阅报的心得，或是对某些问题的看法，都搬出来当聊天的材料；别人听了觉得发人深省，受到感染，无形中也能受益。所以，一个人多读书、多思考、多设想一些问题，让大家在忙碌的生活中因你的一席话而得到启发，也是一种法布施。

四、谈疑惑。有的人把他对人生的迷惑借着聊天时提出来，让大家解答，既是脑力激荡，也是一种思想的交流。有时也可以谈谈历史上的疑案，或是社会的奇闻，除了报章杂志所报道的以外，还有一些细枝末节没有明朗化，都可以提出来探讨。只不过大家对于这些迷思，有时也只是以讹传讹，不一定正确，所以最后就成为走了样的新闻，或是大家共

·佛光菜根谭·

不必言而言，是谓多言，多言招怨；
不当言而言，是谓妄言，妄言惹祸。

创的新知罢了！

五、谈抱负。多数人聊天时喜欢谈自己的高见，例如“我对现在的民生问题看法如何，我觉得某某问题如果由我来处理，我会如何解决”；有的人则喜欢谈自己的抱负，例如“如果我当县长，我会把这个县治理成什么样子”。聊天时，人人可以各抒己见，各展抱负，唾沫横飞地说些大话。但是一场政治演说、一次政见发表过后，各有收场，后果就不会再有声息了。

六、谈知识。有的人教育程度比较高，聚在一起聊天时，不好谈一些捕风捉影、不切实际的时事新闻、社会动态，喜欢谈一些有知识性的科学新知，或是哲学性的见解、思想，乃至评论当代某些人士发表的高论，或是对历史上的人、事有什么不同的看法等。大家新旧齐来，古今并谈，畅所欲言，毫无保留，也如同一场小型的座谈会一般。如此朋友难得一聚的情谊，有时欲罢不能，于是相约某时某地再一次聚会。因为从谈论中，有的人触类旁通，想到未来在事业上要如何发展，甚至在待人处事上应该做些什么修正。如此聊天，不也能聊出很多收获来吗？

口气

赞叹要讲究巧妙，能让人回味的赞叹，往往不落俗套，是有智慧、有内涵的。比方说，他们这一家是佛化家庭，是慈善之家，我就称他们是“三好人家”，表示他们家没有纠纷吵闹。我写的一笔字里，“有您真好”“有情有义”“仁心仁德”“书香之家”“我是佛”等具有赞美意涵的文字，欢喜收藏的人最多。为什么？因为每个人都想将这些称赞，送给他最感谢的人珍藏。

人和人在一起，难免要说话交谈。听人讲话，不但要注意对方话中的意义，同时也要注意对方说话的口气。有的人说话口气不好，语带讽刺，话多挖苦，像这样不良的接触，必然发展出不好的关系，所以注意说话的口气，不但是个人的重要修养，也是发展良好人际关系的重要因素。

如何修养“口气”，试说如下：

一、问候的礼貌要周到。人与人初见，相互问候的方式，或握手，或点头，或微笑，或注视，或鞠躬，都是为了表现做人的礼貌。但是有的人问候别人时，仰着头，一副漫不经心的样子，如此就算说了“早安”“你好”，别人也会嫌你傲慢无礼，对你也生不起好感。

二、语言的表达要真诚。人和人说话，既然要使用到语言，语言也能看出你的心意是真诚或是虚假，是有心或是无意。跟人说话，不要让人觉得你是虚应了事，不够真诚，否则后面要谈论事情，就很难开诚布公，难以相谈甚欢了。

三、交谈的音量要适中。与人交谈，音量大小要适中。有的人讲话音量太大，声震屋脊；有的人讲话音量太细小，让对方听得很吃力。讲话时，要注意对方的年龄、习惯，以及当时的距离，加以调整音量，务必要让人听起来舒适。就如唱歌，不管二部合唱还是四部合唱，和谐最重要。

四、沟通的措辞要委婉。双方沟通，不能一直为自己说理，让对方生厌。既曰“沟通”，管道要畅通，不要一开始就让言辞成为沟通的障碍，所以要多为对方着想，多了解对方的立场、困难，如此才能获得对方的体谅、

·佛光菜根谭·

以言语讥人，取祸之大端；
以度量容人，集福之要术；
以势力折人，招尤之未远；
以道德化人，得誉之流长。

好感。即使谈到一些尖锐的问题，也要委婉曲折地表达，不要直来直去，僵持、执着都有碍沟通。

五、说话的语气要温厚。两个人说话，或是三五个人说话，语气温厚、诚恳，最容易为人所接受。诸葛亮在吴国舌战群儒，他的言辞用语，都是先替对方着想，先站在对方的立场、利益讲话，因此吴营里参与的人员虽对诸葛亮心存芥蒂，但因诸葛亮说话既能切中要点，又不失做人的温厚，最后也都拿他无可奈何。其他如苏秦、张仪、范雎等之所以能成为成功的说客，不仅能照顾对方的利益，而且顾及对方的尊严，因此一说就能把人折服。

六、讲演的语调要动听。在诸多的说话方式当中，讲演的难度最大。因为一场讲演，与会的听众程度不齐、需求不一，如何让所有人在听完这一场讲演后都能感觉你言之有物、言之成理，句句都能打动他们的心扉，并且对你所说的话都能认同，除了要懂得“观机逗教，应机说法”以外，还要注意讲话的语调要生动，要抑扬顿挫，才能吸引听众的注意力，让大家的情绪随着你的话语奋发昂扬，这才是一场成功的讲演。所以，不管学习讲演或说话，先要从语调、口气注意起。

爱语

有一只乌鸦在飞往他处的路上，遇到了喜鹊。乌鸦对喜鹊诉苦说：“这个地方坏透了，人也坏透了，他们看到我飞行，听到我的声音，就批评我，咒骂我，所以现在我要离开这里，我要飞到别的地方去重新生活！”喜鹊听后说道：“乌鸦呀！其实这个世界到处都是一样的，你应该改一改你的叫声，如果你的声音不改，不管你飞到哪里，其结果都是一样的呀！”

语言是人际交流的沟通工具，语言有好多种，妄语、恶语、绮语、挑拨离间语等，都会造成对人的伤害；唯有爱语，它像春风细雨，带来大地的生机。

爱语，是关怀的语言；爱语，是爱护的语言。世间没有一个人不喜欢听爱语，而爱语并不是每一个人都能说的。同样的一句话，对人的尊重、对人的友好、对人的帮助，能够助成别人的信心、善行，就是爱语。

爱语不怕多，“爱语一句，满室芬芳”。爱语可以皆大欢喜，爱语好像花香，芬芳淡雅，无人不爱；爱语如布帛，让人温暖心怀；爱语如阳光，可以把温暖散播十方，可见爱语的重要。

父母教训子女，老师呵斥学生，长辈开导弟子，不管任何语气，不管怎样的措辞，那都是爱语。长官喜欢说爱语，部下一定心悦诚服地跟随；老板喜欢说爱语，伙计也一定心甘情愿地接受。父母兄弟姊妹之间更是要爱语不断，尤其夫妻之间经常说讨好对方的爱语，才能维持美满的婚姻生活，爱语是夫妻生活的润滑剂。

说到爱语，其实一句话要说得像样，说得中听，说得让人受用，实在也并不容易。平时我们所谓考试，以口试最为重要，所以从婴儿出生以后，父母就非常耐烦地教他说话。尤其为了将来成功立业，我们对人说话，除了要说实语之外，常说爱语也是成功的重要因素。

“留几句爱语的和风，可以让人间充满尊重的温煦。”一个家庭，人人

·佛光菜根谭·

休怨我不如人，不如我者众；
休夸我能胜人，胜过我者多。

都说爱语，家庭必然和谐幸福；一个团体，人人都说爱语，团体必然一团和气；一个国家，人人都说爱语，国家必然上下一心！

所以，学习语言，要有文学的优美，要有哲学的回味。没有读书的人，出言吐语，俗不可耐，可见读书才能增加语言的力量，才能增加话语的善美，才能皆大欢喜。

坏习惯

讲到修身，即包括修眼、修耳、修鼻、修舌、修身。在日本，日光东照神宫的门梁上，有三只雕刻的猴子，神态逼真，其中一只用手掩住眼睛，一只掩住耳朵，一只掩住嘴巴。这是什么意思呢？如同儒家所说“非礼勿视、非礼勿听、非礼勿言、非礼勿动”。在佛教里，也主张要修身需先修口，不要随便恶口、妄言、绮语、两舌。

人在世间，总有很多给人评论的地方，尤其关于习惯方面的问题，总是被人议论最多，例如某人有很好的习惯、某人习惯不好，等等。谈到习惯，所谓“江山易改，本性难移”，好习惯的建设要多年养成，革除坏习惯更是千难万难，例如一些好抽烟、喝酒的人，一经沾染上这些坏习惯，就很难戒除。

关于吾人眼、耳、鼻、舌、身、心等六根的坏习惯，略述如下：

一、眼睛的坏习惯。有人喜欢挤眉弄眼，有人专爱窥人隐私，有人惯以斜眼看人，有人总是对人恶眼相视，这些都是眼睛的坏习惯。眼睛其实可以用来瞻仰佛像，可以效法观世音菩萨慈眼视众生。但是一般人总爱看人间事相。眼睛可以看圣贤书，但偏要看无益的事；眼睛应该看苦难众生，给予同情，但是看到的都是别人的荣华富贵，继而心生嫉妒。这都是眼睛的坏习惯。

二、耳朵的坏习惯。耳朵好听是非，听到别人的坏事就幸灾乐祸，暗自窃喜；听到别人幸有所得，则心生不悦。平时听到善言好事，漫不经心；听到是非谣言，竖耳倾听。尤其耳朵就像一个情报员，总爱打探别人的秘密，听到一些未经证实的事，就大肆传播，更有的人专门“听坏不听好”，这都是耳朵的坏习惯。

三、嘴巴的坏习惯。嘴巴的坏习惯很多，好吃懒做是坏习惯，好吃零嘴是坏习惯，好抽烟喝酒是坏习惯；好吃也就罢了，尤其好辩、好说，所讲都是废话连篇，都是不正经的话，甚至传播是非伤害别人。所谓“病从口入，祸从口出”，嘴巴的坏习惯不但伤害别人，也很容易做出对自己不利的事，所以要谨言。

四、身体的坏习惯。身体在行住坐卧间，常常不经意地表现出一些坏习惯。例如，走路不正、坐姿不端、举手投足没有威仪，尤其有的人喜欢搔首弄姿、挥拳舞爪、奔跑跳跃等，这些都是身体的坏习惯。宗教教人要修身，因为身行不正就容易心术不端，而且为人所看轻。

五、心理的坏习惯。见不得人好，嫉妒、嗔恨就是心理的坏习惯。有的人处心积虑想要表现自己的好，对别人则说得一无是处。一个人内心不正、不净、不善、不美，有了这么多的坏习惯，怎么能让人欣赏呢？吾人的心里充满贪嗔愚痴，所谓“八万四千烦恼魔军”时时都在扰乱我们，所以《金刚经》要我们“降伏其心”，至为重要。

六、做人的坏习惯。做人方面，举凡不守信用、不守时，对人没有礼

·佛光菜根谭·

脾气要变成志气，意气要变成才气，
怨气要变成和气，生气要变成争气。

貌、轻诺寡信、老气横秋、不务实际等，都是做人的坏习惯。

总说六根的坏习惯，真的是不胜枚举。一个人如果想要把自己管好，就先要把坏习惯改革、修正，否则坏习惯太多，让人生厌，将来何能在社会上立足，何能成功立业呢？

应该忘记的事

有一个大富翁的妻子得了不治之症。大富翁请来一位名画师，替他太太画一帧像，留作纪念。妻子知道富翁的心意后，私下吩咐画师："请你帮我画上一顶钻石镶成的宝冠，我的衣服也要画上很多的钻石。"画师觉得奇怪："夫人，你戴的宝冠上明明没有钻石，为什么要画钻石呢？你的衣服已经很华丽了，为什么还要无中生有地画上钻石呢？"妻子冷笑："我死了以后，我丈夫一定会再讨一个妾做填房，我辛辛苦苦为他攒聚的家产都归她享用，太便宜她了，我要让那个女人永远不得安宁。你替我把宝冠、衣服都画满宝石，这样，那个女人一定会常常跟我丈夫吵架：'那个大老婆有那么多钻石，为什么我没有？'让他们早也吵晚也吵，永远不得安宁。"

人生有应该忘记的事，也有不应该忘记的事：

对他人的承诺，不可忘记；跟他人的借贷，不可忘记；受他人的恩惠，不可忘记；听他人的忠言劝告，不可忘记。

在日常生活的待人处事中，也有一些应该忘记的事，列举如下：

一、委屈、不平、仇恨要忘记。受到委屈，只要能忍受得了，就不要耿耿于怀，应该忘记，表示你有忍的力量。假如遇到不平的事，应该想办法说明、解决，如果不能解决，也不必斤斤计较，甚至记恨于心。《八大人觉经》说，对朋友要“不念旧恶”，朋友若有对不起你的地方，你是刻骨铭心地怀恨在心呢，还是很快地释怀忘记呢？其实人世间难免有一些不愉快的事、不愉快的语言、不愉快的是非，都应该把它忘记。心中要存有善念，存着好事，千万不要被许多肮脏垃圾污染了自己的心。

二、施恩于人，应该要忘记。我们曾经对人有过一些帮助，或是曾经给过人家一些什么，已经时过境迁，如何能念念不忘、一直记挂于怀呢？既然施恩于人，已经给人就不是自己的了，岂能念兹在兹？或许你曾经替人介绍过职业，对他人有所提拔，曾经在哪里助人一臂之力，曾经施舍一些什么给人，能够忘记，就叫“无相布施”，这才是真正施恩于人。

三、别人的语言触犯了我，或伤害了我，要赶快忘记。我们与人相处，对于他人所讲的话，不可随便误会，认为别人是在讲我，也不可以怀疑朋友存心跟我捣蛋。如果你对人有所怀疑、误会，错怪了别人，就等于法官误判一样有罪。纵使别人的语言得罪了我，甚至批评我、毁谤我、伤害我，自己应该反躬自省：我有如他所说的一样吗？所谓“有则改之，无则加勉”。甚至他人的语言故意冒犯我，故意欺负我，也要把它当成是替我消灾。如《金刚经》说：“若有人受持读诵《金刚经》，为人所轻贱，是人先世罪业，应堕恶道，以今世人轻贱故，先世罪业则为消灭，当得阿耨多罗三藐三菩提。”

四、不当的妄想、杂念、企图，要彻底忘记。人经常活在自己的妄想杂念里，或者怀有不当的企图心，因此对别人有所伤害，有所侵犯，自

· 佛光菜根谭 ·

知苦恼，才会本分不妄求；
知惭愧，始能进步不退化。

我却毫不知反省，造成无边的罪业。“吾日三省吾身”，我们每天都应该做一番自我省思与净化的功夫，要把一些不当的妄想杂念、不好的企图心去除。

以上该忘记的事要彻底忘记，就如同把锅碗里的肮脏洗净，把肠胃里的污秽洗净，把背负的无谓重担放下，把一切不愉快的想法抛到九霄云外。能够如此，则生活单纯，心情愉快，这样的日子岂不美好？

避免

贫僧也是人，虽然出家，对于爱恨也还是非常有体会。记得我在做国民小学校长的时候，就有一位老太太，千方百计要我做她的干儿子（义子），但是我绝对不能。我能割爱辞亲，远离我的俗家父母，我怎么能在为僧之后又认别人做父母呢？若要，就如经中所说“一切男子是我父，一切女子是我母”，我需要天下的父母，不需要一对关心我、爱我、做他儿子的父母。虽承蒙他们对我种种的关怀厚爱，也只有辜负他们的盛情了。

人生在世，不管做任何事，都要注意避免产生后遗症。例如，饮食避免中毒，看病避免误诊，交友避免被骗，生活避免浪费。兹举人生不得不避免的数事如下：

一、说话，避免落人口实。某次选举中曾有人说，如果对方阵营真能

“八仙过海”，他就跳海。结果选举开票后，果如所言，于是逼得他不得不跳海。在岁末寒冬，虽然虚应故事，仍然冷得他大呼吃不消。这就是说话落人口实的结果。说话落人口实，诸如此类的例子多矣！常有选民质问参政者，你当初说当选后会如何如何；学生也会问老师，你当初承诺要如何如何。所以说话要避免落人口实，否则事后难以面对。

二、做事，避免流于敷衍。吾人做事必须实事求是，避免虚应了事。日本商人做事，即使一个包装，也要力求美观大方。永和的烧饼油条，不但在台湾有口皆碑，甚至大陆皆知，因为它不虚应故事，务求把烧饼油条做得香脆可口，让顾客满意。织布工厂的成衣，制鞋公司的产品，都讲究实用耐久；建筑公司的一栋房子，不但门面装潢、材料确实，就是水沟、电线等细节也不马虎。做事不能敷衍，就像做工程不能偷工减料一样，都是关乎一个人的信誉，不能不注意。

三、待人，避免触人痛处。我们与朋友相交，总有一些往来接触，朋友之间，即使再好的知交，也怕讲话碰触到他的痛处。每个人都有悲欢离合的前尘往事，回忆往事难免有一些痛点，经常被人提及，叫人不生气也难。

四、学习，避免傲慢自大。人生“活到老，学到老”，有的人时时带着诚惶诚恐的心情，虚心学习；也有的人还没有学到东西，就傲慢、卖弄，自以为是。例如，会得两句英文，就说自己通晓多国语言；刚学会绘画，就认为自己的意境多高；多年前曾参与过圆山饭店的油漆工作，事后到处跟人说，圆山饭店是他建的。像这种例子，不胜枚举。学习、参与，应该谦虚，不可自我膨胀，才不会自我设限，阻碍自己的进步。

五、读书，避免食古不化。读书是为了通情达理，为了增加知识，为

·佛光菜根谭·　欢喜的世界充满色彩，欢喜的人生充满希望；时时怀抱欢喜心的人，是世界上最富有的人。

了应付世间。但有人读书“食古不化”，文章一定要模仿八股，讲究“起承转合”，殊不知现在的作文如讲话，话怎么讲，文章就怎么写。“吾日三省吾身”，是要我们经常自我反省，检点自己的功过，而不是要我们一次、两次、三次……只在形式上反省。读书人食古不化，不能把学问应用在现代社会，实为可惜。

六、信仰，避免邪知邪见。不管信仰任何宗教，必须讲究做人有道德，明因识果，千万不能故弄玄虚，装神弄鬼。一些人炫耀自己具有神通、异能，是邪知邪见，不是真正的宗教信仰，实不足取法也。

让人接受（一）

1964年，叶鹏胜的父亲背了一袋僧鞋，顶着烈日，来到寿山寺兜售。我当时为了筹措办学经费，经济十分困难，但是想到当年出家人很少，僧鞋的生意一定不好，于是上前问他价钱，他说：“一双30元。”我掏出40元向他购买一双，他奇怪：“别人都要求我打折扣，为什么你不还价，反而还要加价？”我说：“贩卖僧鞋很困难，如果你不做生意，我们就很难买到僧鞋。如果你能多赚一点利润，拿这些钱来改善品质，大量生产，可以便利我们购买。所以，我这样做，不只是为了帮助你，更是在帮我自己，你安心收下吧！”“我从来没听过世上还有这种道理！”他摸着后脑勺。我进一步解释：“30元一双僧鞋不能赚什么钱，不但品质不能提高，反而因为不赚钱，索性结束经营，那时我就没僧鞋可穿；40元一双，让你多赚一点，有资金提高品质，买的人就愈多，生意就会愈做愈大，那么我就有僧鞋穿了。所以才说我不是帮助你，而是为了帮我自己。”

我们送人礼物，都希望对方能接受；我们说什么言语，也要能让人接受。让人接受，这是今日社会处众的重要课题。

人不可以孤芳自赏，你学问好，人家不接受；你能力强，人家也不接受。甚至你有钱，人家不要，你有好意，人家不了解，这就显出“让人接受”的重要了。怎样才能让人接受呢?

一、善意要能尊重。我给人善意，我给人好心，我给人一些帮助，我给人一些因缘；但是你要能尊重他的人格，让他感觉受人尊重，他才肯接受。千万不要以为人人都喜欢吃“嗟来食”，所以在佛教里，“打斋”的施主反过来还要“拜斋”。

二、规劝要能诚恳。我们想要给人一些忠告规劝，甚至借机给他一些教育。首先，你必须要以诚恳的态度，让他感受到你是以爱他为出发点，他感受到你的诚恳、善意，当能接受你的规劝。如果让他觉得你不怀好意，甚至责怪他、嘲讽他，可能他就不会接受你的好意。所以，父母规劝儿女，师长规劝学生，朋友劝告朋友，长官劝告部下，都要带着诚恳的态度，这最为重要。

三、责备要能惭愧。有时候我们责备人，假如盛气凌人，对方必定难以接受；如果我们先自责，先表示自己惭愧，自己无德服人，自己领导能力不够，自己做事多有缺陷，之后才来责备他，他会虚心接纳。除非你是长者、老师，否则责备别人的时候，没有自惭、自愧，光是责备别人，不

很多人之所以失败，乃是受基础教育时，
没有养成接受的习惯。
好比种子不生根，如何开花结果？
好的道理、苦口婆心的教导，不接受也没有用。

·佛光菜根谭·

能收到效果。

四、冤枉要能开导。人世间，常有一些不白之冤，尤其监狱里更是怨气冲天，因为即使死刑犯也有许多是被冤枉的。有了冤枉，能申诉当然很好，不能申诉，难道就让自己走上绝路吗？所以人要有接受冤枉的力量，自己没有力量，就要靠别人开导了。所以，面对一个受冤枉的人，需要给予开导，至为重要。

五、委屈要能代替。一个人本来可以升任总经理，但你只让他做到副总经理，他觉得委屈，可能产生反感，从此工作不力，影响整个团队的利益。这时就得有一些代替的方法，例如给他奖状，给他加薪，帮他准备大一点的办公室等。因为有了代替的补偿，增加对等的条件，他心中的气才会平，事情才好做，否则委屈是很难忍受的。

“佛要一炉香，人争一口气”，当一个人受到委屈的时候，他感到不平，无法释怀，只有以生气来抗争，或是以懈怠来抗争，如此于人于己都不利。此时若能给他一些代替的安慰，或许能化解他心中的委屈，让他接受事实。所以，让人接受，是一门很大的学问。

让人接受（二）

昭引和尚云水各地时，有信徒来请示：“发脾气要如何改呢？”“脾气皆由嗔心而来。这样好了：我来跟你化缘，你把脾气和嗔心给我好吗？”信徒的儿子非常贪睡，父母不知如何改变他，昭引和尚就到他家，把睡梦中的儿子摇醒：“我来化缘你的睡觉，你把睡觉给我吧！”听到信徒夫妻吵架，他就去化缘吵架；信徒喝酒，他就去化缘喝酒。昭引和尚毕生皆以化缘度众，凡是他人的陋习，均是以化缘改之，所到之处蒙其感化的信众不计其数。

家庭里，父母要让儿女接受，儿女要让父母接受；机关里，主管要让部下接受，部下要让主管接受；甚至于交朋友，我要让对方接受，对方也要让我接受。某一方让别人不能接受，则不能得到人和，没有人和，家庭、机关、朋友，都会吵吵闹闹。现代社会，一般人总希望别人待自己如何如何，却没有想到自己待人也应该要同样的尊重、合理，才能让人接受。“让人接受”是非常重要的事，我们要如何才能让人接受，兹举下列数事提供参考：

一、我的语言要让人接受。人与人之间，不管上对下、下对上，语言不当，例如尖酸刻薄，要求无理，说话不合时、不合地、不合身份，让人不能接受。语言不能让人接受，连带地，你的整个人他都不肯接受，甚至相互排斥，如此怎么能和乐呢？

二、我的行为要让人接受。人和人接触，你的行为要能让对方接受。对人没有礼貌，即使是年老的长者对一个年幼的孩子，他也会嫌你老气横秋。年轻人行为傲慢、态度不逊，姿势、肢体不当，或者吃东西没有吃相，走路没有走相，坐下来没有坐相；跟人来往，你的行为态度都让人不能接受，本来需要每天在一起相处的人，为了你的行为我不能接受，日子怎么能过下去呢？

三、我的态度要让人接受。经常听到有人向对方抗议：“这是什么态

品德足以端正风俗，才能足以建立秩序，
聪明足以深思熟虑，坚毅足以创立事业。

度？”“你这么傲慢，我可不吃这一套！”态度不友善，不管上对下、下对上，都让人无法接受，这也是彼此相处常见的问题。例如，自己躺在沙发上，叫人为他拿东西；吃饭的时候，老是叫人为他服务；别人进来，不肯招呼一声；甚至一直唠叨，数落他人的不是。如此即使身为主管，不断责备部下的过失，不断让部下难堪，当你的态度到了让他不能接受的程度，大家相处就成问题了。

四、我的风格要让人接受。每个人都有自己的格调、特色，但是自己的风格一定要能让人接受，有的人说话太过啰唆，行事太过细腻，交代、报告太过简略，或者过于烦琐、细碎，都会让人难以接受。此外，有的人不肯跟人讲话，或者一件小事不断地重复；讲电话太过大声，无视于旁边有人；天天不停地会客，一直标榜自己，自我宣传；和访客讲话，不介绍主管、同事；经常私下吃零食，不分享他人；进出工作，态度神秘，旁人无从知晓；每天板着面孔，对人无礼，或者不合时宜地在大众面前大声谈笑。以上种种有失风度的行为，要想让人接受，此亦难矣！

五、我的思想要让人接受。现在有些人想法怪异，别人认为好的，他硬说不好；大家说不好的，他偏要为其辩护。尤其现在政治上有党派不同，经济上也分人我，乃至种族、宗教、文化，都各有不同。有的人坚持自己的主张，甚至强要别人接受他的看法，如此强势，让人无法接受。所谓“物极必反”，等到有一天别人都不能接受你的时候，自己想要有人缘，希望得到别人的同情，也就不可得了。所以，如何让人接受，这是现代人生不能忽视的问题。

让人接受（三）

弟子们常常说我是处理人事问题的高手，什么疑难杂症到了我的面前，就能大事化小、小事化无。这固然是因为我能耐心倾听徒众的困难，细心分析事情的前因后果，最重要的还是我尽量做到“兼听”。我不以一家之言来下结语，我也不以一时的好坏来论成败。我想：一个人若能完全做到“谛听”“善听”“兼听”，也就庶几无过了！

人与人之间，如果有了纠纷、成见，要说服他，有时候说理，甚至动用法律，都无济于事。因为一个人的执着，光靠说理很困难，必须要有特殊的方法，让他感动、软化、自觉、惭愧，如此要说服他，也就不难了。兹提供五个方法，作为说服人的参考：

一、帮助他。有一个牧场的主人，因为隔壁邻居的猎犬经常跃过栅栏侵犯羊群，几次交涉都无效，最后不得已只有诉诸法律。法官说：“要我办他的罪，他确实有罪，我叫他把猎犬绑好，他也必须接受命令，只是这么一来你就得罪了一个人，以后你势必要与一个仇人为邻。”羊主人一听：“那怎么办呢？”法官说：“我有一计，你可以送他三个儿子三只小羊。”这么一来，猎犬主人为了不让儿子的小羊受到伤害，主动把猎犬绑起来；并且因为送羊的关系，猎犬主人经常送给羊主一些山珍野味，羊主也回送羊奶、奶酪等，彼此因此成为好朋友。要说服人，第一就是帮助他，因为法官帮助羊主人解决问题，所以能说服他。

二、利益他。一个住家的庭院里，经常有隔壁王家的鸡群进来打野食，践踏花草，实在不堪其扰。与邻居抗议无效，又不忍心拿鸡出气，夫妻二人商量，得了一计。太太上街买来一篮鸡蛋，送到隔壁王家，说："对不起，我家人口少，你家鸡所生的鸡蛋，我们实在吃不了，所以送还给你们一些。"隔天，邻居马上筑起篱笆，从此再也没有鸡的干扰。所以，利益他就能解决问题。

三、尊重他。有一个私塾的老先生，放任自己的儿女、学生到附近张家门前的广场械斗、吵闹。几次向他反映，得到的回答都是"孩子的事，管不了"。后来张先生把自己的儿子送到私塾去读书，并且恭维说："慕名老师年高德劭，学问渊博，教养出来的子弟都能知书达理，所以特地把小犬送来请先生管教。"老先生受此尊重，心想自己确实应该把自己的儿女、学生教好，从此张家门口再无青少年械斗。所以，尊重别人就能说服人。

四、包容他。小美服务的机关有一名同事为人尖酸刻薄，经常讲话伤害别人，尤其对表现优异的小美更是百般不放过。由于他是主管的亲信，无人敢惹他。小美经常在主管训话时，明明是这位亲信的错，却把错误一肩扛起，并且对他百般包容，最后这位亲信说"我算是服了你了"，从此两个人成为好朋友。

五、为了他。某公司两名职员，甲性情粗暴，乙温和善良。乙为了不与甲结仇，对他百般迁就，但甲就是不领情。后来乙想出一个"为了他"的办法——为了他多买一个便当，为了他主动倒一杯热茶，为了他早早把办公室的冷气打开，为了他把一些事情都简单化……日子一久，粗暴的甲终于被感动，向乙致歉，从此相处融洽。

树木受水则茁壮，金银受磨则光亮，
万物受获则可爱，为人受谏则成功。

总之，说服人要让他心甘情愿，上述五法不妨一试。

拒绝的艺术（一）

在我开山建寺之初，经济非常困难，本山功德主南丰钢铁公司的董事长潘孝锐居士将一颗印章交给我："需要用钱时，你拿着印章，随时都可以到银行去取钱。"但他的印章放在我这里几年，我从来没有用过一次，后来还是还给他了。你说我有困难吗？的确有困难，但是我不能动用他的印章。

在社会上与人相处，你找我帮忙，我请你协助，这是很自然的事，但有时候难免因为无法全部满足别人的要求而有拒绝的时候。

拒绝是很伤感情的事，例如他希望你花一点时间帮他做一件事，或者请你从中介绍、搭个线帮忙找一份职业，或者家有急需，想要跟你借一些钱，或是借个东西。有的人对于别人的求助，毫不体谅他人的处境，断然拒绝，这不是处世之道，所以拒绝要讲究一点艺术，兹有四点看法提供如下：

一、不要断然地拒绝，要有代替。你要跟我借一本书看，我说："唉，那本书刚好被借走了，不过我可以借给你另外一本。"他想借一张桌子，你就说："正巧那张桌子有人在使用，我就把长条桌借给你吧。"有人要你说项，你可以说："我的力量不够，如果你找更有力的某某人，或许更有助于多管闲事，无异自找麻烦；
多说闲话，无异自讨没趣。

事情的解决。”听者或许不全然满意，但你有代替的语言、方法，他也会感谢你的善意。

二、不要直接地拒绝，要能婉转。别人有求于你，不是直接一句“不可”“不行”就能解决问题，需要婉转说明。例如，他想借用一下你的汽车，你说：“对不起，汽车正在工厂维修，大概需要一个礼拜的时间。”或说：“最近这辆车经常出现一些毛病，恐怕用起来不安全，你还是另外借一辆比较好。”有人想要跟你约见，如果你直接拒绝，恐怕别人认为你架子太大，你可以说：“对不起，我最近感冒生病了，医生说不能会客，请见谅。”因为你的婉转说明，对方容易下台，他也不会轻易生气。

三、不要无情地拒绝，要有帮助。朋友想要跟你借10万元，你可以说：“真抱歉，我最近生意不好，手头也很紧，不过我可以借你2000元应急一下。”有人向你介绍某个社会公益团体，希望征求发起人，每人一万元，你可以说：“很抱歉，我这个月没有力量，不过我可以代为找一个朋友出一份。”

四、不要傲慢地拒绝，要有同情。有一些画家经常接到各方的化缘，希望能捐一幅画义卖。其实画家本身生活并不宽裕，经常面对社会各项劝募，也是穷于应付。但是如果拒绝，又怕被批为傲慢，这时可以说：“我非常想响应你们的善举，也深知你们募款不易，只是我现在时间很忙，有一些既定的事要做，所以希望留待他日有机会再结缘。”你如此认同、体谅他们的辛苦，纵使拒绝，也能获得对方的谅解。

拒绝实在是一门很大的学问，既不能断然拒绝令人失望，也不能直接拒绝让人难堪，能够拒绝得给人欢喜、让人接受，那就是拒绝的艺术了。

拒绝的艺术（二）

20世纪70年代，一次跟电视台共同制作《甘露》节目，我们还特意在播出前，在报纸刊登广告，周知信众收看。可是冷不防地，播出当天一早，我接获通知说："这个节目不准播出！"我急忙赶到电视台，请教负责人："节目怎能说不播就不播呢？"想不到他回答我："和尚不能上电视！"我说："电视连续剧里不也常有很多的和尚出现吗？"他竟然理直气壮地回答我："他们是假和尚！"真和尚不可以，假和尚却可以，你说这个世界还有什么公道可言呢？

人在世间，不能单独存在，要靠各种因缘关系的助成才能生存。即使花草树木，也要有阳光、空气、雨水、土壤等各种因缘和合，才能开花结果。

勤劳的农夫要有农具才能耕耘，音乐家需要各种乐器才能演奏，歌唱家也要有群众聆听。人需要有因缘才能生存、发展，所以有求助之事非常正常。但是求助有当与不当、正与不正的分别，甚至有该与不该、可与不可的情况。面对求助者，有时自己能力不足或理念不同，不能满足对方的要求，拒绝也是无可厚非的事。只是拒绝也要有艺术，到底该不该拒绝也要视情况而定，例如：

一、贸然拒绝是思考不周。有人向你提出请求，希望给他一些帮助。如果对方求助的理由很正当，自己也有能力助其一臂之力，这时应该成就好事，彼此结缘才对。但是有些人缺乏慈悲心，不善于体谅别人的苦处，只要一听到别人有求于他，完全不经思考，就贸然地予以拒绝。贸然拒绝，可能由于一时考虑不周，拒绝太快，因而造成不好的结果，甚至遗憾终生，所以不能不慎。

二、断然拒绝是自绝后路。有的人生性孤僻，为人自私，心中所思所想，只有自己的利益，完全不肯跟人结缘，因此遇到别人有所求时就断然拒绝。例如，邻居有一块地想要兴建房屋，就缺旁边你所拥有的一块畸零地，邻居请你出售，照说应该助成好事才对，可是你偏要刁难，断然拒绝。其实，断然拒绝是自绝后路，因为人是彼此因缘关系的存在，完全斩断因缘，不肯广结善缘，所谓“十年河东，十年河西”，世界是无常变化的，时运会改变社会，万一有朝一日自己有求于人时，遇到同样的情况又该怎么办呢？

三、委婉拒绝是对人的尊重。在拒绝别人所求时，要顾念他的尊严，要思考他的深意，得当的要给予赞赏，不当的要婉言忠告。总之，拒绝别人也要让他心服口服，让他感受到受人尊重，千万别造成难堪尴尬的场面。能够获得对方谅解，这才是最高明的拒绝。

四、替代拒绝是给人希望。别人对你有所求时，能够满其所愿，彼此皆大欢喜，最是圆满。但事实上，我们很难事事满足别人所求，这时可以有替代的拒绝，例如他要求金钱帮助，你可以说：“我现在经济也不宽裕，不过我有一幅字画，可以提供给你义卖。”别人邀请你出席他的新书发表会，你刚好有要务在身，不能亲临会场，这时可以赠送花篮祝贺或是代为介绍适当的人选出席。能够有替代的拒绝，就不致让对方难堪，也不会因此结怨。

·佛光菜根谭·

人我是非，能给我们再造的机会；
逆增上缘，能给我们成功的助力。

求人很难，拒绝别人也不容易。求助者要思考对方的困难，拒绝者也要体谅、尊重求助者的心情。人间能够相助相成、相互因果是非常重要的。

做人的修养

做人确实很难！你有学问，他批评你不会做事；你对他没有礼貌，他还给你脸色；你对他奉承，他认为你是有求于他。你贫穷，他怕你对他有所求；你富有，他怀疑你要以金钱买动他。

个人招牌（一）

慧龙法师在宜兰雷音寺担任住持时，有一次寺里扩大举行弥陀佛七，很多信徒特地从各地赶来参加。七天的法会结束后，大门外留下一辆来历不明的轿车，一直没有人来把它开走。古道热肠的慧龙法师恐怕车子朽坏，每天都将引擎发动，并且清洗擦拭。不知不觉，四年过去了。一天，杜宗良从台北来宜兰办事，经过雷音寺门口，惊呼："啊！这不是我的车子吗？"原来他四年前将车子停在这里，被朋友载到别处去，后来竟忘了停车的地方，以为再也找不回来了。当杜先生坐上驾驶座时，发动引擎，发现性能竟然比以前还要好，喜出望外。他非常感激，订购了一辆一模一样的崭新的轿车捐赠给雷音寺，自己将旧车开走了。

现代的商业都很讲究广告、招牌，尤以"金字招牌"或是历经岁月不倒的"百年老店"为荣。但商业招牌也不一定都要"倚老卖老"，若能创意新奇、物美价廉，也可以成为招牌。除了工商经营需要商业招牌，现代人在社会上立身处世也要讲究招牌。人生应该要以什么为招牌呢？

一、以形象为招牌。一个人的形象好，就是一块很好的招牌。例如，讲到某人，大家都说他很守信用，信用就是他的招牌。提到某人，大家不约而同地竖起大拇指，称赞他很诚实、很敬业、很有爱心、很容易和人相处、很随喜随缘，他树立了这些形象，就树立了很好的招牌。

二、以德学为招牌。要想打响自己的招牌，不能忽略德学的重要。一个人的人格要让人尊重，一个人的学问要让人钦佩，道德、学问是非常重要的招牌。学者、专家以专业的知识作为招牌，官员以清廉勤政作为招牌。公职选举，民众的一票要投给谁，就看谁的这一块招牌是什么字号。一些大公司、大团体，甚至自己开设一家小饭馆，都要讲究服务为招牌。一个人知识学养丰富，尤其人格高尚、待人诚恳厚道，都是推销自己的最好招牌。

三、以人缘为招牌。一个人的招牌好不好，先听听人家的口碑，先了解你的人缘好不好。口碑好，就表示你已建立了很好的形象；人缘好，这块招牌就更加光彩了。口碑就是社会的舆论、社会的风评，你做人如何，别人都要看社会对你的风评与舆论如何。这是一个服务的社会，要讲究服务，才有人缘，所以你的人缘好不好，就是你对社会有多少服务，有多少奉献。你能给人帮助，就有好的印象，就能有好的缘分；有人缘的这块招牌打响之后，你竞选公职或是旅行世界各地，都会有好的因缘。

四、以勤奋为招牌。内在的招牌，形象、美德都有了，招牌要能放光，还要有实际的行动表现。勤奋就能使你的招牌放光。过去的帝王五更上朝，不能迟到；大臣们要勤于奏章，也不能尸位朝廷。现代的人讲究工作效率，别人一周的工作，你只要一天就能做好；别人要半天完成的事，你能化繁就简，一两个小时完成。这不但能表现你的智慧，还要勤劳才能有此成果。

一个人求职、创业，乃至做任何事情，都要看你的这块招牌有多大的知名度，有多少的发光体。只要你平时做人形象好、德学皆备、结的人缘

·佛光菜根谭·

事，无法要求“完美”，
但至少要能“完成”，才算尽到己责；
人，无法要求“万能”，
但至少做到“可能”，就能堪受担当。

多，而且奋发有为，自然能树立起自己的优良招牌，而且能到处受人欢迎，赢得别人的肯定。

个人招牌（二）

有个叫花子向一个顾问公司请教如何发财。顾问公司的董事长面授机宜，告诉他要树立品牌：以后不管到哪里乞讨，只能讨一块钱；如果有人给两元，要坚持退回一元，无论如何只能拿一块钱。叫花子如此这般实行以后，果真树立起品牌，很多人慕名来到他乞讨的地方，纷纷给他一块钱，他也因此致富。

说到品牌，政治人物要树立公正无私、清廉正直的品牌；教育界人士要树立有教无类、诲人不倦的教学品牌；工商企业界要树立老少无欺、货真价实的商业品牌。

其实任何人都需要树立品牌。儒家的四维八德可以成为吾人的品牌，佛教的四无量心、八正道也可以成为我们的品牌。兹再列举八点作为吾人的品牌：

一、忠诚。不管时代如何变迁，也不管机构大小，只要有领导人和被领导人，工作者对领导者的忠诚，被列为第一品牌。一个下属人员，如果经常反对领导者，破坏了品牌，以后还有谁敢雇用他呢？

二、勤劳。不管从事何种职业，勤劳是每一个人最重要的品牌，经营

· 佛光菜根谭 ·

生活中，值遇黑暗，才能显出光明的可贵；
正义时，受到毁谤，才能显出人格的芬芳。

者不会愿意请一个好吃懒做的人来工作，必定欢喜一个勤劳奋发的员工，所以勤劳奋发的品牌非常重要。

三、温和。现代的机关聘请人员，都要了解这个人性格温和与否。如果一个人性情强悍，好与人斗，就难以和同事和合共事，所以温和无争是领导者重视的品牌。

四、谦虚。一个工作人，必须要有自信，但不可傲慢；傲慢的人再有才华，也不易为人接受。所以谦虚、礼貌是必备的品牌。

五、乐观。做人，最怕每天忧愁满面，把悲伤、苦闷的情绪传染给别人，所以应该要用乐观开朗的态度与人往来，进而带动团队的欢喜，这是每一个人共有的品牌。

六、热心。重视品牌的人不能自私，对他人尤其对团体更应该热心，给别人助缘，别人就会肯定你，所以热心助人会成为你成功的很好品牌。

七、信用。在所有品牌当中，信用是最好的品牌。人无信不立，人能树立信用，就好像是自己的金字招牌；一个人的价值有多少，就看他有无信用的品牌。

八、孝顺。过去有谓“忠臣出于孝子之门”，如果是孝子，他对于做人处事必定都有分寸。所以，孝子的品牌，在人的一生当中也是不可或缺的。

人能树立自己的品牌，比什么都来得重要。

君子之道

我有一位弟子，他得到耶鲁大学博士学位后，兴高采烈地回来：

“师父，你看，我拿到博士证书了，以后要做什么？”回想过去他还在念书时，每次寒暑假回来，我身边的人都会说“我们的准博士回来了”，并且鼓掌欢迎他。如今他毕业了，前来问我要做什么，我只说：“要学习做人。”

君子的行为是怎样的呢？一个有道德的君子，他的所说、所做处处都会为人设想，不会有无理的要求，更不会强制他人的行为。他尊重每个人的人格特质，包容异己。所以君子是有德之人，随顺自然，量才为用。“君子之道”有四：

第一，君子不责人所不及。人有贤愚不等，能力大小不一，等于五个手指头伸出来，自有长短功用。团体当中有能干者、不能干者，能力大小分别，不责人所不及，不任意责备他人。学问不如我者，能力不如我者，鼓励提携，给予他尊重，给予他赞美，给予他包容，这才是有德的君子。

第二，君子不强人所不能。一个君子自我要求以身作则，力行身教，不会勉强他人做不想做的事或做不到的事。好比有人不会讲话，逼他上台教书；不会唱歌，叫他开口唱歌；不会画画，要他拿笔作画，这都是强人所难。人并非万能，包容他人的不能，尊重启发他人的能处，这是君子令人赞佩的美德。

第三，君子不苦人所不好。君子具有宽恕之美，对自己要求严苛，尽量满人所愿，对别人则随顺因缘，不带勉强。君子处人，不勉强好静者逛街买市，不勉强木讷者开口畅言；喜欢大自然的人，邀约他游山玩水；爱好艺术的朋友，提供相关信息，适其性情，随其所好予以安排，不要求他一等根器的人，凭着崇高理想而行事；
二等根器的人，凭着常识经验而工作；
三等根器的人，凭着自己需要而生活；
劣等根器的人，凭着损人利己而苟存。

人做不欢喜之事。

第四，君子不藐人所不成。一个有德的君子知道每个人各有其特质，各有其司所要，因此他不轻视别人，藐视无成。他看人之好，不看人之缺，知道世间之人必有一处长于自己，如《法华经》常不轻菩萨所说“我不敢轻视汝等，汝等皆当作佛”。人人皆有佛性，即便是烧火扫地者，也会有强过我之处。因此，君子不看轻一人，不藐视一人。

这四点“君子之道”，也是吾人生活中与人相处之道。

涵养

1964年的美国，民主党的总统候选人约翰逊在共和党候选人高华德的故乡做竞选演说时，被拥护高华德的一块标语牌撞肿头部，事后约翰逊对关心他的人说：“在拥挤的情形之下，常常是这样的。”高华德在竞选期间所受的难堪更有过之。有一次，当他在拥挤的人群中挥着双手向民众打招呼时，不知从哪里掷过来一枚鸡蛋，蛋壳击碎在他脸上，蛋清随即在他的脸颊上蜿蜒下流，高华德用一只手去揩拭，另一只手还在那儿不停地挥着向民众打招呼。过后，记者问他心里有何感想，他只轻松地说：“希望以后用蛋掷打时，不要用坏的蛋，请选一枚好的。”

人要有涵养，有涵养的人才能得到人家的尊敬，受教育、求知识、广见闻，都是为了让人有涵养。有涵养的人讲道理、讲礼仪、讲尊重、讲恭敬、讲谦虚，凡举手投足都能见出他的修为与教养。至于如何才能有涵养，有四点意见提供参考：

第一，水深可以行船。人有多少内在涵养，可以用语言试探；水有多少深度，可以用竹竿测得。水深才能行船，全世界的军港、商港都有其一定的深度标准，才能供军舰、商船停靠。深山才能长丛林，水深才能养大鱼。假如吾人的涵养能像水一样深，就能让各种朋友聚集来投靠我们；假如我们有涵养，一言一行都能表达深度，就能得到别人的尊敬。

第二，波静可以清明。水本来平静无波，平静的水遇到石块就会激起浪花，平静的水遇到起风就会掀起波浪。做人也像水一样，遇到了阻碍，自己就不能理智清明；遇到了外境，无明的业风一吹，就不能自主。在波平浪静的时候，我们可以看到倒影，但当心湖里有了波浪，就不能看到自己本来的面目。所以一个人的涵养，要能禁得起障碍、诱惑、挑动等任何外境的干扰，都不为所动，那么吾人就能像一湖清水一样，所谓“风平浪静”，理智自然清明，自然不会心随境转了。

第三，淡泊可以宁静。有的人生活在动乱里，偶尔静下来反而不自在；有的人喜欢繁荣，他不觉得淡泊可贵。其实，淡泊可以使人宁静，宁静也可以使人淡泊。当吾人懂得淡泊地生活，那才真正拥有了人生；当一个人能够享受宁静的时刻，才能知道生活的情趣。人生如果淡泊生活，则没有人嫉妒；人生能宁静过日子，则没有人讨厌。所以淡泊宁静，才能通达人生的意义，生活才能有秩序、有条理地安住身心。禅门里所谓“大海之水，只取一瓢饮”，五光十色的世间，五欲六尘的诱惑，只要我自觉心安，有此涵养，那不就是最美的人生吗？

第四，琢磨可以成器。“玉不琢不成器，人不学不知义”，吾人的涵养

以静心对动心，以好心对坏心，
以信心对疑心，以真心对妄心，
以大心对小心，以无心对有心。

·佛光菜根谭·

也不是一日可以达成的，也要禁得起生活的折磨与岁月的考验。所谓“白玉须经妙手磨，黄金还得洪炉炼”，不能经过苦难的考验，哪里能有成功的希望呢？所以真正的涵养，不是轻心慢心，不是从游玩消遣中就能锻炼成功，必须要有信心毅力才能成功。

所以，涵养吾人生命修为的价值，是做人处世的方用。

丢丑

从前，一个弟子从美国旅游归来，他很得意地说：“我只要讲一个字，在美国就能够通行无阻。”有人好奇地问他：“一个什么字？”他就用英文说“No”，就是不可以、不知道、不懂、不会的意思。又有人问他：“为什么一个‘No’字，就可以让你在美国通行无碍呢？”他说：“例如，我在海关，他们用英文问我入境的情况，我就回他：‘No’。因为他怕麻烦，怕跟我啰唆，就批准我，让我入境了。或者在美国驾车，有违规了，警察来取缔，跟我讲什么话，我都跟他说‘No，No’，意思是说，你讲的英文我都听不懂，他也嫌我麻烦，就把我放行了。”就这样，过了不久，他又到美国去旅行，但这一次，我从别人那里听到说，他被美国的警察机关逮捕了。因为“No”不能走遍天下。

人总想把好的一面表现给别人看，丑的一面则希望加以掩饰，所以有人这样形容：动听的语言背后蕴藏着多少的坏心，美丽的容颜背后包藏着丑陋的灵魂。

世间的人都怕丢丑，有的学生成绩不理想，不想让家人知道，觉得那会丢丑；男生追求女生，最顾忌在女朋友面前丢丑。说到丢丑，其实有些事并非丢丑，吾人应该正确认识清楚；有些事确实是丢丑，也不能不懂。以下试举十事：

一、没有金钱财富不丑，没有人格道德才是丢丑。一个人有无金钱财富，与别人没有多大关系；但是没有道德人格却会被人看轻，这才是丢丑。

二、没有知识学问不丑，没有正派行为才是丢丑。没有知识学问，只是自己识浅；没有正派行为，却会侵犯别人，会被别人歧视，这才算丢丑。

三、不擅语言讲话不丑，专讲别人坏话才是丢丑。一个人不擅言辞，逢人不善于言语表达并不可耻，只要能多做好事，一样会受到别人的赞美。但是如果能言善道，却一再讲别人的坏话，人家就要反击你，那才是丢丑。

四、没有好的面相不丑，没有良好行为才是丢丑。所谓“人丑心不丑”，心意善良，行为端正，怎么会丢丑呢？反之，行为不检，被人鄙视，才是丢丑。

五、没有好的命运不丑，没有好的良心才是丢丑。命不好会赢得别人的关心，但是没有良心就要遭人议论了。

六、没有正当职业不丑，做不正当职业才是丢丑。一时没有找到适合自己的职业，没什么大不了，可以慢慢再找；但是如果从事不正当的职业，杀盗淫妄的事情做多了，人人愤慨，这就丢丑了。

七、没有善朋好友不丑，没有好的人缘才是丢丑。一个人走到任何地方，如果没有人愿意和他共事、讲话、来往，必定是品德有缺，也就丢丑了。

能够战胜别人，要靠自己的力量；
能够战胜自己，要靠自己的智慧。

八、没有健康身体不丑，没有勤劳性格才是丢丑。身而为人，丑陋残缺都不为过；但是若不肯勤劳，不发心工作，懒惰懈怠就会丢丑。

九、没有善名美誉不丑，到处恶名昭彰才是丢丑。没有善名美誉没关系，只要本分做个小人物就好；但如果是个大人物却恶名昭彰，那就丢丑了。

十、没有父母儿女不丑，到处惹人讨厌才是丢丑。父母失去儿女，或是儿女失去父母，这不算丢丑；倒是儿女满堂，出外却到处惹人讨厌，这才是真正的丢丑。

丢丑会被人取笑，所以丢丑的人会感到可耻。其实，一时的丢丑无妨，只要能知耻、知惭愧、知反省，必定可以增加自己的美德，日后别人自然会对你刮目相看。

五种非人

5岁那年，一个寒冷的冬夜里，我们全家人围聚在火炉边闲话家常。这时舅舅讲故事："在很久很久以前，山林里住了一个可怜的老公公，孤苦无依，没人照顾，每天都过着很穷很穷的日子，吃也吃不饱，穿也穿不暖……"我情不自禁地流下眼泪。等到故事讲完了，大家发现我在桌子底下哭得眼睛都红肿了。母亲焦急地说："怎么回事呢？赶快出来啊！别一个劲儿地躲着哭！""老公公好可怜啊！我们应该去帮帮他。"我哭着说。"唉！傻孩子！这是讲故事，不是真的。"舅舅笑了。我不相信，央求家人一定要帮助这个老公公。大家拗不过我，只好冒着冷风，带我到街上买点心送给我的外公刘文藻老先生，并且指着他说："我们说的老公公就是他啊！"我这才放心地回家。

常有人问"佛陀会不会骂人"，答案是"会"。只是，佛陀骂人很有艺术，例如在《增一阿含经》里，佛陀举出五种人：应笑而不笑，应喜而不喜，应慈而不慈，闻恶而不改，闻善而不乐。佛陀称这五种人为"非人"，也就是"不像人"。为什么佛陀称这五种人为非人呢？因为：

一、应笑而不笑。经常可见，在大众的场合里，大家谈天说笑，气氛很融洽、很欢喜，偏偏有人就是紧绷着一张脸，不肯笑，让人觉得很煞风景。这种人往往性格古怪，不随众，甚至个性偏激，行为举止总是跟人不一样，所以在大众里就没有人缘。因为应该笑的时候偏不笑，不能合群处众，因此说他不像个人。

二、应喜而不喜。应该欢喜的他不欢喜，比方你要做好事，这是应该欢喜的事，但是他不欢喜，这种人在团体里也总是不得人缘，甚至惹人讨厌，因为应该要随缘、随喜，而他古怪不合众，这也不是做人之道。

三、应慈而不慈。"恻隐之心，人皆有之"，但是有一种人应该发起慈悲心，应该给人一些救济、帮忙的时候，他一点慈悲心也没有。所谓见死不救，没有怜悯心，没有同情心，对人不慈悲，这一种人也不像人。

四、闻恶而不改。人非圣贤，知过能改，善莫大焉。但是有一种人，有了过错不但不肯改，反而为自己的短处、恶行找出很多理由护短。这种人因为不肯改过迁善，所以一直愚痴、迷惑，不能见贤思齐，不能进德修业。不肯改过、不肯认错的人，难以获得大家的喜欢、接受，所以也不像

·佛光菜根谭·

人，有了表情，就像甘霖遍洒旱地，
一切都会活过来；
心，能够会意，如同春雷响彻天际，
一切都会醒过来。

个人。这种人在团体里，如果大家姑息他，也是不当。

五、闻善而不乐。听到人家做好事，他不欢喜，甚至看到别人做好事，他不但不随喜，反而故意说一些讽刺挖苦的话。例如，你出钱修桥铺路，他会说："自己都没有饭吃了，还要去修桥铺路。"你帮别人的忙，他说："自己都泥菩萨过江了，还要帮别人的忙。"他总是在人家做好事的时候，专门说一些风凉话，这种"闻善而不乐"的人，也是非人也。

以上这五种非人，如果大家都能经常自我检视，有则改进，无则加勉，自能做一个真正的善人、真正的好人。

情感表达

16岁那年，我将思父之情宣泄在作文簿上，题目为"一封无法投递的信"。当时任教国文的圣璞法师阅毕，在评语栏中写道："铁石心肠，读之也要落泪。"他还花了两个钟头在课堂上念给同学们听。对于这种厚爱，我已是感激不尽；没想到过了半个月以后，他高兴地拿了一沓报纸给我看。原来，他在课余时将这篇文章誊写在稿纸上，并且投邮到镇江《新江苏报》，竟获连载数日。虽然老师当时什么也没有说，但是我心里明白他之所以在报纸刊登后才让我知道，是为了怕万一不被录用会伤害我的自尊。老师这种慈悲后学的风范令我感动不已，后来我一生都以他这种为人着想的精神待人处世。

人是有感情的动物，生活起居、往来之间都要用情感来表达。例如，中国人用微笑、握手表达，西方人惯以献花、拥抱表达，佛教徒则用合掌、爱语、赞叹来表达。但是也有人用情绪化、憎恨、恶口甚至暴力来表达感情。感情如果没有理智来领导，不但别人不欢喜，自己也不好受。如何将自己的感情表达得宜，有四点贡献给大家：

第一，要感性更要理性。我们立身处世，太过理性显得冷冰冰，过于感性又太过热烘烘，容易冲昏自己。感情处理不当，变成染污、盲目，人心的自私、烦恼、伤害等就会因此引发，乃至有时候自己跌进火坑里都还不知道错在哪里。因此，理性时要带一些感性来圆融，感性时也需要有一些理性来驾驭，合乎中道才能安全。

第二，要看开更要看透。佛教讲“缘聚则生，缘散则灭”。情爱本身也是因缘聚散，不可能永恒不变的。因此有缘相处时，彼此真诚对待；缘尽情散了，保持风度各奔前程。只有两个人的感情世界是非常狭隘的，何必钻牛角尖，想不开，看不透，只为某一事、某一人烦恼，甚至造成无可挽回的悲剧？不如将感情的窗子打开，把爱的对象扩大，才能看到更多美丽的人间风貌。

第三，要乐观更要达观。人一生大半都受情感左右，无论人际往来、是非得失，甚至生死存亡中，都有喜怒哀乐，我们要以什么样的情感面对，关键就在我们的选择。如果每天愁云惨雾，日子怎么好过呢？不如换个角度，把乐观、欢喜带给别人，不要把烦恼悲伤传染给别人，才会有快乐的感情生活。

第四，要开发更要开心。感情如土地，需要开发，才能培植、成长。对父母的感情要开发，才懂得感恩孝顺；对儿女的感情要开发，才能发挥父爱母慈；对朋友的感情要开发，才懂得奉献包容；对国家社会的感情要开发，才能爱国爱众。因此，我有慈悲，就将慈悲开发出来；我有欢喜心，处世要有大无畏的勇敢，行事要有大格局的前瞻，做人要有大气度的担当，修行要有不退转的精神。

就将欢喜心开发出来；我有信仰，就把宗教情操开发出来。这样，人生就会充满乐观开心。

古人云："精诚所至，金石为开。"对人有真实的情感，就能真诚待人，以慈悲、关怀的真心去帮助别人，提携别人。言行都是真情流露，慢慢地就能近悦远来，连顽石都能为真情所感，何况是万物之灵的人类？能以上述四点来面对，我们的感情会开阔与升华。

待人的修养（一）

有一位学僧对无德禅师说道："在您座下参学，我已感到够了，现在想跟您告假，我想去行脚云游了。""是什么够了呢？""够了就是满了，装不下去了。""那么在你走之前，去装一盆石子来谈话吧！"学僧把一大盆石子拿来。禅师问："这一盆石子满了吗？"学僧答："满了。"禅师随手抓了几把沙掺入盆里，沙没有溢出来。禅师问："满了吗？""满了！"禅师又抓起一把石灰掺入盆里，还没有溢。禅师再问："满了吗？""满了！"禅师顺手倒了一盅水下去，仍然没有溢出来。

人，有种种心、种种性、种种行、种种德。就修养而言，有君子有小人；就长幼而言，有长辈有晚辈；就能力道德而言，有智愚贤凡等不同。在很多不同的人当中，我如何待人，也要讲究待人的修养。在《菜根谭》

里有四句话说得很好：

第一，待小人，难于不恶。“小人之心私而刻”“小人乐其乐而利其利”“小人欲人同其恶”，小人的嘴脸令人一见就觉嫌恶。小人令人讨厌，因为小人的行径有时比坏人还令人不耻。小人自私自利，善于逢迎拍马，是标准的“墙头草”。小人对人，表面上装出一副忠心耿耿、至诚恳切的样子，实际上骨子里却暗暗在打着主意陷害你，所以有“宁愿得罪君子，不可怠慢小人”之说。小人实在难以令人不生气、难以令人不嫌恶，因此当我们遇到小人的时候，自己要明察，要谨慎，以免得罪小人而惹来后患无穷。

第二，待君子，难于有礼。相对于小人，“君子之心公而恕”“君子贤其贤而亲其亲”“君子欲人同其好”。君子礼贤下士，待人亲切平和，做事低调，不喜张扬。君子有时纵使受人奚落，他也不以为意，因此一般人对待君子往往疏于应有的礼节，以为他是一个君子，就可以不必跟他太过拘礼，于是态度马马虎虎、随随便便。其实，君子虽然无求于人，但是对一般人我们都要注意应有的礼数了，何况对待君子更不能失礼。

第三，待下者，难于和颜。长幼有序，尊卑有分，这本是人伦之道，无可厚非，但切不可成为阶级观念，以此作为待人的标准。例如，对待年龄比我小、职位比我低、资历比我浅、能力比我差的人，很难和颜悦色、亲切以对。甚至这个人学问比不上我，经济条件也不如我，往往容易生起贡高我慢的心而看不起他。其实，职位或有高低，但每个人的人格是平等的，因此待人要亲切，要一视同仁。

第四，待上者，难于无谄。水往低处流，人往高处爬，这是物性，也是人性之常。人本来就应该要懂得上进，但上进之道要靠自己努力勤奋，做出成绩，才是可贵。只是现在不少的年轻人希望平步青云，往往靠着攀成见愈少，生命愈宽广；
偏见愈少，思想愈开阔。

·佛光菜根谭·

龙附凤、依附权贵，以此作为进阶之梯。于是对于地位比他高、身份比他大的人，不去阿谀谄媚，不去逢迎拍马，确实很难。俗语说："一个人的学问有多少就是多少，半点冒充不得，但是修养有时四两可以充半斤。"

要论定一个人的道德修养，有时很难有标准，不过《菜根谭》里的这四句话却一针见血地点出人性的弱点，很值得参考。

待人的修养（二）

1964年，日本首相池田勇人因喉部有癌症的病征而住进日本国立癌病中心，经过诊察疗治，主治医师公布说："池田首相必须少开口说话，应在家休养。"池田勇人深悉国家大事不能因一己之私拴系于一个病人的身上，毅然宣布辞职引退。于是首相遗缺的递补成为日本政坛上的大浪潮，在自由民主党中河野一郎和佐藤荣作是有力的候选人。这两个人和池田勇人的关系是：前者向为池田勇人所偏爱，后者则是池田勇人在当年七月中竞选自民党总裁时的强硬对手。池田勇人经过磋商、考虑，终于推荐实力能力都更胜一筹的佐藤荣作为首相继承人。

人要有所作为，必须发大心、立大志、行大愿，摒除一切人我是非，则周遭的一切都可以变为成就我们的因缘。至于如何才能圆融人际关系，首须注意与人相处之忌，有四点说明：

第一，攻人之恶毋太严。世界上没有十全十美的人，也没有永远不犯谦退是保身第一法，倨傲易伤身；
涵养是待人第一法，粗鄙易伤人；
安详是处世第一法，急躁易坏事；
恬淡是养心第一法，贪欲易染心。

错的人。当别人有了过错、缺点或是不良习惯时，我们要纠正他、规劝他，但不能过分严厉地指责他、攻击他；太过严厉则如同恶狗，你打它，它更咬你。所以“论人之恶勿太过，要思其堪受”，凡事留一点余地给人，这也是做人应有的厚道。

第二，教人之善毋太高。人类文明所以能不断进步，是因为有教人的胸怀，才能把经验传承下来。但是有的人热心过度，一心想把自己所能倾囊相授，例如教人计算机、打字、音乐、绘画等。甚至要求人要有道德、有慈悲，要如何做人、处事，等等。教人本来是很美的善事，不过“教人之善勿过高，当使其可从”。你要求太高、太多，他做不到，就觉得很辛苦，甚至感到厌烦，干脆不学了。所以循循善诱，因材施教，才是教人之道。

第三，称人之是毋虚伪。称赞别人是一种美德，但赞美要得体，不能过分，不能虚伪，否则反令人有一种被讽刺的感觉，不但适得其反，甚至还可能被讥为拍马屁。例如，对于一个很有慈悲心的人，你就直接赞美他很慈悲，而不要说他很有智慧；对于一个长相平凡的人，你可以称赞他很有气质，但不要说他很美丽。所以称赞要恰如其分，要出于真诚，千万不可虚伪。

第四，责人之非毋武断。世间的是非、好坏、对错，并非全然绝对的，有时候因为立场不同，对同一件事就有不同的看法和见解。所以当我们责备别人的不对时千万不能太武断，不能只站在自己的立场判断是非，何妨换一个立场想一想别人，也想一想自己。一个能举千斤之重的人却不能自举其身，这是明于责人、昧于恕己者最好的例证。

“知人之过易，明己之过难；责人之失易，省己之失难”，人我的相处以不违情理为自然。能够处处不搅人我，自然没有是非。

过去大醒法师曾经告诉我，凡是信徒供养他的钱，若信徒说“师父，这个给你吃茶”，他就在红包上面写着：“这是吃茶的钱。”若信徒说“师父，这供养给你吃水果、买水果”，他就在上面写着：“这是吃水果、买水果的钱。”他说不能把信徒给的净财弄混了，会错乱了因果。因此，他总是吃茶的吃茶，吃水果的吃水果，功德分门别类写好用途。但在我认为，钱财是相通互用的，只要是善于利用，给你用、给他用都是一样的。

处世八法

经常听到长辈教导晚辈，要学习做人处世；每个人也都知道，人要会处世做人。就处世之道提供八法给大家参考：

一、亲切。人和人见面，为了表示亲切，微笑、颔首、点头、握手，甚至总要说上几句问候的话，才能让人感受到你的亲切。有的人不会做人处世，见到人板着脸孔，不发一语，如此就难以获得友谊了。

二、礼貌。对人礼貌，就表示关心、尊敬，让对方觉得我重视他，所以语言上的祝福、赞叹、关怀、问候，只要礼貌到了，自然“礼多人不怪”。

三、和谐。与人共事、出游，或相处的时刻，最重要的是和谐。和谐要从语言上谦让，事业上协商，让对方感受到被尊重，则彼此共事往来，处世就不为难了。

四、恭敬。人都希望受人尊重，父母希望儿女恭敬，师长喜欢学生恭若能以“牛马”精神服务大众，必为大众尊敬；
若能以“龙象”姿态成就事业，必为社会中坚。

敬，长官更喜欢部下恭敬；甚至朋友、同事给我们的友谊，我们也必须对他恭敬。所谓“恭敬”，就是要尊重他的发言，尊重他的辈分、地位、意见，不可随便否决。

五、帮助。人和人往来，彼此要互相帮助。大家在挤火车，你要靠我推你一把，你才能上去；大家在谈论人事，你要靠我帮你说一句好话，也许就能得道多助。你出门办事，也要我代为照顾门户，甚至你的小儿小女，也希望我能帮助你给他们一些亲切关怀。总之，助人为快乐之本，帮助别人是处世的不二法门。

六、友谊。处世，善于此中三昧的人，会懂得争取别人的友谊。他喜欢什么，我要重视他；他的兴趣，我要尊重他；他的喜好，也要顾念他；他的需要，更要助成他。懂得从处世中争取别人的友谊，将来交往共事就不会感到为难了。

七、喜舍。做人处世不可一毛不拔，处世圆融的人，要懂得喜舍。例如，别人过寿、喜庆，应该要有礼仪相敬；偶有来往，率先付费。你能喜舍，自然会获得友谊。

八、理则。做人处世，并非完全没有理则。处世当然有不变的原则，但也要随缘应变。例如，彼此不计较，不比较，不用语言伤害对方，不用态度轻视对方，用真诚来往，谦虚礼让，就会获得处世之妙。

人与人之间总有一些来往，有的是金钱的来往，有的是事务的来往，有的是商业的来往，有的是学问的来往，有的是友谊的来往，有的是亲情的来往。总之，有来往就会有大小不等的事情，即使是两个素不相识的陌生人，走在路上，当四目相视的时候，也总会说声“你好”“你早”表示礼貌，所以处世之道不可不知。

做好人（一）

早年间，我经常坐10小时的车，来往于宜兰、高雄之间讲经说法。那时素食并不普遍，为了解决中餐，我都在彰化下车，到一个陋巷里的小面店里吃阳春面。老板是一个木讷寡言的人，从来没有见过他和顾客说过一句话。他的阳春面每碗定价1元5角，我每次去都要他卖5元，他说："5块钱一碗，没人要吃啊！"我说："别人不吃，我吃。"所以，我每次都拿5元给老板结账。久而久之，他不要我的面钱，我说："当初是我主张卖5元的，现在你怎么可以不收我的钱？"我还是坚持照付。数十年过去了，目前他已经在那里建起大楼，当起寓公，然而由于一向习惯勤劳作务，所以仍然以卖面为业，只是随着物价的上涨，一碗卖到30元，因为料好价实，生意还是和以前一样鼎盛，客人络绎不绝，而他也依旧和往昔一样沉默不语，只顾着煮面端面，唯独看到我来的时候，才兴高采烈地主动上前招呼。

人生处世，离不开人。如何处世，才能事事顺利？必先了解人性，懂得处人之道，则处世不难矣！处世之道有四点：

第一，以言语讥人，取祸之大端。一个有道德的人跟人讲话，绝不会用语言去讥讽别人；以语言讥人，就如《四十二章经》说，一个人恶言恶语骂人，人家不肯接受，就等于送礼给人，对方不肯接受，只有自己收回来。妄语恶口的话，犹如"仰天而唾，唾不至天，还堕其面"；恶口讥讽人，犹如"逆风扬尘，尘不至彼，还坌己身"。所以，讥讽恶口，这是自取能从所得中获益，世俗之凡愚也；
能从损失中获益，升华之大智也。

其祸之端，应该戒之为要。

第二，以度量容人，集福之要领。一个人待人宽宏大量，不计别人的小过失，这是厚道之人，必得人望，自然不会得罪于人而能远祸；人生无祸便是福，所以以度量容人，这是集福的要领。平常我们总想求得福报，福报从哪里来？就是不要跟人斤斤计较，甚至被人责骂，一点也不怨怪、不计较，如此福报不招自来。

第三，以势力折人，招尤之未远。有的人位高权重，习惯用势力去折服别人，用势力去压倒别人，用势力去打击别人。不要以为这样就是胜利，其实是“招尤之未远”；有朝一日，自己一旦失势，别人必定会找机会报复。所以，以势力折人，必定招致未来不幸的后果，不可不慎。

第四，以道德化人，得誉之流长。我们不管跟任何人相处，道德为本。说话，要说有道德的话；做事，要做有道德的事；跟人合资经商、合伙事业，要把道德摆在前面，如此不但能远离过失，日久必定善名美誉，源远流长。

做好人（二）

管仲和鲍叔牙是好朋友，齐桓公要请鲍叔牙为相，管仲期期以为不可。因为鲍叔牙疾恶如仇，只能与善人交，不能与恶人来往，这就是做宰相的短处。宰相之才要能如大海一样，容纳百川，长短善恶，都能了解，所谓“宰相肚里能撑船”。

“做人难，人难做，难做人”，这是经常听到的一般人慨叹的话。事实上，做人确实很难！你有学问，他批评你不会做事；你会做事，他说你没有专长；你有专长，他又嫌你不是通才。你对他没有礼貌，他还给你脸色；你对他奉承，他认为你是有求于他。你贫穷，他怕你对他有所求；你富有，他怀疑你要以金钱买动他。你是农工，他说你低贱；你是士绅，他也会嫌你与他身份不同。总之，这样做，那样做，都不容易获得对方的好感。把人做好，这是一生的学问，有的人一生学不到做人的千百分之一二，走到哪里都被人嫌弃，最后带着遗憾离开人世，何其可惜！以下提供做人的四个妙诀，不妨实践看看，也许能改变别人对你的观感而获得友谊。

一、你对我错。平时一般人总认为“我是对的，你们都不对”。其实，如果能反其道而行，自己认错，别人都对，反而容易获得对方的认同。认错容易消除敌对；自以为是，纠纷不断。

二、你大我小。做人要靠德望、声望来受人尊敬，如果自认为大，众人不服。如同五指争大，个个都有特点；小拇指虽然最小，但是当五指合掌，是它最靠近长辈、圣贤。所以人和人相处，尊重他、赞美他，就算是辈分、职位比较低的人，也不可以小看他、轻视他。

三、你有我无。一般人的陋习，都希望自己拥有，别人有无不重要。但是别人没有，只有你有，他会放不下你；假如让别人先有，自己没有，反而获得更多的同情，甚至比拥有的人获得更多。“有”，不要太争、太计较。有权有势、有名有位，“有”是有穷有尽、有限有量；无权无势、无名无位，“无”是无穷无尽、无量无边。所以，表面上看起来，“有”比较令人羡慕，“无”会被人轻视。实际上，太阳、月亮连一间房子都没有，但可以恒常不变；千年老松在风雨飘摇中，屹立在山崖上，可以活上几千年。

少执多放心安泰，少傲多谦人缘好，
少色多德名誉佳，少私多公成就大。

黄金为人所争，因其宝贵，所以粉身碎骨；石头价值不是很高，能保持大、保持重，何其快哉！

四、你乐我苦。每一个人都希望快乐，不要痛苦。但是我快乐，他痛苦，他会放过我吗？假如通达人情的人，让他快乐，他快乐了，就不会计较我的快乐。一般在高位的人享受快乐，容易被人推翻，甚至打倒：假如你能把快乐给人，看起来是吃亏，实际上是占便宜。例如，你不愿意扫地，你休息，我来扫；碗筷很脏，你不愿意整理，我来整理。一些举手之劳、之苦，何必计较？世界之大，能经得起苦难磨炼的人，都能与松柏常青；反之，安逸一时，图快短期，容易被时代、人情所淘汰。

以上做人的妙诀，或许还不够道其妙，但是能有此观念，也够一生受用的了。

卷四 在生活中修行

粉壁朱门事甚繁，高墙大户内如山；
莫言山林无休士，人若无心处处闲。

——唐·龙牙

日常的家务

生活里时时都离不开“开门七件事”，也就是柴米油盐酱醋茶，其实就是与生命相关的七种资粮。假如生活中没有了这些能源，生命就失去了动力。

居家生活

每个人都有一个家，家是安全的避风港，家是安乐窝，尽管世态炎凉，人情冷暖，回到家中，都会有“回家的感觉真好”的幸福感。但是，也有的人认为居家像牢狱一般，因为人事不和，或是知见不一，甚至亲人成为怨憎会苦，周遭都是虎狼群聚，感觉不安全，不能自由，则家居对这种人来说就一无是处了，所以难怪成天总想往外跑。

家居，对多数人而言，热闹无比，因为家里都是至亲骨肉，人多，亲情洋溢；人少，一家人都外出了，一人在家，可以享受独居的宁静，也会觉得家真是美好。不过，孔子说“小人闲居为不善”，不会安排生活的人，忽然闲下来，就会无所事事，或是不耐寂寞，无事生非，做出一些令人意想不到的不当行为。所以居家要懂得安排闲暇时间。正当的居家之道，举出数事提供参考：

一、整理家务。趁着家人外出、家中无人之际，主动把门窗擦净，把地板扫好，把桌椅摆设整齐，把厨房里的锅碗瓢盆都清洗一番，甚至佛前烧香换水，让家人从外面回来，感到家中焕然一新，如此家人高兴，自己也有成就感，何乐不为呢？

二、赞诵书籍。居家无事，正好可以拿出自己喜欢的书籍，同时泡上一杯好茶，一边看书，一边喝茶，享受清心悠闲的读书之乐，岂不美哉！

三、打坐静修。家中无人，四周一片静寂，此时此刻，如果能够利用客厅的沙发、地板，或是卧房的床铺，双腿一盘，双目一闭，静坐片刻，事烦莫惧，可以化繁就简；
是非莫辩，可以改非为真；
操守莫亏，可以清廉自持；
因果莫负，可以事理一如。

·佛光菜根谭·

天堂之乐，也不过如此。

四、完成计划。读书的人，可以利用居家闲暇完成一篇文章；志不在写作的人，也可以为自己的工作拟订一些计划，或是与家人共同计划家中的年度行事。为自己或家人规划人生，都是很有意义的。

五、约谈好友。趁着家人不在，可以约三五个好友到家中小聚，谈心论道，也是人生一乐。

六、重新布置。家中的布置常年不变，看久了也会失去新鲜感。如果偶尔能把布置更新，例如墙上的书画换一换，桌椅方向改变一下，窗帘换新一番，都能让家人有耳目一新的感觉。唐朝刘禹锡的《陋室铭》把个书房形容得无比美好，所谓："山不在高，有仙则名。水不在深，有龙则灵。斯是陋室，惟吾德馨。苔痕上阶绿，草色入帘青。谈笑有鸿儒，往来无白丁。可以调素琴，阅金经。无丝竹之乱耳，无案牍之劳形。南阳诸葛庐，西蜀子云亭，孔子云：'何陋之有？'"

不过，现代有的人一个家不够，同时拥有好几个家。在北方有家，南方也有家；在本国有家，外国也有家。有时候家太多，成为家的奴隶，其实也是很划不来的事。

维生之计

人在世间生活，少不了衣食住行等资生物用，此中没有一项可以离开经济，所谓"一文钱逼死英雄汉"，可见金钱对人的重要性。人类从蛮荒时代就懂得以物易物，后来走出蛮荒，经过畜牧、农业、工业，乃至到了现在的信息、科技时代，无一不与经济有关。可以说，人类的生活运作，其实就是一部经济史。

人的一生，首先最需要解决的，莫过于如何维持生活；生活能维持，生命才能延续，进一步才能谈到如何发展理想，所以“维生之计”是人生首要的课题。针对怎样维生，提供数点如下：

一、开源节流。维持家庭生活，当然要有经济来源，因此人要有工作，要懂得开发财源。有了正当的经济来源与稳定的收入，还要懂得节约用度，否则再雄厚的财力也禁不起挥霍无度。所以“开源节流”是维持生活的长久之计。

二、量入为出。家庭生活要安定，每个月收入多少不是最主要的因素，重要的是要会规划、预算，要能“量入为出”，如果经常支出超出预算，“入不敷出”的结果自然会出现财务危机。

三、要有余粮。人要有“忧患意识”，晴天要备妥雨伞，以防下雨；白天要准备好手电筒，以免晚间停电。所谓“有时要想无时苦”，家有余粮就不会有断炊之苦。

四、勤劳作务。无边功德，在于一个“勤”字；最大罪恶，在于一个“懒”字。勤劳作务才能正常营生，因此训练家人养成勤劳的习惯与观念，就不怕生存无道。

五、珍惜机缘。一个家庭的发展，固然要靠家人同心协力，努力开创，有时也要靠亲朋好友给我们帮助，或是社会大环境来成就我们的机缘。不管我们曾经受惠于谁，都应该珍惜，同时要给予回报，不能过河拆桥，有时过了桥的人更应该要拜桥。

· 佛光菜根谭 ·

一碗慈心粥，胜饮人参汤；
一杯清和茶，胜喝琼玉浆；
一口菜根香，胜嚼酒肉饭；
一念思无邪，胜办满汉席。

六、会用时间。时间不但是生命，时间也是财富。春夏播种，秋冬收藏；今年耕耘，明年收成，一切都需要时间成就。时间也要懂得善用，才能发挥价值。我们要利用时间养深积厚，利用时间广结善缘，未来的路才能走得远，走得平顺。

七、建立诚信。维生不是一时的，生命是一世的，甚至还有后代子孙，是生生不已的，所以要建立诚信。家有诚信，受人尊敬；如无诚信，纵使一时的繁荣，也不能持久。

八、乐天知命。人不能过分贪求，钱财过多，不见得是福气，有时“人为财死”；名位太高，也不一定最好，爬得高，跌得重。利益再多，也要懂得分享社会大众，才能平安。从历史上看，多少豪门巨贾，富能过几代？所谓“积善之家，必有余庆”，所以维生之计必须懂得“积德重于积财”，而且要能“知足常乐”“能忍自安”，这就是乐天知命的生活。

综上八点，虽非金科玉律，却是人间的常道、常理，不应等闲视之。

理财之道

佛教并不是要大家吃苦的宗教，佛教是指示我们如何追求究竟常乐的宗教。有人以为佛教反对享乐，要大家吃也吃不好，穿也穿不好，完全不重视经济问题，信仰了佛教，社会文明不能进步。其实，这完全误解了佛教。佛教的确是呵斥物欲，是反对过分耽迷于物质享受，过分沉沦于物欲大海而无法自拔。佛教并不是漠视物质生活，其实佛教是非常重视经济、物质生活的。

人在世间生存必须要有经济基础，因为衣食要钱，读书要钱，人到无钱百事哀，甚至一文钱逼死英雄汉，金钱怎么能说不重要呢？金钱是供人生活的方便，不能为了金钱而造成许多不便。但看世间有人为了钱财而增加许多烦恼，甚至“人为财死”，殊为不智。兹提供“经济六不”作为参考：

一、缺钱不借债。在人的一生当中，有时有钱，有时缺钱，缺钱的时候就想到借贷，因为借贷而增加利息，于是更加缺钱。所以，缺钱的时候一定要咬紧牙关，宁可清贫淡泊，学习颜回的“一箪食，一瓢饮”，也不要跟人借债，以免还债时困难。

二、欠钱不赖账。无钱时，借钱支用，非常容易；欠债还钱，非常困难。但是人生有比金钱更重要的，就是信用，树立自己的信用非常重要。已经欠了别人的钱财，不可赖账；欠钱还债等于杀人偿命，这是必然的因果关系，不能不知。

三、有钱不放贷。人生时来运转，有时也会有钱。有钱可以布施，周济贫穷，帮助急难，千万不能有了钱财，就去放高利贷。人生偶尔用钱救急，用钱辅危，这是当然之事。如果有钱放贷，别人还钱，加付利息，他会痛苦；如果对方欠债不还，你会痛苦。所以还是将多余的钱用作施舍，最为安全。

四、见钱不敛财。许多贪官污吏看到别人稍有钱财，就会想方设法去贪污、搜刮。官吏看钱做事，贪污敛财，让人觉得他们吃相难看。就算不是官吏，“有钱能使鬼推磨”，只要你有钱，他就甘愿为你效劳。“见钱眼开”，这是一般常情；假如见钱能不为所动，不贪污，不敛财，这是为官之道，也是做人之道。

·佛光菜根谭·

立德、立功、立言，乃长寿之道；
信用、责任、勤劳，乃发财之道。

五、少钱不诈财。有的人缺少钱财，生活艰难，应该想正当的赚钱方法，即使打工、摆地摊、送报纸、当个小贩，都可以维持生计，千万不能诈财、骗财。一个人的生活，如果走到需要今天骗朋友、明天诈他人的地步，骗来骗去，诈来诈去，周遭的朋友、各种关系人都曾被你骗过，都曾给你诈过，以后你的生活怎么办呢？所以生活里缺少钱财，要用正当的方法去赚取，千万不能用诈骗的手法来获取不当之财。

六、多钱不共财。世间的财富，有个人私有的，有大众共有的。日月星辰、山水公园，都是大众的共财。当然，有时合伙投资，与人合资经营事业，那也是共财。共财可能不必你辛苦，可以让钱去赚钱，这当然是好事；但是共财也有许多缺点，公司倒闭了，共财被人假借各种名目用光了，你能接受这些事实吗？因此，即使是好朋友，最好也不要共财，因为好朋友借贷共财，为了钱财伤了友谊而反成仇敌的例子，不胜枚举。所以，如果你要与人共财，最好有最坏的打算，否则就算自己钱多，也不要与人共财。

以上“经济六不”虽非赚钱之道，却是生活中不能不建立的理财观念。

俭的真义

一粒米，经过农夫耕作、工人制造、商人贩卖，结合水分、土壤、阳光、空气等，积集了天地所有因缘、力量，才能成为一粒米，给我们充饥、填饱肚子。所以在丛林里，以“佛观一粒米，大如须弥山”，教育大众养成惜福的美德，精进于道业。懂得珍惜粒米，是累积财富的源头。

节俭，一向是中国人崇尚的美德，小至个人，大至一国，如《曾文正公家训》云“居家之道，惟崇俭可以长久，处乱世尤以戒奢侈为要义”。节俭与我们息息相关，关于“俭的真义”有四点意见提供：

第一，俭是穷人的财富。所谓：“穿不穷，吃不穷，算计不到一世穷。”人已穷，又不知节俭，更是穷上加穷。反之，经济上虽不富裕，但知道预算，知道节省，也会因节俭而致富。有一位员外的儿子生性奢华，每次到饭馆吃水饺，都只吃肉馅，而把饺子皮吐掉。后来家里遭祝融之灾，一夕之间家产化为乌有，沦为乞丐。有一回，讨饭到这家饭馆时，老板用饺子皮招待他，员外的儿子甚为感动，老板却说：“没什么，我只是把你当初扔掉的饺子皮捡起来洗净晒干而已。”他听了十分惭愧，于是发奋图强，谨身节用，家道又重新盈富起来。

第二，俭是富人的智慧。西汉开国丞相萧何，受封食邑一万余户，权倾朝野，却仍居茅屋陋室。他以为，我子孙若贤良，可传我俭朴家风，倘若子孙不贤，房子再华丽，也终将被权贵倾夺。宋朝鲁宗道虽位居参知政事，然因家贫，家无日用器皿肴果来宴客，因而更受宋仁宗的器重。因此，人虽富有，若不知节俭，富贵也会随着潮水流走；若知节俭，节俭就是你的智慧，让你富贵，让你平安。

第三，俭是治国的功臣。《左传》云：“民生在勤，勤则不匮。”力戒奢侈，生活俭朴不但是治家之本，也是机关团体永久经营、国家社会富强安乐的重要条件。今天的社会崇尚物欲，奢华过度，不懂得珍惜福报。殊不日日俭约，可以积谷；
年年防俭，必有储粮。
·佛光菜根谭·

知福报是有定量的，就像财产有数量，你把福报、金钱用完了，以后怎么办呢？因此，生活上克勤克俭，严禁奢靡，则家和国亦兴。

第四，俭是品格的根本。身为官员，懂得节俭，就不会贪污受贿；一个家庭懂得节俭，就不至于奢侈浪费。春秋时鲁国大夫御孙曾说：“俭，德之共也；侈，恶之大也。”司马光更以此教诫子孙：“夫俭则寡欲，君子寡欲，则不役于物，可以直道而行。”无论任何人，若能以俭自许，品德自能高尚。

“戒奢以俭”是重要的观念与品德，不但是养生、致富的秘方，更是治家、富国必备的方针，所以“俭的真义”不可不知。

生命的资粮

我们生活在人间，必须有一些资粮。就算是在深山修行，也须找到水源充沛与山果丰美之处，才能安心自修。世间有所谓“开门七件事，柴米油盐酱醋茶”，意思是日常生活要有起码的条件。一旦有了这些基本的要求，才能进一步完成生命更高层次的目标。

过去的家庭主妇，每天从早到晚忙着一家人的三餐饮食，生活里时时都离不开“开门七件事”，也就是柴米油盐酱醋茶。所谓“民以食为天”，生活上的开门七件事，其实就是与生命相关的七种资粮，略述其义如下：

一、柴——生命的热力。中国人向来习惯以热食为主，上古时代，先民发明了火，这是对人类的一大贡献。利用柴火，把东西煮成熟食，这就好比生命中的热力。人毕竟不是冷血动物，人类生命的意义，要讲究热力，有热力才能动员，有热力才能前进，有热力才能向上，有热力才能有所作为。所以，一个人的生命中，不能少了热力，就如一个家庭中不能没有柴火一样。

二、米——生命的资粮。人要维持生命，必须靠三餐饮食。人类的饮食，主要有五谷杂粮，其中又以米食居多。米煮成了饭，饭食供给人体所需的热能，让人能生存下去，不至于像打野食的动物有一餐没一餐的。如果生活不正常，性格自然难以温和。

三、油——生命的滋润。机械少了机油的润滑，转动不灵活；人的身体里少了食油的养分，营养不均衡，缺乏体力，就像机器运转不顺。

四、盐——生命的动力。任何美味的佳肴，都少不得加一点盐巴。我们不能小看一点点的盐巴，它不但能使饮食更加美味，尤其人体如果缺少盐分，甲状腺机能失调，甚至会失去生命的动力。

五、酱——生命的佐料。一道菜，有时加一点酱料爆炒一番，不但色泽更美，而且更加香气四溢；一盘美味的佳肴，有时再蘸一点酱料，更加可口下饭，所以酱是三餐不可少的佐料。就像我们的人生，不能一成不变地生活，偶尔做一些调剂，可以让人生更加多姿多彩。

六、醋——生命的免疫。醋是酸性的，一般人以“吃醋”形容女性的嫉妒，所谓“醋性大发”。其实在我们的生命里，吃醋可以增强身体的免疫力，而不至于经常患病，所以三餐偶尔也要吃一点醋。尤其喜爱面食的人，加一点醋，味道鲜美无比。主妇做菜时，加一点醋，更增美味。醋的可贵，不容曲解。

七、茶——生命的品位。西洋人喜欢喝咖啡，东方人喜欢喝茶；咖啡的刺激性，不若茶的温和滋润。中国人为了提倡喝茶，发明了茶道，客人

生活要佛法化，信仰要理智化，
处事要平和化，修持要日常化。

来了，都会请喝一杯茶，以示礼貌。茶有消暑解渴、清痰润喉的作用。一个家庭里要常备柴米油盐酱醋等，同样也要备上一杯茶，除了待客交际，有时自己疲劳了，清茶一杯，借着喝茶稍事休息一番，不但蓄积生命的能量，同时也品评一下生命的味道。

中国人的开门七件事“柴米油盐酱醋茶”，不但是生命的资粮，也是人生的动力。

饭桌上（一）

贫僧一生吃过的东西，都会难忘，都要报恩的。例如，几十年前曾在台北金枝姑的家里喝到一杯冰牛奶，有如甘露琼浆，至今难忘；七十年前在镇江“一枝春”的小面店，现华法师请我吃的一碗面，口颊芬芳，难以忘怀；又如三四十年前彰化的小面摊里，那碗只要一块五毛钱的面让我怀念不已。假如有机会，还是要回报他们。这些都是我一生中饮食的最高享受了。

吃，是吾人生存不可或缺的条件，不管热食、冷食、面食、饭食，或是西式、中式餐饮，人总是要吃，吃饱了才能生存。有人说，口是无底深坑，有的人好吃懒做，有的人甚至吃到倾家荡产。口是祸福的根源，所谓“病从口入，祸从口出”，这一张口为人生带来的问题着实不少。现在只针对吃的问题，表达意见如下：

一、吃出健康。吃本来是为了生存和健康，但有的人吃得不当，吃得太多发胖了，吃得太偏产生诸多疾病。尤其现代人多数都是重口味，吃得太油、太咸、太辣、太甜等，都对身体无益。所以现在也有人提倡健康饮食，主张少油、少盐、少糖，甚至少油炸等，并改以生机饮食，或是只吃热水氽烫的蔬菜，以清淡为主，尽量减少发胖的卡路里，可以说现代人重视吃得健康已经成为时尚了。

二、吃出品位。现代人有的吃喝无度，暴饮暴食，既浪费金钱，荒废时间，又误时误事，伤害身体。有的人吃得太残忍，例如活吃鱼虾等，乃至猜拳行令，吆喝呼喊，吃得杯盘狼藉、失仪失态。所以，如何吃得有品位，吃得有文化，也不能不注意。

三、吃出满足。有的人每天大鱼大肉，但还是吃得不满足。吃了猪肉牛肉，又想吃鱼虾海鲜；吃了蒸炒炖煮，又想烧煨煎烤，吃的花样不断翻新，但还是吃得不满足，甚至吃出无边罪过，自己并不知道。相反，有的人三餐粗茶淡饭，菜根也是香的，青菜萝卜都是珍馐美味，一盘泡菜、一碟酱瓜，也能吃出满腔的欢喜、满心的满足。就像客家人，你问他“吃饱了没有”，他都回答“我足了！”可见吃饱与否不稀罕，吃得满足才是重要。

四、吃出艺术。吃，不是吃金钱，不是吃甘肥，不是吃虚荣，不是吃排场，最重要的要吃出艺术来。以茶泡饭，就是一道美食，不过需要注意的是，要用冷茶热饭，或是热茶冷饭，才能泡出茶饭的味道，才能吃出茶饭的艺术。或者姜盐炒饭，所费不多，只要能用心把饭炒得膨胀竖立，各自分开，则盐的美味、姜的香醇，外加一杯热茶，就是人生最大的享受。懂得从朴素的生活中享受人生，就是懂得吃的艺术。

中国的美食——烧饼油条，名闻全世界，直到现在，许多海外游子在

·佛光菜根谭·

素食除了健康、卫生外，
更能长养慈悲的心地、忍辱的性格。
尤其能养成有恒的耐力，
这是世界上任何事业成功的必备条件。

他乡异国数十年，你问他最想吃的是什么，他的答案就是“烧饼油条”。因为艺术的吃法历久不衰，经得起时间的考验，所以不一定要花很多金钱才能吃到美食，只要肯动脑筋，“简食”必然是最佳的健康饮食。

饭桌上（二）

唐朝的智实大师德高望重，名震遐迩。一日，唐太宗请他吃饭，因太宗主张道教的祖师老子姓李，唐朝的天子也姓李，唐朝与道教同宗，应该将道士的座位排在前面，出家人排在后面，大师认为不妥，不肯委屈就座。太宗大为震怒，当廷用杖责打了智实大师，并且令他换上百姓衣服，流放岭南。有人讥笑智实大师自不量力，不懂进退之道，智实大师慨然叹说：“我明知势不可为，但所以竭力争取者，是为了要让后人知道唐朝有出家人啊！”

举世之间有一个有趣的共同现象，那就是“饭桌上，一切事情都好说”。因此现在大街小巷，大小餐馆林立，上餐馆吃饭，不只是为了饱食三餐，实际上“饭桌上”也有很多的妙用，略述如下：

一、饭桌上可以解决问题。有些人通过开会，用会议来解决问题，但有些事情在饭桌上更容易商量、解决，所以主其事者就会邀约相关人士，大家在饭桌上边吃边讨论。因为吃饭的时候，美食当前，气氛轻松，大家也都带着愉快的心情，对各种问题比较能客观讨论，不至于太过严苛要求而僵持。所以饭桌上能解决问题并不是没有原因的。

二、饭桌上可以联络感情。很多朋友许久未见，偶尔可以通过聚餐来联络感情，所以同学会、欢迎会、联谊会，甚至为人庆生过寿等聚会，都能联络感情。有一些生意上的同业，借助饭桌上可以谈生意，也可以联谊交流。甚至一些学者专家，可以宴请各种专业人士，在餐桌上讨论所学，也可以借机联络感情。有一些人经常挂在口边“我和某人一起吃过饭”，可以一起吃饭，就表示他们感情匪浅。

三、饭桌上可以成就好事。在餐桌上，大家边吃边谈，不必有太多的心防，也不必有太多的做作。本来素昧平生的人士可以借助同桌吃饭而互相认识，有的异性，借助饭桌上的风仪，相互欣赏，结成伴侣。在餐桌上，有的谈出志同道合，共同创业，成为同志、同事，都因饭桌上的缘分，而把大家凑合一起，成就好事。

四、饭桌上可以品尝美味。人总有嗜好，有的人讲究穿着，有的人注重居处，有的人爱好旅游，有的人喜欢艺术。饮食可以说是大家共同的嗜好，有的人嗜好中餐，有的人喜爱西点，有的人习惯中国北方的面食，有的人偏好中国南方的小菜，甚至日式的餐点、韩式的泡菜、泰式的辣味、港式的饮茶等。总之，爱辣爱酸，爱咸爱淡，都任君选择；只要大家志同道合，口味一致，都可以不时相约到餐馆大享人间美味。

五、饭桌上可以看出人性。在饭桌上，一个人的品性、修养，也很容易显露无遗。有的人只顾自己好吃，见到美食，马上一扫而空，完全无视别人的存在；有的人边吃边高谈阔论，完全不管应有的礼仪。当然，有的人在饭桌上谈笑风生、应对得宜，自然受人欢迎。但是也有的人沉默寡言、拙于应酬，甚至有些人不断议论长短、评论是非，最是让人疵议。

讲话不要做“乌鸦嘴”，要做“喜鹊报喜”；

·佛光菜根谭·　待人不要做“相扑鸡”，要做“凤凰来仪”；

处世不要做“木头人”，要做“微笑弥勒”。

总之，一个人的性格、涵养，从饭桌上的言谈应对、举止表现，都可以看出其程度如何。即使是初次相识的人，如果想要了解对方，只要你提出适当的问题，当对方回答时，所谓“只要一开口，就知有没有”，在饭桌上都很容易看出人的品性，所以在饭桌上吃喝之余也不能不重视饭桌上应有的礼仪。

睡觉

过去老友煮云法师经常来找我，到了晚上要睡觉，贫僧只得把我的房间床铺让给他休息，我则睡到阳台上去。夜晚凉风徐徐，清凉无比，贫僧怎么能不欢喜快乐呢？就等于明朝朱洪武一日夜归，回到寺院，大门已深锁，进不去了，他就躺在寺庙外的广场上，看着天上的星星，不禁说道：“天为罗帐地为毡，日月星辰伴我眠；夜间不敢长伸足，恐怕踏破海底天。”那种逍遥自在，我真有这个感觉啊！

人活着都要睡觉，不睡觉就不能活。但是有的人尽量减少睡眠，想把时间省下来工作。一个人不工作，整天闲散睡懒觉固然不好，如佛陀批评阿那律“咄咄汝好睡，螺蛳蚌蛤类，一睡一千年，不闻佛名字”。睡觉睡得过分，有时也会睡出毛病来，但是如果长期睡眠不足，身体也会出问题，所以适当的睡眠是正精进，因为睡眠有如下意义：

一、睡觉如充电。一般的家电用品，电池使用一段时间后，都需要充电才能再使用；出门开车，汽车也要加油才能上路。适当的睡眠，就如机器充电，也如汽车加油。人的肉体需要吃饭，才有体力，精神也需要有充足的睡眠养息，如果不睡觉，眼睛睁不开，头脑不清楚，甚至四肢没有力气。

二、睡觉如打烊。一般的商店，到了晚上都要关门打烊，就是公司里的员工，白天上班，到了晚上也要下班。人的身体，眼耳鼻舌身心等“六根”平时一直在与色声香味触法等“六识”打交道，一天工作下来也很辛苦，也需要时间休息。睡觉就如商店打烊，也如公司下班；借着睡觉，让六根都能放松，得到适当的休息。

三、睡觉如息兵。睡觉如军队偃旗息鼓，高挂免战牌，暂时休兵养息。因此，睡觉时，不但眼睛不看，耳朵不听，而且要把身心全然放下，好好休息。但是有的人不甘于把时间浪费在睡眠上，晚上要加班，甚至追寻其他的声色之娱，如此反而加重身心的负担，日久身体也会生病。佛教讲“学道犹如守禁城，昼防六贼夜惺惺；将军主帅能行令，不动干戈定太平”。睡觉虽然重要，但警觉性也很重要，不能如人打趣说“睡得像死猪一样”“睡得不省人事”“睡得天昏地暗”，睡得过多也要自我警惕。一般的说法，每天睡觉八小时是正常的，也有人说一天睡六小时就够了，其实因人而异，不能一概而论。不过，中老年人如果每天中午都能小睡半小时到一小时，必然有益身体健康。

四、睡觉如死亡。在佛教里，为了勉励修行人把握每一天，甚至每个当下好好精进修行，不可蹉跎时日，所以有谓“今日脱下鞋和袜，明朝不知穿不穿”，也就是要有无常观，要把睡觉当成死亡一样，每个今天也许就是生命的最后一天，要自我惕厉。其实，佛教里修行悟道的人，一边睡觉，发心吃饭，饭就能吃得满足；
发心睡觉，觉就能睡得香甜；
发心走路，路就能走得长远；
发心做事，事就能做得起劲。

一边可以清楚地知道别人在讲什么话，做什么事；反之，没有修行功夫的人，尤其是睡得很深沉的时候，什么感觉也没有，什么事都不知道，就像死去一样。尽管现在医学很发达，在睡梦中逝去的人也是为数很多。不过一般人认为这是“善终”，能在睡觉时，无诸痛苦，安然而逝，未尝不好。反过来说，如果每个人都能把死亡当成像是睡觉一样，那么死亡也就没有什么可怕的了。

保健（一）

据专家的说法，人体的细胞，一个星期就要重新生灭一次，也就是七天一循环。因为新陈代谢，把不好的细胞汰旧换新，我们才能常保健康。但是随着年龄渐长，新陈代谢能力愈来愈弱，生理机能也愈来愈衰退，这是自然的现象，所以不必惊慌。人的身体，就如一栋房子能住多久，一件衣服能穿多少时日，都有一定的限度。只不过保养得好，当然就能延长使用年限；保养不好，在时间之流中，加上心理的业力，都会或长或短，或功或过，还是难以料定。

人生无常，世间没有铁打的好汉，没有铜铸的英雄，每一个人都是血肉之躯，随着岁月寒暑迁流，身体的机能总会退化，自然会慢慢衰弱。但是，有的人身体衰弱得比较慢，尽管活到八九十岁，仍然健步如飞；有的人身体衰弱得比较快，五六十岁就是小老头一个。造成人体衰弱的原因很多，举其要者：

一、暴饮暴食。所谓“祸从口出，病从口入”，很多疾病都是因为吃得不当而吃出毛病来。例如，经常在家大吃大喝，或是上餐馆饱餐一顿；暴饮暴食的结果，不是过度肥胖，造成内脏器官不胜负荷，再不然就是吃坏肠胃，影响消化功能，这些都对健康有害。另外，有的人口味太重，吃得太咸、太酸、太辣，尤其吃太多油炸的东西，卡路里、脂肪过多，容易引起一些心血管等方面的疾病，都会让身体的健康亮起红灯。所以，日常三餐饮食要定时定量，并且要细嚼慢咽，尤其尽量多吃清淡的食物，才能有益健康。

二、忧郁多虑。人的身体通于心理，心是眼耳鼻舌身的统帅，心里有了妄想杂念，或是忧郁多虑，致使情绪起伏不定，乃至心理压力过重，都会影响身体健康。尤其，有的人经常为了别人一句闲话，久久不能释怀，一直把它挂在心上，翻来覆去，自己不能开脱。久而久之，造成精神虚弱，甚至妄想症、躁郁症、忧郁症等也会跟着而来，这些心理的疾病也是造成身体衰弱的原因。

三、过分纵欲。人的欲望有净法欲、有染污欲。清净的欲望就是正当的希望，就是理想、抱负，例如希望成圣成贤，希望成佛作祖等，都要靠净法欲的力量来激励自己完成目标。反之，染污欲就是对“财色名食睡”五欲的过分贪求。适度的五欲是生活所需，如果过分恣情放纵，就对身体有害。例如，古代纵欲的帝王，都会早夭；现代人不但纵情声色，甚至酗酒、吸食毒品等，都是戕害身体健康的刽子手。

四、操劳过度。一个人太过懒散，不务正业，固然不好；过分辛劳，不懂照顾身体，也是不当。身体就如汽车，开到某个里程数就必须进厂保养生之道，在于吃得淡，吃得粗，吃得少；
处世之道，在于吃得苦，吃得亏，吃得重。

养。世上任何东西都要善加保养才能持久使用，何况人是肉体之躯，所以适当的休息也是精进，适当的娱乐也是身心健康的润滑剂。

人，不要等到身体有病了才来寻求医药治疗，平时就要懂得保养身体。所谓“预防重于治疗”，平时做好保健，懂得养生之道，才能延缓身体衰弱，才能真正有益健康。最好的养生之道，莫如生活作息正常。此外适度的运动，诸如走路、爬山、打球、跳绳，乃至旅行等，都是身体健康之道。反之，生活作息不正常，尤其上述所说，暴饮暴食、忧郁多虑、过分纵欲、操劳过度等都会使得身体提早衰弱，不能不慎。

保健（二）

谚云：“人吃五谷，岂有不生病之理？”人的身体，平时看似健康，但偶尔难免会有些小病痛。一般人平时不知健康的可贵，不懂得好好保健，总要等到健康亮起了红灯，才感到手足无措。因此，人在健康时，就如开车走在马路上，虽然绿灯可以一路直行，但也要时时注意安全，随时准备减速、刹车，不能一路狂飙，否则遇到突如其来的状况而应变不了，就懊悔不及了。

时代进步，人类愈来愈长寿，对生命也愈加重视，“保健”因此成为热门的话题，不但市面上有很多商店，专门贩售各种保健食品、药物、器材等，医院里更有专门的保健医师。可以说，每个人都希望获得良好的保健，让身体健康，寿命延长，得以好好享受五彩缤纷的人间社会。人究竟要如何保健呢？

一、用运动保健。保健的方法，最简单的就是运动；运动当中，既简易又有实效的，就是走路。一个人，一天能走五千步到一万步，持之以恒，则此人不一定要吃补药，不一定要靠维生素来保健，走路就是最好的健康之路。

二、用饮食保健。数十年前的社会，日常三餐都是以米饭当主食，家里的儿童，只要多吃一点菜，父母就会责骂他为什么吃那么多菜，因为菜比米面贵。但现在的社会，父母都叫儿女“不要吃那么多饭，要多吃一点菜”，因为菜才有营养，比米饭对身体健康有益。所以现在富裕的家庭提倡多吃菜，少吃米饭，以免淀粉太多致使身体发胖，有损健康，这就是饮食的保健。

三、用医疗保健。现在的医院，不是等人有病了才进行治疗，而是“保健重于医疗”，平时就要做好保健，让自己的身体有免疫力，不至于经常生病。有时候生了病才到医院就诊，医师开的感冒药、肠胃药、肝脏药等，固然有功效，但是有很多病，医师开列的其实只是一些维生素等保健的药丸，所以安慰性的疗效力量更大。

四、用补品保健。中国人一向是最喜欢吃补品的民族，例如听到什么动物的骨头、血液能有助健康，千方百计，不惜一切也要弄来进补。有的人听到人参、灵芝、雪莲是营养的食品，也是用尽各种手段，甚至不惜代价都要买到。其他如燕窝、白木耳、莲子、枣子等各种补品，就不一而足了。

五、用卫生保健。现代人受教育的程度愈来愈高，知道卫生保健与身

·佛光菜根谭·

若要身体好，饮食要吃少；
若要人缘好，诚恳莫骄傲；
若要家庭好，关怀最重要；
若要事业好，勤劳来创造。

体健康有密切的关系，所以重视身体保健的人，对于家庭环境的卫生、饮食习惯的卫生，乃至自己的身体、心理卫生，都十分重视。平时不但每天盥洗、刷牙、更衣，尤其不吃不清洁的东西。甚至有时不卫生的语言不听，不卫生的声色不看，不卫生的饮食不吃，不卫生的东西不买。现在世界卫生组织也一直在加强卫生的宣导，可见卫生对人类的生命至关重要。

六、用修养保健。保健之道当然很多，但是求之于人，实用性小，求之于己者，效用才大。例如，自己的修养好，不轻易暴怒，不经常哀愁，不要疑心病重，不要处处计较，让自己的身心百骸都能在平和的心情下轻松愉快，如此自能长命百岁。尤其通过宗教信仰，让自己清心少虑，凡事看得开、放得下，更能活得自在，活得快乐。所以，有心做好保健，想要让生命活得长久的人，不能不从修养上做起。

疗病

被宣判得了糖尿病后的好几年，贫僧一直感到体力不支，全身无力，经信徒介绍，和台北荣民总医院新陈代谢科蔡世泽医师结上了因缘。蔡医师告诉我可以先吃药，如果血糖还是升高的话，再打胰岛素治疗。就这样，贫僧每天依照医师指示打针吃药。靠着蔡医师给我介绍的糖尿病的知识，我对它没有过分的防备，它也没有给我过分的威胁，像朋友一样，互相好意相处，想来，这应该是最长久的朋友了。

语云："天有不测风云，人有旦夕祸福。"人吃五谷杂粮维生，难免会生病。既然生病是人生必然的现实，吾人就应该正视它，所以要有一些对治疾病的方法。以下疗病的五个层次提供参考：

一、先做正当检查。不少人"病急乱投医"，一有病兆，没有通过仪器先做仔细的检查，就到处求诊，甚至听信江湖郎中之言，以为病各有偏方；不经科学仪器检查，患病的真相不明，造成误诊、错诊，所谓"差之毫厘，失之千里"，医疗纠纷因此层出不穷。其实现在的医学科技发达，不管内科、外科，有很多的暗疾在科学仪器之前都会现出原形，这是现代人的福气，应该好好利用仪器检查，虽然因此要多花费一些金钱，但如果为了省钱，因小失大，等到发生大病可就悔不当初了。

二、遵照医生嘱咐。经过仪器检查后，医生必会告知医疗的方法、过程，这时必须打破自己的执着，跟医生合作，听信医生的建议。如果医疗过程中不听医嘱，则如《佛遗教经》所说"我如良医，知病说药；服与不服，非医咎也；又如善导，导人善道；闻之不行，非导过也"。

三、认真医疗。经过医师诊断，开给药方，嘱咐每天吃什么药，或是要你做运动、多休息等，一定要听其指导，如说奉行，不可轻而忽之，唯有配合，认真医疗，病才能好得快。

四、心理乐观。有病虽然要靠医药，但自我的心理治疗功用更大。有的人本是小病，由于心理作祟，以为自己的病情严重，每天心情沉重，忧愁苦恼，郁郁寡欢，反而加重病情。反之，有的人虽然病情严重，但他乐观开朗，无形中增加自己身体的抵抗力，疾病也会因自我的抗体增强而消失于无形。

五、与病为友。有的人生了急病，来得快，去得也快；也有一些慢性疾病，病情虽然不是很严重、凶猛，却不是一时就能治好，有的一拖数个月，惜精神者，可以祛病；
省财用者，可以祛贫。
祛病者一身安乐；
祛贫者一家安乐。

·佛光菜根谭·

或是数年，甚至一生，这个时候不能怨天恨地，也不要自怨自艾，只有“与病为友”，才能相安无事。就如我们交朋友，也非个个都很健全、美好，纵使有缺点，我们也不会因此舍弃。疾病也是一样，身体有了疾病，要把它当成朋友，悉心爱护，和它同体共生，同情共理，所谓“见怪不怪，其怪自败”。

综上所述，所谓“有病方知身是苦”，无病时要多为别人忙，多为他人服务，多为国家社会奉献；有病了，也必得多关心自己，多照顾自己。经云：患病的众生，应该对他多一分的照顾。诚哉斯言！

看护

睡在病床上，我疼痛难忍。到了半夜，见弟子心平法师坐在旁边的椅子上看顾，我跟他说：“心平，你来睡在床上，把椅子让给我坐，我睡在这里非常不舒服。”他不敢违逆我的意思，就睡到床上去，我就坐在椅子上歇息。过了一会儿，他忽然起身说：“师父，不行啊！等会儿护士来打针，把我当成病人，打错了就不好了。”

人难免会生病，只是病有大病、小病的不同而已。俗语说“英雄只怕病来磨”，不管身体如何强壮威武，一旦生病就不是英雄，而是狗熊了。

人需要别人帮助的事情很多，其中最重要的是病中的看护。人有病了，在病床上呻吟、痛苦；假如没有人看护，真是孤独地狱，比牢狱之苦有过之而无不及。

负责看护的护理人员，最好是自己的亲人，如父母之照顾儿女，如儿女之照顾父母，或者兄弟姊妹，或是至亲朋友。万一“久病床前无孝子”，不得已花钱找职业的特别看护，充其量也只能和医生做一些医疗上的联系，但是病人心灵上的安慰、鼓励就不是一个特别看护所能胜任的。

疾病也有多种不同的程度，有些病人不痛不苦，只是年老油尽灯枯、体力不支，这种病人容易照顾；有些病人身体受了严重的伤害，或者罹患不治顽疾，导致病躯疼痛难忍，每天在病床上辗转反侧，不断呻吟，这就不是一两位护理人员所能负得了的责任。所以，护理人员要有慈悲心，要能视病如己；不能把病人看成是自己，厌恶病人，怎能为其服务呢？

兹将护理之要，简说如下：

一、处理病人之事。做一个护理人员，最重要的是能如实把病人的感受报告给医生，让高明的医生诊断如何下药。除了代替病人说出他的需要，让医生和他的家人都能了解，给予帮助；对病人的便溺痰唾等污秽之物，护理人员不能显出厌恶的样子，应该好好予以处理，让他安心。尤其病人时而要吃，时而要睡，时而要这，时而要那，都要耐烦，不能嫌弃。护理人员这个时候的工作任务，就是病人健康的化身，要做一个讨病人欢喜的护理。

二、了解病人所需。做一个称职的护理人员，不只是了解病人身体的医疗，更要了解病人的心理需要、情绪感受。有的病人，在病床上想家，甚至挂念他的财产、儿孙、未完的心愿等，护理人员要能适当地解除病人的挂念，让他放下，但不可以说一些悲伤的事，要让病人喜悦，这是重要的功夫。

三、帮助病人除苦。一个好的护理人员，不只是消极地照顾病患的需

·佛光菜根谭·

有病，可令人注意健康，并且生起道心；
受苦，才知道奋发图强，并且改善因缘。

要，更要积极地帮助他解除痛苦。最好能给予心理建设，从身不苦做到心不苦。因为病人常常因身苦引起心中的烦恼痛苦，相对地，心中的力量也可以减少身体的痛苦。因此，如果病人喜欢看报，尽量给他一些新闻资讯；病人喜欢听音乐，针对他的需要提供一些有助心情愉快的音乐；病人喜欢看电视，注意一些他喜欢的节目，让他看了能减轻痛苦。这时候护理人员要以病人的需要为主，不能要病人随自己的意见，应该以病人为第一，这是做一个看护最基本的认知。

四、能为病人说法。护理人员最好能为病人说一些解忧除恼的笑话、故事，帮助病人除苦；或者能为他说佛法，燃起他对生命的希望，但是不要说太深奥的道理，以能令他心开意解的故事最好。假如自己不善于说法，可以安排与他有缘的师友或宗教师来帮助他；如果他的世缘未了，病除苦消的那一日也就是护理人员功德圆满之时。

出门（一）

每个人每天都要外出上班、办事，即使不用每天上班，只要不是“闭关”“禁足”，总要外出，出门前应该有些预备。没有事先预备，出门之后才发现忘记了要前往的地址，以及对方的姓名、应送的礼品等，甚至回到家才发现忘了带钥匙出门。

经常见到有人出门，车子开动了，猛然发现忘记了什么，只好回头；

甚至出国的人忘了带护照，在海关进退两难。为什么不及早预备好呢？出门预备有六事提醒：

一、出门先看天。今天天气会下雨吗？如果感觉天色不对，有可能下雨，就要先预备好雨衣、雨伞、雨鞋，免得在路上果真变天下雨了，进退维谷。

二、所去有目的。今日出门，要到哪些地方，有几件事该办，先有个计划。例如，第一先到甲地，第二再到乙处，第三顺道拜访丙家……把所要访问的对象一次完成。或者今日去乡镇公所领户口誊本，再到银行存款，接着到市场购买物品……把该做的事计划好，免得中途犹豫。常见有人把车子停在路旁商量，甚至商量时意见不一，吵起架来，这都是出门没有预备之故。

三、时间要预算。今日出门到多少地方去，需要花费多少时间，事先要有个预算，不要在别人开会时赶到，或是别人吃饭时造访，免得彼此尴尬。如果没有事先约定，也不宜闲聊长谈，最好把事情简单讲完就告辞，免得妨碍别人工作。

四、事先要约会。到银行机关办事，他们有一定的上下班时间，只要在上班时间内，事情都能成办。如果要拜访的是朋友，彼此各有各的事情，所以最好事先用电话约会，几点到达，几点离开，让对方有个预备，不要贸然前往，成为令人讨厌的客人。朋友交往相处要欢喜愉快，所以应该注意的事情，不能疏忽。

五、讲话看人面。我们和人相约，有时闲话家常，有时商量议事，有时向朋友借贷，或是希望他出力相助等，必然会有不等的谈话内容。谈话中，要注意对方的面容、声音、态度，他对你所说的意见、所提的要求，如果是真心相应、有心资助就好，否则宜适可而止，不要强人所难，因为即使父母

·佛光菜根谭·

开口动舌无益于人，戒之莫言；
举心动念无益于人，戒之莫起；
举足动步无益于人，戒之莫行；
举手动力无益于人，戒之莫为。

兄弟、至亲骨肉，也未必都能所求顺遂，何况是朋友、外人呢？

六、礼品要预备。日本人访问朋友，非常重视礼品，现在中国社会也重视礼尚往来，相互赠送一些惠而不费的小小礼物，也能拉近彼此的距离，促进彼此的关系。不过送礼也要适当，不宜太贵重，免得对方收受后觉得是个负担。

出门要预备的事其实很多，应该注意的事项也不少，其中尤以讲话的内容要长话短说、具体扼要，不要翻来覆去一再重复，能够简单明白，彼此相谈甚欢，那就出门愉快了。

出门（二）

我们每天出门，要把自己的心情调整好，即使有不愉快、难过、生气的事，也不能显露在脸上，不要把自己不快乐的情绪感染给别人；能以和蔼之容见人，别人必然也会报以善意的笑容。

每个人几乎每天都要出门，出门上班，出门旅行，出门开会，出门买东西，出门访友。一般妇女出门，总要花上好长的时间打扮；男士出门，虽然不若女士精心装扮，但是出了门，就要融入大众里，所以应该注意自己的礼仪。以下举出“出门六要”提供参考：

一、仪容庄重。出门之人，一定要带着愉快的心情，要有庄严的仪容，保持自然，保持微笑，保持端庄。见了人不能苦着表情，一脸严肃，让人见了就不欢喜，如此怎么与人洽谈办事呢？因为自己看不到自己的面孔，更要小心注意自己的表情仪容，不要让它成为自己与人相处，或是交涉办事的阻碍。

二、衣履整齐。出门的人，虽然不一定要穿着华丽的衣服向人炫耀，但是出门在外，衣履总要整齐清洁，朴素大方，不可邋遢随便，以免给人留下不良的印象。

二、情绪安详。出门的人，不可以把在家所受的气发泄在别人身上，也不能把自己的烦恼、情绪传染给别人。出门在外，要保持心情愉快、情绪安详，对人微笑有礼，讲话心平气和，这是做人之道。

四、主动问好。出门在外，不管认识与否，既然照面了，不妨问候一声“你好”“早安”。假如是熟人，也不要匆忙就擦身走过，所谓“见面三句话”，可以寒暄几句，问候一下“近来可好”“家居平安”“事业顺利”，让别人感受到你对他的关怀。有时你主动和人打招呼，却得不到回应，也不要生气。你可以想，也许是对方来不及回应，也可能是别人没有听到你的问候，所以只要自己对人的礼数到了就好，不要计较别人的反应，必然自己受益。

五、精神焕发。平时在家，可以闲散、放松，但是一旦出门，就要容光焕发，精神奕奕。所谓“在家一条虫，出门一条龙”，本此道理，出门一定要打起精神，说话铿锵有力，眼光炯炯有神，尤其跟人握手时，一定要表达诚意。有的人与人握手，眼睛却看着别人，如此不专注，不会赢得别人的好感。一个人要受到别人的好评，所谓“三千威仪，八万细行”，稍不注意，都容易给人批评。

六、肯定自信。出门办事，尤其是每天外出上班，一定要带着饱满的君子者，谦下处众，因此所到之处，都是一团和气；
小人者，仗势欺人，所以身置何地，均为乌烟瘴气。

精神，以及愉快的心情，尤其要充满信心，专注地投入工作。如果是出门访友、参加会议，更要四面玲珑，八方周全，说话妙语如珠，引起别人的好感，容易达成访谈的目的。总之，人要肯定自我，对自己要充满信心；已经出门了，如果不知道自己的目标在哪里，不懂得如何与人应对，如此没有自信，如何达成目的呢？所以出门一次，看似简单，其实出门办事，行止进退如何应对才得体，里面大有学问。出门，实在是一件不简单的大事。

如何消愁解闷

人一旦心中满怀怨恨，所谓"怨天尤人"，总觉得世间不公不平，觉得自己受了委屈，觉得天下人都对不起自己，这就是人生危险的信号。因为你对社会的热情不够，对人生的际遇认识不清。

情绪

明太祖的马皇后从小家贫，为了帮助做家务而留了一双天足。明太祖登位后，有一年元宵节微服私访京城的灯会，看到一则图文并茂的灯谜，画中有一双天然大足的妇人，怀抱一个大西瓜，眉开眼笑，模样十分滑稽。朱元璋不解其意，回宫后向马皇后提起此事，马皇后讪然一笑："妾乃淮西人氏，且为天足，此谜谜底想必就是妾了。"朱元璋一听十分生气，下令拘拿制谜者。马皇后劝解说："佳节吉日，与民同乐，又有何妨？何况妾本是天足，说又何错？不必小题大做，贻笑大方！"

儿女有时会向父母闹情绪，妻子有时会向丈夫闹情绪，部下有时会向长官闹情绪，朋友与朋友有时也会彼此闹情绪。由此观之，情绪都是弱者所表现的抗争之行为也。

现在的社会上，学生闹情绪，不肯上课；公务员闹情绪，不肯上班；猫狗闹情绪，不肯听话；机械闹情绪，不肯转动。男女老少都会闹情绪，有的人闹情绪时离家出走，有的人闹情绪时闭门睡觉。情绪之对人有害，实在非常之大！

情绪，人皆有之。妇女以撒娇来发泄情绪，青年以打斗来表露情绪，儿童以哭闹来表示情绪，甚至商人罢市、工人罢工、航空罢飞、火车罢行，此皆各种情绪的发泄。

为什么大家都欢喜闹情绪？他一定想到利用情绪来解决问题。其实，闹情绪只有坏事，而不能解决问题。

·佛光菜根谭·

情绪化的言论只是逞一时之快，必无好的结果；
理智性的讲话是经过再三思虑，必能各方圆融。

经常闹情绪的儿女，父母会不欢喜他；经常闹情绪的学生，老师一定认为他的品德有问题；部下经常闹情绪，长官不会提拔他；甚至夫妻经常闹情绪，也会影响和谐相爱的情感。

经常闹情绪的人，一般人形容为“晴时多云偶阵雨”。人一闹情绪，讲话就没有情理；人一闹情绪，生活就没有规矩；人一闹情绪，义理、人情都会不顾；人一闹情绪，美好形象就难以维护。

佛教说情绪乃无明业风。当无明业风一起，大海会波涛汹涌，人间会黯淡无光，人性会云遮日蔽，真理会歪曲不正。情绪之危害，实在不谓不大呀！

当情绪发作的时候，有人摔掼碗盘桌椅，其实碗盘桌椅也没有犯过；有人情绪发作的时候，怨天怪地，诅咒别人，其实天地、他人也没有得罪于他。

自古以来的中国，为了帝王以及权势中人的情绪，而成为冤死的鬼魂，不知为数多少！很多有能力的人，因为主管的情绪而弃职还乡、埋名林下的，不知凡几！

所谓情绪，对个人阴云风暴，会伤害自己；对国家、大众、社会，如果情绪用事，则国之不国，政之不政，影响可谓大矣！

你满意吗

春秋时，宋国有一个人得到一块美玉，献给做官的子罕，子罕坚辞不受。那个人以为子罕不识货，就明白地告诉他说：“这是一块宝玉啊！”子罕道：“你以玉为宝，而我以不贪为宝，如果我接受了你的美玉，我们都失去了自己的宝贝，不如各守其宝吧！”

不知大家平时有没有仔细思考，问问自己：你对家居生活满意吗？你对当今社会现况满意吗？满意，当然是加分，不满意，就是负数，负的太多，实在不胜负荷。兹就“你满意吗”提出数事一谈：

一、你对自己的儿女满意吗？人不必比较，人比人，气死人，所以不必认为别人家的儿女比较好，其实自己的儿女才是宝；你说儿女不聪明，儿童的聪明智慧发展，有早有晚，不必着急；你说儿女不乖，调皮的孩子有时候更有思想，将来也许更有出息；你说儿女老在外面游荡不听话，只要父母常在家中陪他读书、游戏，他不会舍弃甜蜜家庭在外流连忘返。父母对儿女满意，儿女也才会对父母满意。

二、你对工作的收入满意吗？你从事什么工作？你对工作满意吗？有的人对自己的工作，觉得收入不高，想要跳槽。但是你有没有思前想后再三考虑，万一遇到“此山望见彼山高，到了彼山没柴烧”的后果会如何呢？工作待遇高低，也不完全取决于老板，也要看员工的生产成绩如何。也就是说，你的工作能量也要让老板满意，老板才能给你高薪。现在做大官、居高位的人，薪水有时反不及一个摆地摊、卖烧饼油条的人收入好。但是你知道吗？摆地摊、卖烧饼油条的人有多么辛苦？所以要想赚钱，先要提升自己的劳动力，尽管世间的赚钱之道有很多，有的人用金钱赚钱，有的人用能力赚钱，有的人用名气赚钱，有的人用智慧赚钱，但总要自己有真本事付出，才有对等的收入。

三、你对结交的朋友满意吗？朋友之交，相识满天下，知音能几人？你慨

·佛光菜根谭·

一个人有信用，信用就是财富；
一个人有道德，道德就是财富；
一个人有健康，健康就是财富；
一个人有责任，责任就是财富。

叹过朋友对你不真心，对你没有帮助吗？你可以先反问：我对朋友有真心吗？有帮助吗？世间一切都有因果关系，你要人家怎么待你，你就应该如何待人。朋友当中，有共患难的，有共安乐的，有共事业的，有共承担的，你喜欢哪种朋友？你喜欢的朋友，你怎么待他，他就怎么待你，这是自然的因果。

四、你对每日的生活满意吗？所谓生活，离不开衣食住行，你对自己的衣着满意吗？你对家中的饮食三餐满意吗？你对居家环境的品质满意吗？你对交通往来的方便满意吗？你是有车阶级，可能路上塞车严重，难以令人满意；你没有自家轿车，可能搭地铁、客运、公车上下班，反而轻松愉快。其实，满不满意可能难有标准，就看生活上你怎么处理。你对家人的感情，对娱乐的生活，甚至对宗教的信仰，都善于安排、处理，可能就会对自己的生活感到满意。

总之，世间事难以十全十美，就看自己的心态。你善于转化心境，就能化苦为乐、化危为安、化难为易，所以真正说来，你自己的心情可以变化你的世界，满不满意，就在自己的一念之间。

消除压力

方东美先生平生喜爱游泳，有一次在游泳时，忽然身子往水底下沉，在求生的本能下，他拼命地挣扎，但是愈挣扎愈下沉，眼看即将遭到灭顶的危险。这时他平静一想："我是个哲学家，对于生死应该看得开才是，如此求生怕死的样子太难看了，一个哲学家，死也要死得洒脱一点啊！"这样一想，心情轻松了许多，四肢也自然放松，结果借着水的浮力浮出水面而获得生还。

现代经常有人说："生活压力太重！"为什么会压力太重？怎样消除压力呢？

学生认为功课太紧，压力太重；父母说家庭琐事太杂，压力太重；警察觉得任务太多，压力太重；公教人员不满上班时间太长，压力太重。

压力！压力！无论男女老少，都活在生活的压力中，都感到生活的压力太重！房客付不起房租，有经济上的压力；父母觉得儿女不听话，有养儿育女的压力；夫妻彼此间怀疑对方婚外情，有感情上的压力；菜市场的菜贩有生意竞争的压力；扫街的清道夫也有早起对抗脏乱的压力。

其实，生活中外在的压力很多，例如失望的压力、困难的压力、贫穷的压力、工作的压力、疾病的压力、情感的压力、人事的压力，甚至死亡的压力，等等，到处都是压力啊！

除了外面的压力之外，内心也有许多的压力，例如空虚的压力、嫉妒的压力、忧愁的压力、嗔恨的压力、邪知的压力、邪见的压力、仇恨的压力等。这一切都让我们感受到，生活的压力实在沉重！

压力，也不一定是坏的才是压力，好的事物也可以成为压力，例如拥有的压力、美丽的压力、名位的压力、恩情的压力、成功的压力等，真是"天长地久有时尽，压力绵绵无尽期"！

有的人感到压力太重，身心疲累；有的人感到压力太重，意志消沉；有的人感到压力太重，想要轻生；有的人感到压力太重，精神失常。你想过要消除压力吗？兹提供办法如下：

第一，提升自己对事理认知的智慧，增加认知的力量，可以消除压力。

第二，放宽心胸，像大海容纳百川，像虚空容纳万物，凡事包容它，不要负担它，自然就能消除压力。

·佛光菜根谭·

人不患无才，识进则才进；
人不患无量，见大则量大。

第三，提得起，放得下，好像皮箱一样，用的时候提起，不用的时候放下，凡事不比较、不计较，自然可以消除压力。

第四，与压力为友，心甘情愿地接受它，何压力之有？

第五，乘兴逍遥，随缘放旷，不求不拒，自然会消除压力。

第六，培植修养的功夫，增强自己的忍耐力、慈悲力、智慧力，用自己的心力承担，何必在乎压力！

学佛的人有禅观、慧思、正见、明理，对世间一切事都能顺乎自然，所谓“兵来将挡，水来土掩”，又哪里还会有什么压力呢？

忧郁症

松下幸之助的公司招考高级职员，预定录取十名，结果几千个人前来报名。考试的门槛很高，一关又一关，花了好几天时间，最后终于录取了十个人。这当中，松下幸之助很早就注意到一个年轻人，觉得他很优秀，但结果这名青年却落选了。松下幸之助心想：“好奇怪，为什么那么优秀的年轻人没有考取呢？”于是他把考试的资料调来一看，发现这个年轻人应该是第二名，由于分数算错才会落榜。松下幸之助赶紧叫人通知落榜的年轻人来上班，结果回话说：“那个人因为落榜已经上吊自杀了！”大家一听：“唉！真可惜啊！”松下幸之助说：“不可惜，经不起一点压力就要上吊的人，还是早一点死了比较好。”

时下的社会不知从什么时候开始，罹患忧郁症的人好像忽然多了起来。家庭里，如果有一个忧郁症患者，就如埋下一颗不定时炸弹，全家的生活步调完全被打乱，家中的欢笑减少了，家中的气氛也跟过去完全不一样了。人为什么会得忧郁症呢？试说原因如下：

一、生命没有抗力。患忧郁症的人，必定是生命缺少抗压力。在现实的社会里，每个人所受的压力之多，难以计数。金钱、人情、是非、课业、工作等，可以说从早到晚，压力从四面八方蜂拥而来。压力不但来自外境，有时从内心"庸人自扰"，也会给自己制造很大的压力。没有抗压性的人，就好像房屋没有屋顶遮雨，又如灯笼失去四周的屏障，小小的烛火无法抗拒外来的强风，自然会被吹熄。

二、心中没有欢喜。患忧郁症的人，不懂得活出乐观的人生，心中没有一点欢喜，就算有好人好事，他也不以为意，所以平时郁积在心中的闷气没有出处，久而久之一旦爆发，就成为忧郁症。吾人要培养一种"给人欢喜"的美德，即使不能给人欢喜，别人说一些好言好语给我们欢喜，我们也要感谢。没有欢喜、感恩的心，当然就会产生忧郁症了。

三、生活没有目标。人生要建立目标，才能向前走，才不会失去方向。儿童要讨父母的欢喜，就是目标；学生读书，希望有好的成绩，就是目标。士农工商希望赚钱，政治人物希望升官，因为有目标，就有奋斗的勇气，就有前进的动力。患忧郁症的人，不但生活没有目标，而且喜欢钻牛角尖，凡事想不开，一件事、一句话都把它郁积在心里，没有适当地疏解、发泄，就很难不罹患忧郁症了。

四、行事没有积极。人生要积极，积极的人生会不断地想要走出去服务大众，为人群设想。例如，工人努力增产报国，农夫应时耕耘

微笑使烦恼的人得到解脱，
微笑使颓唐的人得到鼓励，
微笑使疲劳的人得到安适，
微笑使悲伤的人得到安慰。

·佛光菜根谭·

播种，作家每天创作、发表意见，新闻记者用心采访新闻、报道新知，甚至演艺人员也在想怎样表演才能给人欢喜。如果行事积极，没有时间朝消极、灰暗的地方想，人生自然会有无限的光明前途，哪里会得忧郁症呢？

五、眼中没有他人。患忧郁症的人，可能他的心中只有自己，眼中没有他人的存在；如果他的眼中能看到大众，他的心中能想到父母、亲人、朋友，想到别人需要他，他应该满足大家，如此又怎么会患忧郁症呢？这个世界之所以有纠纷，就是有的人只想到自己，不能包容他人；如果我们不但眼中有人、心中有人，而且把别人都当成是自己的善知识，看成是未来佛，看成是自己的有缘人，这个世界不是很美好吗？

六、前途没有希望。患忧郁症的人，大多对自己的前途没有信心，看不到自己的希望在哪里。他眼中看到的都是灰暗的人生，他心中感受到的都是无情的世界，他脑海中想到的都是不快乐的事情，如此又怎么会有幸福快乐的人生呢？所以，按照佛光山的信条“给人信心、给人欢喜、给人希望、给人方便”，我们不但要对自己的人生充满希望，尤其要进一步带给别人希望，这是最好的布施，也是无上的功德。

寂寞

曾经有个老太太跟我同队出国旅游，途中只见她一直不停地讲话，后来我规定她一天只能讲30句话，她向我抗议：“30句用不了5分钟就讲完了。”老年人最辛苦的事莫过于孤寂难耐，如果有人肯耐烦倾听她的唠叨，会让她觉得日子好过，这也是对老年人最好的照顾。

寂寞就是百无聊赖，无所事事，感觉时光不容易打发。没有工作会感到寂寞，没有朋友往来也会寂寞。寂寞有思想上的寂寞，情感上的寂寞，事业上的寂寞，心灵上的寂寞。寂寞像一座高山，向人压来。寂寞的人像在茫茫荒野，不知要往哪个方向去，又像大海上的一叶孤舟，忽然失去动力，人生的境遇难堪。但是，寂寞也不是那么可怕，很多伟大的人物就是懂得利用寂寞的岁月、寂寞的时光，有的用心思考，有的用功读书，有的追求真理，有的寻找自性。终于有一天来电了，光亮了，世界上的因缘在向他招手，世间的欢笑在向他围绕。人能够利用寂寞的时光，熬过寂寞的岁月，达到自己更崇高的目标，那又是另外一番境地了。人如何利用寂寞的时光？寂寞到底有哪些功能呢？

一、寂寞可以沉淀心情。今天没有工作的劳动，没有朋友的交谈，没有鼓励，没有温暖，感觉人间既无爱也无情，感到空洞，感到寂寞。假如这时候能够利用信仰来沉淀心情，打坐、礼拜、诵经、读书，寂寞感也就无从生起了。所谓寂寞，是因为身外的东西不能满足你的需求，不能给你力量，不能给你欢喜；但是你内心的宝藏、内在的潜能是无限的，你可以观照，可以沉淀，可以挖掘自己内在的佛性、法宝。我不要外来的世界，我与自己内心的佛祖同在；我不要外在的知识，我与自己本性的般若相照，这就是心情的沉淀。

二、寂寞可以培养灵感。人要会利用寂寞的时间，当你觉得寂寞的时

·佛光菜根谭·

"独处"的意义是要内观，
看无相的世界，听无声的声音。
人与人相处不可忽略掌声，
但对自己则要无声。

候，可以主动打一通电话给朋友，可以从事家务的整理，可以读一本新书，可以写一篇文章。多少忙碌的人，利用寂寞的时间到各名山大川或寂静的地方去沉思，希望获得灵感。吾人感到寂寞，正好利用寂寞的时间可以培养灵感。所谓灵感，你不妨先对自己问话：你觉得自己的工作能力都已完全展现了吗？你觉得自己对所有朋友、家人，都照顾周全而无所愧疚吗？你读过的书还有待复习的吗？你应该求得的新知如何增加呢？可能如此一一去问，你的灵感就会泉涌而来了。

三、寂寞可以酝酿思想。寂寞的时刻很容易酝酿出大思想家。作家把自己关在没有声音干扰、没有人事往来的地方，酝酿他的思想，专心著作；科学家把自己关在研究室里，孜孜不息地突破他的研究关卡，希望能爆发出科学的火花；哲学家不沉溺于声色，而能独自冥想苦思，发掘自己的思想体系。世界上所谓的思想家都是从寂寞里酝酿出来的。

四、寂寞可以找回自我。一个人整天都在熙熙攘攘、五光十色的社会里来来去去，很容易迷失自己。人究竟为什么到世间来？有的人忙忙碌碌一生，最后空手而去。假如能有一些寂寞的时间，好好想想自己，利用寂寞的时间找回自己，知道人生真正的意义是什么，生命真正的价值在哪里，未来究竟何去何从。甚至如能利用寂寞的时间，让自己与古往今来的圣贤共聚，让无限的时空都能展现在自己的眼前，把无边的般若妙用、法性真理之光，都能融化在自己的当下，则人生还有什么寂寞可言呢？

心的祸患

在战乱的时候，大家没有东西可吃，就采摘人家园田里的水果，可是有德的君子，他就是不肯。人家笑他说，这是战乱时候，这些水果已经是无主了。这位有德的人说："尽管战乱无主，但我心中不能没有主。"

心是生命的本体，是人的主宰，一个人即使身体死亡，真心永远不死，将来轮回往生受报时，都要靠这颗心。心游走在十法界之中，忽而天上，忽而人间，甚至忽而地狱、饿鬼、畜生。但是心有两种性格，一种是向上的性格，持戒、行善、为人服务；一种是害人的性格，会替自我的人生前途造下极大祸患。例如：

一、嗔心如猛虎。"一念嗔心起，百万障门开！"人的嗔恨心一起，完全顾不得人情义理，整个人完全失去理智；嗔心就像凶猛的老虎，张开血盆大口，可以一口把人吃掉。因此，我们不要以为发个小脾气，生起一点嗔恨之心没有什么了不起，"嗔恚之火，能烧功德之林"，嗔心的老虎是人所畏惧的。

二、怒气如飓风。从嗔心而起的怒气，就会骂人、打人，甚至害人、杀人。怒气像飓风一样，横扫到森林，森林受灾；波及花草，花草倒霉。一个人在盛怒之际，往往失去理智，只凭怒气怪人，甚至迁怒他人。本来只要责骂张三，可能一时无法控制情绪而殃及李四；本来夫妻吵架，但是儿女在前，可能就拿儿女出气。怒火中烧的人，不但烧毁自己所有的一切，甚至大家都会同归于尽。

三、恶口如刀剑。一个已经怒不可抑的人，随之而起的就是恶口骂人。

·佛光菜根谭·

树之毁灭，因为役于刀斧；
人之毁灭，因为丧失良心。

骂人的恶口“如刀如剑”还不足以形容，甚至如机关枪如大炮，连续轰向对方，什么粗鲁的语言都会从他的口中发出，狠狠地伤害对方。我们不要以为恶口骂人并没有让人皮骨受伤，你让对方人格受损、尊严受创，甚至心理受到伤害，这比身体的伤害更为严重。一个人恶口骂人，其所加之于别人的伤害，难道可以不负责任吗?

四、我慢如高山。就算你没有骂人、打人，没有嗔怒，但是态度上显出傲慢，让人感觉你像一座巍巍的高山，横亘在前方，让他无法通过，这也是人际的障碍。傲慢的人，如一般的官僚政客，昂昂乎，巍巍乎，不可一世地傲慢，最为无聊。还有一些稍有学识的人，自以为学问盖世，因此看不起别人。尤其一些初出道的青年大都心高气傲，不懂得“谦受益，满招损”的道理。傲慢的人，纵使有能力有学识，也不能获得别人心悦诚服的尊敬，反而只会畏而远之罢了。

五、疑心如暗箭。我们经常不容易信任他人，一方面固然是当今的人不容易让人信赖，但是有时候和人相处，动不动就对人生起疑心，经常误会对方，这就如同暗箭射人，让人完全不知道箭从哪里来。所谓“欲加之罪，何患无辞”，疑心、误会别人，实在缺德。俗语说“疑心生暗鬼”，疑心之病，唯有施以智慧之药，才能连根拔除。

六、邪见如毒药。我们的心像一座宝藏，里面有无限的慈悲、智慧、法喜，应该时时把它挖掘出来。但不幸的是，一般人的心，经常和邪见交往。一旦有了邪见，正法不得生起，所说的话邪里邪气，所做的事邪里邪气，这都是因为心念有邪则一切皆邪。当今社会，邪教的风云弥漫，邪说更是层出不穷，那些邪师、邪众或许能骗得了世人，但是骗不了正法、因果。所以学佛要以正见来对治邪见，才能免受邪见的荼毒。

消愁解闷

南唐后主李煜说："问君能有几多愁？恰似一江春水向东流。"宋代女词人李清照说："只恐双溪舴艋舟，载不动几多愁！"可见人生大都是在愁云惨雾里生活啊！人生的愁闷最为伤身。但是，举世滔滔，社会大众，哪个不是经常陷身在忧愁苦闷之中呢？

当愁闷的魔鬼降临到一个人的心里的时候，就好像魑魅魍魉，纠缠不清，使人难以得到解脱。

有的人，为了国破家亡而愁闷；有的人，为了睹景思人而愁闷；有的人，为了妻离子散而愁闷；有的人，为了失业失学而愁闷。总之，没有获得希望，生活上不能满足，被人欺侮，受了委屈而无法诉说，只有放在心里被愁闷煎熬。

你看，世间多少人因为多愁善感而苦闷！有的人是为了别人的一句谤言而难以入眠。一件事也能引起愁怀而难以自在，一句无心的话也能让自己不思不食，愁绪满怀。人生多少大好的岁月，就在吾人愁闷之间悠悠过去了，多么可惜啊！

其实"世间本无事，庸人自扰之"，愁闷也是自己找自己的麻烦。诚如禅门说："没有人束缚你，是你自己束缚你自己！"愁闷也是如此，本来没有人要我们愁闷，只是我们自己找来的忧愁啊！

愁闷要有通路，愁闷的通路就是智慧、明理。愁闷要能得到化解，化解愁闷的良方就是宽容、信仰。如何才能消愁解闷，兹奉告各位：

· 佛光菜根谭 ·

笑能却病，喜能忘忧；
慈能与乐，悲能拔苦。

第一，提起乐观的性格；第二，想通事理的原委；
第三，放开闲情的愁绪；第四，没有疑虑的性格；
第五，扩大积极的服务；第六，明朗坦白地处世；
第七，呈现微笑的面孔；第八，散播欢喜的情怀。

“问君能有几多愁？恰似一江春水向东流！”只要你能看得开、放得下，人生纵使有了些许的愁闷，不也是成就菩提的资粮吗！“解铃还须系铃人”，你的愁闷靠别人化解，这是有限的，只有自己解开自己的束缚，这才是永远的解脱啊！

耐烦（一）

以前有一个苦行僧，每天耐烦做种种劳役苦行，一有空闲，不和人攀缘戏论，一天定课六十卷的《金刚经》，数十年如一日，从未荒废休息。有一天，和以前的师兄重逢，师兄已是个鼎鼎大名的大和尚，四处有人邀请前往讲经说法。十几年没有见面，师兄关切地问他：“师弟，这十几年来你是怎么用功的？”“师兄，除了寺里的劳役工作，我每天只有读诵《金刚经》。”师兄闻语，气恼他没有多多学习经教，十几年来还是做杂役的事务，摇摇头就要和他告别。“师兄，我们难得见一次面，我就诵一部《金刚经》来祝福您吧！”苦行僧就席地而坐，开始诵念。从一开口“金刚般若波罗蜜经”，顿时空中响起梵乐弦歌；诵到“一时，佛在舍卫国”，四周异香扑鼻；再诵念到“尔时，须菩提即从座起”，只见天雨曼陀罗花，纷纭四落。说得一丈，不如行得一尺，师兄能演说经教，如人有眼目，师弟奉持经教，如人有足，能感天华梵乐，称扬歌咏。

观察一个人的性格，先要看他有没有耐力：他耐得住苦吗？耐得住饿吗？耐得住忙吗？耐得住骂吗？耐得住冤枉吗？耐得住委屈吗？“耐烦”是一个人应备有的重要性格。不能耐烦的人，做这件事想着那件事，做那件事又想着其他另外的事，在这个地方想到另外的地方，到了那个地方又觉得不习惯。

不能耐烦是性格上的缺点，对于一个人一生的成就，必会大打折扣，所以人应该养成耐烦的性格。人生有哪些事需要耐烦的呢？

一、等人要耐烦。和人约会，有的人常常不守时，对这种人你还是要耐烦地等候。有时候对方乘飞机，飞机迟到一两个小时是常有的事，你能不耐烦等候吗？其实，等人是艺术，被人等候是罪过；学习耐烦等人，也是做人的艺术和修养。

二、交友要耐烦。我们交朋友，不能经常让朋友听我们使唤，我们也要为朋友付出一些服务，尤其朋友必定也有他的性格。如果我没有耐烦的习惯，在朋友面前一直显得烦躁、不满，怎么能交到好朋友呢？

三、听话要耐烦。听老师上课，不管你有没有兴趣，为了分数，不得不耐烦。听名人讲演，有时候也有一些冷门的讲题，不一定都能听得很有兴致，但为了礼貌，也要有始有终地听下去。尤其听老人的唠叨、朋友的善意劝诫、家人的叮咛，都要耐烦。你不耐烦听，怎么能获得别人的谅解呢？

四、处众要耐烦。在大众中，团体行动经常要排班，你等我，我等你，

·佛光菜根谭·

毁谤，是考验道心的试金石；
障碍，是翻越我慢的踏脚板。

必须要耐烦；你体谅我，我体谅你，也要耐烦。所以，在大众团体里生活，快慢要有序，尤其要有合群的性格，这个人的个性很急躁，那个人的性情很缓慢，我都必须耐烦。你不耐烦，就不能处众；不能处众，如何立身社会呢？

五、学习要耐烦。人非生而知之，一切都要学而后才能知之。学徒学习一项手艺，需要几年的时间，不耐烦，怎么学得会？学习语言，不管英语、日文等，几年的时间可能都学不好，我怎能不耐烦呢？世间的学问之多之复杂，都要靠我们耐烦地一一研究。深入研究才能成其渊博的知识，所以都要靠耐烦的性格才能有所成。

六、成熟要耐烦。田里的稻麦，不成熟不能收割，你要耐烦等它成熟。桃李水果，要等它成熟，才能采摘；不成熟，生涩难吃，采收了又有什么用呢？一个人要成熟，道德修养、知识见解、礼貌习惯、进退威仪，都要耐烦地养成。世间的人，有的人少年老成，表示他成熟；有的七八十岁的老人，性格火暴，没有做人的修养，都是因为不能耐烦的关系。

耐烦（二）

曾经有一位日本官员请教泽庵禅师如何处理时间："我这个官职实在乏味，天天都得接受恭维，而且那些恭维的话千篇一律，我听得实在无聊，简直有度日如年的感觉。请问禅师，我该怎么度过这些时间呢？"泽庵禅师只送给他两句话："此日不复，寸阴尺宝。"

耐烦关乎一个人一生的成就，其重要性不容忽视。但是耐烦并不完全是靠学习得来的，而且需要时间的磨炼，尤其需要自我的克制，需要在现实生活中养成。

平时生活里，需要耐烦以对的事，再举六点如下：

一、生病要耐烦。汽车坏了，要修好才能上路；身体病了，要养好才能做事。有的人生病不耐烦，急于出院重回工作岗位，这样不但对工作没有帮助，反而加重病情。孙运璿先生的名言："你病了，带给家人多少的麻烦！"所以一个人不要任性，不要随意，要耐烦地照顾好身体，自己的健康才是家人的幸福。

二、守信要耐烦。做人要守时、守信、守节、守道，尤其信用是立身处世之本。人无信不立，从中国的造字来看，"信"之一字就是"人"和"言"，人言要可"信"，才会受人尊敬。为了要守信，做皇帝都要"君无戏言"，做君子也有所谓"一言既出，驷马难追"。就是工商界，也都是"童叟无欺""信用第一"。信用就是自己的名誉，没有信用的人，名誉扫地，没有人愿意和他往来，所以对信用必须要耐烦遵守。

三、工作要耐烦。世间没有白吃的午餐，凡一切所有都要靠我们工作所得而来。工作的诀窍就是勤劳、耐烦。工作不勤劳，主管不欢喜；工作不耐烦，不能把事情做好。无论什么工作，粗重细活，轻易艰难，都应该要耐烦地完成。这就必须养成对工作的责任感，以及对工作耐烦的性格，否则投机取巧终非长久之道。

四、家事要耐烦。再伟大的人对家事也不能不关注。美国艾森豪威尔总统每天只要一回家，即刻走进厨房，帮助太太煮饭炒菜。家是全体家人共有的，所以家事应该共同负担，举凡打扫整洁、洗涤碗筷、整修环境，

·佛光菜根谭·

互相退让，方有互相合作之期；
彼此争功，永无彼此融和之望。

都应该有自己的一份。家人共同负担家务，家庭才能和乐。

五、孝亲要耐烦。为人子女，不能不孝顺父母，孝亲最重要的就是要有耐烦的性格。因为年老的父母，甚至祖父母，必定动作缓慢，说话唠叨，甚至思想观念落伍，假如你不耐烦，势必让长辈不欢喜。所以，孝顺之道，不只是甘旨奉养、尊敬、体贴，尤其耐烦最为重要。

六、人情要耐烦。世间的人情，所谓“礼多人不怪”，你要做到“礼多人不怪”，必须要耐烦。要写一封信问候长辈，不得不耐烦写信；必须去探望的亲友，不能因为塞车不耐烦就不去探望。人情往来要送礼，不能因为想不出应该送什么东西，就不耐烦去送礼；人与人之间要应酬，如果你因为不善讲话，就不耐烦去应酬，这都是做人有亏，不能不慎。

军人作战，不到紧要关头，不滥发一枪；会议高手，不到要紧时刻，不乱发一言。主妇煮饭，饭未煮熟，锅盖不可妄自一开；母鸡孵蛋，小鸡尚未孵成，不可妄自一啄。所以，在事务里面要耐烦，在人情里面要耐烦，在时空里面要耐烦，耐烦是人生成就事业的增上缘。所谓“耐烦做事好商量”，耐烦做人，才能把人做好。

平常心（一）

有一次，我集合禅堂的徒众讲话，问他们：“你们进到禅堂里面，有什么进步，有什么心得吗？”开悟很难，不过大多数的年轻人都会说：“这半年，我觉得心地柔软了。”这一句话听了真叫人高兴。坐禅坐久了，就会感觉到，不必争一时之气，不必刚强，不必跟人比较，心地就会变得柔软，心胸就会比较开阔。好比稻穗成熟了，就会垂下来；杨柳枝好美，因为它柔软。

禅宗有谓“平常心是道”。有的人说话，语不惊人死不休；有的人做事，不能惊天动地非丈夫。其实，说话，闲话家常更觉亲切；做事，能让大家认同就是圆满；修道，也要修大家都能做得到的“平常道”。能够从平常事物中体会出佛法真理，这就是真修行，所以“平常之道”有四点：

第一，稳当话就是平常话。说话不必标新立异，说话旨在表达意思，说话要稳当、切实，不要说空洞、高调的话。如果说话浮而不实，说得到却做不到，或是说话得罪了别人，这都会让人看轻你的人格，所以说话要稳当，这就叫作平常话。

第二，本分人就是快乐人。做人要做什么样的人？做一个本分的人最要紧。什么叫本分的人？例如，应该正直，我就正直；应该诚实，我就诚实；应该慈悲，我就慈悲。我身为人家的儿女，我就做个孝顺父母的儿女；我的身份是学生，我就好好地用功读书，每次考试都有好的成绩来报答老师；我在社会机关里做一名职员，我就好好地把我的职务做好，这就叫作本分人。能够做个本分人，就是快乐的人。

第三，淡泊情就是真性情。人是“有情”的众生，但是有的人情感太热了，只有五分钟热度，不能维持长久；有的人情感太多了，多得让人受不了。所以，有时候淡泊一点的情感，持之以久，甚至愈久愈香。淡泊的情，就是真性情。

第四，惭愧心就是向道心。人为什么要信仰宗教？在诸多的原因当

·佛光菜根谭·

物质的苦乐没有标准，心中的自在才有价值；
成功的定义因人而异，道德的圆成才是重要。

中，有一个很重要的原因，就是培养惭愧心。惭愧心就是自觉我对不起父母、对不起儿女、对不起国家、对不起大众，我很惭愧。甚至我没有能力、我没有道德、我不够清净、我所做不够多，因此要奋发向上。怎样奋发向上？我信仰佛教，在佛教里我开辟另外一片天地，这就叫作“向道心”。一个有惭愧心的人，自然懂得精进向道。

世事无常，诸相皆空，如果我们有一颗平常心，世间的一切有也好，无也好，都看作镜花水月；得也好，失也好，都能以平常心看待，则生活自能恬适自在。

平常心（二）

我过去的几十年都是给人欺负、给人伤害，但是我从来没有想过找他们算账，也从来没有报复的心态。有一次外国来了邀请书，邀请我去访问，那时候出访很不容易，我感到非常欢喜。当时我人在高雄，一路坐夜车赶到台北，到了开会（讨论出访安排）的地点正好是九点。会议刚刚开始，主持人就说：“你来干什么？开会决议你不能去，现在你可以回去了。”我一看对方是长老，就说：“对不起，我没有资格参加，我这就回去。”类似这样的例子不胜枚举，不过我都忍耐了下来，忍一次就是生死一次，千生万死才会找到一个生存的机会。

佛教讲“平常心是道”，平时我们也常常听到有人说要用平常心做人，以微笑的态度面对愤怒的场合，则愤怒无不消散；
以微笑的心情处理沉重的急务，则急务愉快胜任。

要用平常心处事。“平常心”究竟是什么意思？怎样才能保有一颗“平常心”？有四点看法：

第一，失意事来，治之以忍。《史记·汲郑列传》说：“一死一生，乃知交情；一贫一富，乃知交态；一贵一贱，交情乃见。”一个人失意的时候，最能感受“人情冷暖，世态炎凉”。有的人因此自怨自艾，消极颓唐；有的人则怨天尤人，愤世嫉俗，这都是一种负面的情绪作用。真正有修养的人，尽管世情浇薄，我以一忍治之，自能不以物喜，不以己悲，所以能忍的人，他就是有平常心。

第二，快心事来，处之以淡。“人逢喜事精神爽”，遇快心事时，一般人莫不是欢天喜地，欣喜若狂，恨不得天下人都能分享他的快乐。“喜形于色”固是人之常情，然而能如谢安在淝水之战时，侄儿谢玄以寡击众，取得胜利后，消息传来，犹能弈棋如常，不动声色。这种“快心事来，处之以淡”就是一种平常心。

第三，荣宠事来，置之以让。人有荣誉之心，而后知所向上，值得嘉许。然而自古以来多少文武大臣、后宫佳丽，为了争宠显荣，彼此钩心斗角，甚至导致政争战乱，祸国殃民，反而骂名千古。所以，荣宠不是争取而来的，所谓“实至名归”，名实不符，有时候求荣反辱。能够洞彻此中道理，在荣宠之前，以平常心视之，就是明哲保身之道。

第四，怨恨事来，安之以退。人有不平，易生怨恨。怨恨犹如一把双刃剑，伤人又伤己。遇有委屈不平时，不必难过，不必计较，何妨退一步想。能以平常心安之以退，自能泰然自适，则怨恨无由生起。

平常心是一种透析世情、了悟人生的智慧；能以平常心处世，自能“超然物外见真章”。

平常心（三）

有一个外道前来访问佛陀，为了增进友好，他带了两盆花。佛陀一见到他从门外进来，就说："放下！"于是他把一个花盆放下来。佛陀又说："放下！"他又放下另外一盆花。但是佛陀却又再说："放下！"外道就问了："佛陀，花都放下了，还要放下什么东西？"佛陀回答："放下你的知见、放下你的执着、放下你的狐疑。"所以不放下，就算是功名、富贵、金钱、爱情再多，也会成为压力。

经典形容我们的心犹如瀑流，念念相续，又如波涛汹涌，上下起伏，实在难以维持一颗平静、平常的心。平常心是一种心境，它"不以物喜，不以己悲"，不为环境的变化而喜忧；平常心是一种境界，慧能大师云"本来无一物，何处惹尘埃"，它超脱物外、超越自我。这里再谈四种平常心：

第一，为善不执是平常心。无论付出、行善，你有了执着，就会有所罣碍；有了执着，就会有所期待。当期待落空，不免失望，甚至反而恼怒不安，内心就无法平静了。如果能够行善施恩于人，无求回馈，不执于心，体达"三轮体空"，无施者、受者以及无施物的清净平等心，就是平常心。

第二，老死不惧是平常心。生死轮回是宇宙运转的常道，人总难免生病，面临衰老，甚至死亡的来到，能够心无惧怕、意不颠倒、无所罣碍、安然自在，所谓"死是生的开始，生是死的准备；生也未尝生，死也未尝死"，这就叫平常心。

第三，吃亏不计是平常心。有句话说"学习吃亏能养德"，有时吃点要有道德地生活，才算有修行；
要有价值地工作，才算有成就。

亏，并不是坏事，你从吃亏中可以累积人生的经验，从吃亏中可以学会处世的退让。尤其人与人相处，难免有所不公与亏欠。能够在吃亏时不计较、不比较，这就是平常心。

第四，逆境不烦是平常心。所谓"月无日日圆，人无日日顺"，当我们遇到忤逆的境界，要能看清忧虑，放下忧虑，不随烦恼起舞，泰然处之。好比竞赛的时候总想战胜对手，其实要战胜对手，要先战胜自己，战胜自己就是不为环境所扰，不为杂念所困，不为顺逆所动，忘掉对手，忘掉胜负，以自然的心态对待，这便是平常心。

"人若无求，心自无事；心若无求，人自平安。"其实平常心就是日常用事中无取、无舍、无骄、无求、无执着的心行。"最平常是最神奇，说出悬空人不知；好笑纷纷求道者，意中疑是又疑非。"平常心即是道，道即在平常生活中。

生活的美学

所谓生活质量，是讲究生活的规律、环境的整洁、家居的安宁、居住的安全、饮食的正常；每家人士和谐友爱，社会活动安详有序，工作定时，忙闲适中，晨起晚睡，皆有规律。

慢慢来

在凡事讲究快速的现代社会，每个人的脚步都像时钟上紧了发条，分秒不停地向前奔驰。可是在追求快速的同时，有时也会“欲速则不达”，甚至产生一些负面效果。例如，科学家发明高空快速飞机，因为响声太大而被勒令停止；摩托车取下消音器加速行驶，也是因为噪音太大而遭到取缔。

人生不能一味地求速成，所谓“饭未煮熟，不能妄自一开；蛋未孵成，不能妄自一啄”，人间万事都有它的平衡之道，“慢慢来”是对治速成之弊的重要法宝。关于“慢”的好处略述如下：

一、慢工可以养艺。古语说“慢工出细活”，所以“精雕细琢”就是要靠慢工慢慢来。一些药效迅速的特效药，也要经过大药厂经年累月的试验；农作物的改良，也是经过多少农业专家长时间的苦心试种培植；很多伟大的工程，都靠慢工成就。扬州有一位妇女，花了六十年的时间，用头发绣了一尊观世音。我曾亲见澎湖一位小姐，花了五十年岁月，只照顾了两位病人。看起来她们的成就有限，实际上她们自我的生命都已经永垂不朽了。

二、慢跑可以养生。现在医学证明慢跑可以养生。长跑、快跑，只适合少数运动员在竞技场上大显身手，一般真正的养生，要靠慢跑。老虎虽然凶猛，只能三扑；乌龟慢走，但可以从早到晚，持续不停。天空的云朵，快速聚拢，但也快速消散；潺潺的流水，可以细水长流，终年不会干涸。因此，慢跑可以养生，值得推广成为全民运动。

·佛光菜根谭·

唯有爱惜力量、养深积厚，才能蓄势待发，实现理想；
唯有爱惜众缘、尊重包容，才能群策群力，共成美事。

三、慢言可以养量。语言是人与人沟通的桥梁，但是有的人拙于言辞，平时总是沉默寡言；也有的人好发议论，喜欢高谈阔论。所谓“一言以兴邦，一言以丧邦”，语言的得失，其影响之大，人人知道。只是一些好发表高论的人，不善克制自己，不能忍之于言者，很容易随性发言，很多话不经思考就脱口而言，一旦惹出麻烦，才来悔不当初。其实这是个有声的时代，不能不发言，不能不表达；但是噪音、杂音为人所不喜，所以发言要有所节制，尤其要讲究内容。假如能慎言，不但能表现自己的涵养，而且可以增加语言的分量与重要。对于好言者，沉默是金，慎言养量，不能不思之。

四、慢活可以养寿。现代人工作忙碌，生活节奏快速，每天都是分秒必争地向前冲，由于紧张、压力，造成许多现代文明病。假如能把生活步调放慢一些，吃饭不要狼吞虎咽，可以慢慢来；开车不要超速，应该遵守交通规则；讲话不要像机关枪、连珠炮，可以慢慢地表达。平日生活里，不要有太多的赶场，不要完全为别人而忙，有时也要为自己而活。思想反应不要太快，何妨迟钝、笨拙一点。每事不一定都要跟人竞赛，也不必每日加班。经年累月不休假，即使机械也会磨损，何况血肉之躯更要保养，因此现代人要想长保身心健康，慢活不失为养生之道。

不急不急

天下文化出版公司提出为我立传的请求时，佛光山的弟子们都不赞成，我自己也不想要。但是基于社长高希均教授与我多年来的情谊，也只好勉强答应。高教授派符芝瑛小姐负责撰写编著，记得符小姐第一次与我会面时，冷冷地说道："我不是佛教徒，也不会信仰佛教，今后两年，我将会出现在您的身边从事采访的工作。您不必管我，因为我只是在工作而已。"我感受到这些话带来的压力，可是想想，既然答应别人为我立传，就要有勇气将自己摊开在阳光下，毫不隐瞒地接受别人的审核。两年后，在西来寺的皈依典礼中，赫然发现符小姐竟然也夹在信徒当中。结束后，我好奇地问她为什么改变主意了，她坦然答道："我等不及了！"最初在她写《传灯》前，我认为符小姐没有人情味，但是后来，我觉得她是一个很有慧根的人。

我们要在这个世间生活，秘诀只有一个，那就是"退让"。退让的诀窍，至少有如下八个方面可以实施、应用：

一、不急不急，礼让第一。根据统计，十次车祸九次快，所以在交通安全的规则上有说"不急不急，礼让第一；让一步路，保百年身"。行车要互相礼让，尤其对面来车，更要礼让，否则别说两车对撞，就是两车擦撞，都可能车毁人亡。

二、不急不急，安全第一。过去的人在外行船走马，遇有盗贼出没，或是洪水急流等危险的地方，总是小心谨慎，所谓"不急不急，安全第一"，人生不在争取那么一刻、一时、一次，无论做什么，人生多的是机会，所以不急不急，你有安全，才有未来。

三、不急不急，谦虚第一。做人处事，遇有利害关系时，不要看得太严重，各种是非得失，也不必太认真。和人相处，不要凡事计较，不要为了一点小事，就争得面红耳赤，彼此剑拔弩张，应该懂得"不急不急，谦虚第一”，在适当的时候谦虚退让，才能安全。

四、不急不急，守法第一。生活里，我们希望凡事要快、要顺，但有时候守法很重要。例如，盖房子要申请执照，政府法令要求这里要加个柱子，那里要加根栋梁，你要照做，不要为了图快，反之欲速则不达，所以要“不急不急，守法第一”。

五、不急不急，耐心第一。现代的人出门在外，经常塞车；买个东西，总要排队。这时都要耐心等候，不能着急。甚至打个电话，叫商店外送餐饮，再怎么快，都要时间，你不能着急。所以“不急不急”，你要有耐心，才是第一。

六、不急不急，大众第一。世界不是我一个人的，还有社会大众。做任何事，我希望捷足先登，别人也要快一点达到目的；我要即刻完成，别人也希望加速成功。有时候，我们和大众走在人生的同一条路上，只有谦让，别人才会对你有好感。尤其在人群里，唯有“不急不急，大众第一”，才能相安无事。

七、不急不急，妇孺第一。过马路时要礼让老弱妇孺，坐公车时也要让座给老弱妇孺，乃至有吃的、用的都要老弱妇孺优先。我们先尊重老弱妇孺，凡事“不急不急，妇孺第一”，继而养成以“别人第一”的性格，在社会上创业就容易成功。

八、不急不急，伦理第一。人与人相处，要懂得尊重伦理关系。例如，吃饭时，长辈父母先吃；坐位子时，师长前辈先坐。凡是有什么优待的机会，都能尊重伦理，不逾越分界。懂得“不急不急，伦理第一”，这是做人的根本。

综上所说，不急不急，和谐第一；不急不急，和平第一。如果我们的

粗者与人斗力，愚者与人斗气，
慧者与人斗智，贤者与人斗志。

生命能因“不急不急”而得到安全保障，只要能多活一天、一年，就可以多做许多事，何必急于一时呢？如果为争取分秒而失去一生，多么划不来啊！

取舍

佛陀住世的时候，有一个珠宝商正为国王穿珠，见到一比丘前来乞食，就入内取食；不料，珠子从桌上滚到地下，被一只白鹅吞了下去。珠宝商出来后，不见了珠子，误以为比丘窃取，以竹杖鞭打比丘，比丘什么都不说，默默挨杖鞭。直至身上血流溅地，白鹅引颈舐血，珠宝商盛怒，一棒将鹅打死，比丘才说出珠子被鹅吞食。珠宝商遂杀鹅取珠，并向比丘忏悔。当问明为何不事先说明原委时，比丘说道：“我若说出鹅吞去珠子，则鹅命将难保；现在鹅已被打死，我才说出真相。”

我们每天的生活里，都有我要、我不要，在取舍之间要做抉择。我们一生当中，也有多少关于自己的前途、名节，理智上是取是舍，也都在要与不要之间必须有所拣择。人生其实时时都在取舍之间，关于人生的“取舍”略述如下：

一、伦理上的取舍。我们在家庭里，有父系的伦理与母系的伦理，另外社会上有社会的伦理、工作的伦理、朋友之间的伦理。这些与我有关系的人士，我对他们要取要舍，应该到什么程度？例如，父母和儿女同时受灾难时，你是先救父母，还是先救儿女？所谓取舍之间，有轻重缓急，你养成习惯以后，遇到伦理感情上的是非得失，应该就懂得如何处理了。

二、法律上的取舍。在高速公路上开车，在两旁没有警车监视的情况下，你的车速是遵守规定，还是超速？这就考验你平时守法的精神。因为人都有侥幸心理，“人家不知道”“我只做这一次”；但是，在法律上万一你取舍不当，后果就不堪设想了。

三、利害上的取舍。一般人，凡是对我有利的，就是我所要的；于我不利的，是我所不要的。当然，取我所要，舍我所不要，人情之常。但是，如果一件坏事，是对你有利的，你应该做吗？一件好事，对你是不利的，你应该拒绝吗？所以，你是不是自私？是否以自我为中心？是否自我主义者？在利害取舍间一试即知。

四、情义上的取舍。有时候，人与人之间，看金钱多少决定自己帮不帮忙，所谓“银货两讫”。有时候金钱之外还有友谊的关系，还有交情的关系，还有道义上的关系，你是应该给予帮助还是加以拒绝？人与人的关系，除了金钱之外，如果能注意到还有情义上的、道义上的、因缘上的关系，人的品质，就能在取舍之间不断升华。

五、善恶上的取舍。一切事情有大善大恶，有小善小恶，有不善不恶。有的看起来是善，实际上是恶；有的看起来是恶，实际上是善。例如，警察取缔违法，看起来是不近人情，实际上维护社会秩序是尽责；父母打小孩，看起来打骂过分，实际上是出于“爱之深，责之切”。所以，吾人的心中每天就是在善恶里翻滚，所谓“天人交战”，你在善恶上如何取舍呢？

六、正邪上的取舍。行为、思想、语言，只要表现出来，别人就会用正邪、善恶、好坏来评鉴你。社会上所以纷乱就是因为善恶、正邪不分。

·佛光菜根谭·

人的苦乐，不少是由他人引起的。
肯惠施快乐给别人，不但自己能离苦，
往往也能得到快乐的回馈。

明明是一个欺骗的行为，行的是邪事，但他用美丽的语言或假借宗教的名义来行之；明明言语不当，但是他认为用邪行能使你畏惧，使你忌讳。社会上正派的人很多，但因为他不能像商业一样，在脸上挂个正字标记；社会上的邪人邪事也很多，但也不能一一拆穿。正邪之间，就靠你的智慧去辨别、取舍了。

不后悔

有一学僧向云居禅师请开示如何不懊悔。云居禅师说，通常人有十种后悔，只要把“不”字改为“要”字就可以了。这“十后悔”是什么？一、逢师不学会后悔；二、遇贤不交别后悔；三、事亲不孝丧后悔；四、对主不忠退后悔；五、见义不为过后悔；六、见危不救陷后悔；七、有财不施失后悔；八、爱国不贞亡后悔；九、因果不信报后悔；十、佛道不修死后悔。能把“不”改为“要”，即“逢师要学，遇贤要交，事亲要孝，对主要忠，见义要为，见危要救，有财要施，爱国要贞，因果要信，佛道要修”，就能有一个不后悔的人生。

你后悔过吗？后悔，令人懊恼，令人遗憾，令人伤心，令人难以追补，可是，人却经常后悔。假如一个人可以多方考虑，思想周密，就不容易后悔。怎样有一个“不后悔的人生”，有四点意见提供：

第一，有所发言，必庄重。无论你在什么地方讲话，都要庄重不要轻勿以己之长，而显人之短；
勿因己之拙，而忘人之能。

佻发言。所谓“言者无心，听者有意”，假如你的态度诚恳、真实，庄重地发言，自然不会引起他人的误会，事后就不会后悔了。

第二，有所措施，必筹谋。人生无论做什么事，总要有个预先的计划。你必须先有个筹划、商量。你把它安排个一二三四，有了步骤，有了程序，有了因缘，有了内容，这样就不会匆忙决定，做起来就不会懊悔。

第三，有所决断，必咨询。无论你做什么事情，常常要有决断。做还是不做呢？这样做好还是那样做好？要做大还是做小？不管你怎样做，都必须要向上级咨询，或者和部下会议商量，如此你所有的决断就会得到很多人的支持、赞助，否则一意孤行、独断独行，没有人拥护你。

第四，有所过错，必承担。人难免有思考不周的地方，假如所做的事情有过错了，你赶快自己承担起来，“这是我不对”“这是我不好”“这是我不应该”，你能够这样诚恳老实地承担责任，别人也会给你安慰，提供你意见，协助你解决，后悔的程度就会减到最小。

“活”的意义（一）

有僧问洞山禅师：“寒暑来时，如何躲避？”洞山答说：“何不向无寒暑处去？”僧再问：“如何是无寒暑处？”洞山道：“寒时寒杀阇黎，热时热杀阇黎。”僧反驳道：“你不是说到一个既不寒又不热的地方，为什么又寒杀热杀呢？”洞山终于明白：“寒冷时用寒冷来锻炼你自己，热恼时用热恼来锻炼你自己。”

常有人问：我们为什么要活在人间？如果人生连“活”的意义都不了解，那就活得没有意思了！活，就是生命的意义。活，就是要动，所以要办活动。要活，就要能动；动，就要和时代共同启动，和人类共同活动，所以每个人都要知道“活”的意义，如此才能动员起来。活的意义是什么呢？人到底为何而活呢？

一、为求学而活。人在幼年时，不只为了喝奶水、吃糖果而活，也为了长大而活，为了求学而活，为了读书将来孝养父母而活，为了在社会上成功立业而活，甚至为了普利天下而活。人生要活在希望里，要活在未来里；有未来才有希望，有读书才能成“人”。

二、为生计而活。人之生，就是为“活”而生，不是为“死”而生。有的人一天到晚希望“了生脱死”，如果生活都不能解决，如何了生脱死呢？所以活的目的就要先讲究生计。我有家庭日用的计划，我有谋求衣食温饱的计划，我有利济群生的计划。我不但要有个人生存的计划，还要有安顿亲人生活的计划，甚至要有社会发展的计划，要有国家强大的计划。人类要谋生，就要为活着做种种有益的计划。

三、为服务而活。人的活命，不是只为一己之生存，人活着要扩大活的范围，扩大活的意义。活着的意义就是要为大众服务。人与生俱来，就有自私的习性，但是自私的生活只有萎缩、渺小、狭隘。广义的“活”，就在服务。过去的历史人物，为人所歌颂、赞叹，都是因为他有服务的性格；今后的时代、社会，必定也是一个服务的时代与社会。现在的服务业非常盛行，交通、餐饮、旅游，都是服务业，未来必将扩及金融、养老、育幼、医疗等，都是无国界的服务业。

四、为修道而活。人活着，也不能只是一味地、茫然地只为苟且偷生，

·佛光菜根谭·

世故不宜太深，太深则生趣索然；
感情不宜太浓，太浓则难能持久。

做个行尸走肉之人。人活着，应该要为学、为道，所以在为学、为人之外更要为修道而活。人所以要修道，就是要提升自己、规范自己，要让自己因信仰而超凡入圣，这就是活着最大的意义了。

五、为救世而活。人可以在活着的时候为自己规划人生：你是为一人而活呢，还是为一家而活呢？你是为一国而活呢，还是为世界众生而活呢？假如你是为世界众生而活，就要努力谋求世界的和平、人民的安乐，就要为社会和谐、众生普度而牺牲奉献。尤其要发愿，我是为救人而来活着，我是为救世而来活着；舍去救人救世的慈心悲愿之外，世间还有什么呢？

“活”的意义（二）

张姚宏影是伯爵山庄负责人，事业遍及世界各地，一通电话可以遥控各地的业务，能把事业做到这样的程度，真是女强人中的女强人。1994年会面时，她曾说：“19年前就问过师父，什么时候我才能学会放下，今天我自己终于悟了——今天活着，什么都是我的；明天一口气上不来，什么都不是我的！”我告诉她：“今天做好，是你的；明天不在了，也是你的，要做到这个地步，你就成功了！”

21世纪有一个热门的新兴学说为人所重视，那就是“生命学”。生命学最大的意义，就是要“活着”。人要活着，才有意义；人要活着，才有作为；人要活着，才有语言、文字，以及各种文化的产生。假如生命不能活着，一堆枯骨、一座墓园，有什么意义呢？就是活着，也要讲究道德、人格、奉献、欢喜，假如活着没有感觉自己的生命不断升华，对别人也没有任何贡献，那么又为什么要活着呢？所以试论“活着”的意义有四：

一、有的人为自己而活，太自私了。当今之世，为自己活着的人为数最多。所谓“人不为己，天诛地灭”，强调人应该要为自己而活；但是为自己活着，凡事都想到自己的利益，自己所要，自己所得，岂不是太自私了吗？这个世间是众缘和合而有，别人制造了因缘，让我们享有，而我只想到自己，自己之外没有别人，这种人生观对世间大众有何利益呢？人活着的意义，是在给人因缘，给人帮助，如果“我”之外都没有别人，这个世间有你无你，都已经不是重要的事了。

二、有的人为别人而活，太辛苦了。为自己而活是太自私，为别人而活，又太辛苦了。所以佛教都讲“自度度人，自利利人，自觉觉人”，重视自他两利、自他共有。不过，一个人肯为国家而活，为家人、朋友、社会活着，为责任、意义活着，虽是辛苦，也是心甘情愿，那是最为难得。人活着的意义，要将个人的生命流入大众团体的生命里，共同为世间美好的未来谱写乐章；能够将辛苦转为成就，转为活着的意义，那么生命的存在就很可贵了。

三、有的人为理想而活，太空洞了。世间，务实的人勤劳负责，为己、为家、为人、为国而努力不懈，所有世间所得，十方来十方去，都用于回馈社会大众，最有意义。但是有些人，只为自我空洞不实的理想而活，凡事喜欢唱高调，虚浮妄想，不切实际，于人丝毫无益。如东晋时代的玄谈，在历史上为人所诟病，就是因为空洞不切实际。

·佛光菜根谭·

世间，“欢喜”是最美好的。
遇到纠纷时，多替对方着想，
人我互换，以和气的方式来解决问题。
嗔火怒气，只会焚烧功德林。
心如工厂，能生产“欢喜”给人，才不枉过此生。

道家主张“清静无为”，也被人批为消极遁世。佛教的菩提心，能以菩提心出发，以出世的精神做入世的事业，把理想与实践合二为一，那才是活着的意义。

四、有的人为使命而活，太沉重了。世间有一些能人、智人，他们秉持圣贤之心，抱持使命之感，如理学家张载“为天地立心，为生民立命，为往圣继绝学，为万世开太平”。虽然为了使命感，活得很沉重，但如孟子说“天将降大任于斯人也，必先苦其心志，劳其筋骨，饿其体肤，空乏其身，行拂乱其所为，所以动心忍性，曾益其所不能”，我们应该庆幸我们有生命，我们的生命是活着的，我们要让自已的生命活得有价值，就应发心立愿，愿为国家社会，为人民大众而活着，这才是活着的意义。

苦是人生的实相

古代丛林参学的教育可以说是打骂的教育，眼睛不可以乱看，嘴巴不可以乱说，否则随时都要挨打挨骂。例如在禅堂里参禅，无理三十棒，有理也是三十棒。在那种情形之下，打也好，骂也好，看起来都与佛法无关，甚至或许有人会认为太过分、太不近人情了。事实上，为了加速一个人的完成，为了求证佛法大意，有时候却不得不如此。这个时候的打或骂，也都变成了佛法。所谓棒喝下的禅悟，就是此意。

说到苦，人都怕苦，喜欢快乐，但是苦是人生的实相。人的内心有贪、嗔、痴三毒之苦，身体上有生老病死的无常之苦，乃至忧、悲、苦、恼、无明，甚至爱别离、怨憎会、求不得、五阴炽盛等“苦苦”，都让人生苦不堪言。

烦恼是苦的根源，虽说人生“苦乐参半”，偶尔也有快乐的时候，例如金榜题名是快乐、事业有成是快乐、妻贤子孝是快乐、财源滚滚是快乐、大病初愈是快乐、喜获麟儿是快乐、苦尽甘来是快乐……但是世俗的快乐，无论是感官或精神上的，都不究竟，也不长久，都不是真正的快乐，因为短暂的快乐过后，还是会有失去的落寞之苦，甚至有时候因为耽于快乐，不知上进，往往乐极生悲，这就叫作“坏苦”。

也许有人会说，我不求闻达于诸侯，是个安于平凡的人，既不贪爱权势名位，也不羡慕高官厚禄，我能甘于淡泊，不被外在的物质有无所动，不受人事的好坏所动，因此能够无忧无喜地过日子。然而一个人即使有此修养，只是世间一切有为法都是迁流不住，都是刹那生灭，无法常住安稳，因此身心仍不免受到无常的逼恼，而有“世事无常”的慨叹，这就是“行苦”。

我个人一向提倡人生要追求快乐，人人应该乐观进取，不要老是把“苦”挂在嘴边，应该彻底了解苦的形成原因，找到对治的方法，那么我们就可以远离痛苦的渊薮，享受真正快乐的人生了。

关于苦的原因，我曾经把它归纳为七点：

一、我与物的关系不调和。苦的来源，第一个因素是我与物之间的关系不调和。譬如居住的房子空间太小，家里人口又多，拥挤不堪，不能称心如意，自然感到痛苦。晚上睡觉时，所用的枕头高度不合适，一夜无法安眠，精神不济，难免心烦气躁，也会痛苦不安。除了身外之物会带来种种的不便与痛苦之外，甚至长在我们身上的毛发、指甲等，如果不加以适当地修剪、洗涤，所产生的污垢也会带给我们困扰，因此古人常拿毛发来比喻烦恼说“白发三千丈，缘愁似个长”，又说“头发是三千烦恼丝”。没有生命的物质和我们的生活，其关系实在密不可分。

二、我与人的关系不调和。人我关系的不调和，是苦恼的重要因素。譬如自己喜爱的人，偏偏无法厮守在一起，而自己讨厌的人，却又冤家路窄，躲避不了。这就是佛教所谓的“爱别离苦”和“怨憎会苦”。有时由于个人的见解不同，办事方法千差万别，彼此引起冲突摩擦，产生痛苦。有时自己小心翼翼做事，生怕得罪了人，但是看到一群人背着自己窃窃私语，心中就感到惶惶不安，以为别人一定是在批评自己。由于人我关系的不能协调，也会让人感觉人生痛苦，日子难过。

三、我与身的关系不调和。有人说：“健康是第一财富。”假如没有健康的身体，纵然拥有天下的财宝、旷世的才华，也无法发挥功用。偏偏身体的老病死是自然现象，任何人也逃避不了。再健壮的人也有衰弱的一天，再美丽的容貌也有苍老的时候。年轻时，虽然可以逞强称雄，但是随着岁月的消逝、年龄的增长，我们的器官也会跟着退化，眼睛老花了，机能衰退了，动作迟钝了，完全不复当年的生龙活虎、叱咤风云。一个小小的感冒就足以使我们缠绵病榻数日；一颗小小的蛀牙就够我们整夜辗转反侧，不能成眠。由于我与身体的关系不能调和，种种的苦恼也会接踵而至。

四、我与心的关系不调和。心是我人的主宰，如一国之君，操纵着一切。古人说：“人心惟危，道心惟微。”我们的心如野马脱缰，到处奔窜，不接受我们意志的自由安排。譬如当我们的心中生起贪嗔痴等烦恼时，虽然努力加以排遣，却是那么力不从心；又譬如心中充满种种的欲望，虽然极力加以克制，却又事与愿违，不能随心所欲。这种由于我与心的不调和而产生的痛苦，实际上并不亚于身体不调和所带来的苦痛。我们常常听到有人埋怨别人说："你都不听我的话。"其实最不听话的，不是别人，而是我们自己的心。我们无法叫自己的心不起妄念，不生烦恼，自己的心实在是世界上最难征服的敌人。我们和心如果处于敌对的关系，每日干戈不断，痛苦交迫也就是必然的了。

五、我与欲的关系不调和。人不可能没有丝毫的欲望，欲望有善欲和恶欲之别。好的欲望譬如希望成圣希贤、成佛作祖，或者希望创一番事业，服务家乡社会，造福人群国家，所谓立功、立德、立言等三不朽，佛教称这些向上求进的欲望为善法欲。另外如贪图物质的享受、觊觎官运的显赫、眷恋爱情的甜蜜等等，佛教称这些可能使我们堕落的欲望为恶法欲。善法欲如果调御不当，会形成精神上的重大负担，产生很多的痛苦；更何况恶法欲，如果无法善加驾驭，和我们的心保持良好的关系，其所带来的痛苦，更是不堪负荷。

六、我与见的关系不调和。见，指的是思想、见解。物质上的匮乏、欠缺还能够忍受，最令人难以忍受的是思想上的寂寞、精神上的孤独，古来多少真理的追求者都是孤独地行于真理的道路上。因此陈子昂有"独怆然而涕下"的悲叹，佛陀也有入涅槃的念头。而令我们感到痛苦的思想是"似是而非"的邪知邪见。佛陀住世的时候，有一些邪见外道主张修持种种的苦行：或者倒立于林间，或者在火边烧烤，或者在水里浸泡，有的人绝食不饮，有的人裸形不穿，极尽能事使身体受苦，企图借着苦行以获得解脱。由于这些外道的思想不纯正，见解欠适当，徒然使身体受到折磨，增

· 佛光菜根谭 ·

一点慈悲，不但是积德种子，也是积福根苗；
一念容忍，不但是无量德器，也是无量福田。

加许多无谓的痛苦。邪知邪见能陷我们于痛苦之中，是阻碍我们追求真理的最大绊脚石。

七、我与自然的关系不调和。从人类的文化史来看，人类最初的活动就是和自然一连串战争的记录。自古以来，自然界带给我们的痛苦，举凡地震、海啸、风灾、水灾、旱灾、森林火灾等，真是不胜枚举。任何一个天灾，都会带来严重的灾情，譬如水量过多，泛滥成灾，平地变成汪洋，无处安身；反之水量太少，干旱成灾，大地龟裂，无法耕作，都足以危害生存。所以，我与自然界的不调和，所带给我们的苦恼，都是显著而且直接的。

总说人生有无量无数的苦，而万般痛苦，都是因为有“我”，如老子所说：“吾之所以有大患者，为吾有身。”人因为有“五蕴和合”的色身假我，因此有贪爱、执着、嗔恚、愚痴等轮回生死的烦恼根本。

苦的存在是不可否认的真理，而好乐恶苦是众生的本性，现在举世之间，各种学术、经济、医药等不断精益求精，乃至科学家多少的发明，无非都是为了改善人类的生活，希望将痛苦减少到最低程度，甚至政治家的口号也都是为了替人民除苦。但事实上，一般社会上的济苦助贫，解衣推食，只能方便地解救一时的困苦，不能彻底拔除痛苦的根本；唯有自己有了般若智慧，才能洞烛苦的来处，然后加以“应病与药”，如此才有力量除苦。也就是说，有了照见五蕴皆空的“无我”智慧，才能究竟离苦得乐，这也是为什么学佛要“勤修戒定慧”，要不断“三学增上”的原因了。

人生百态

修学律宗的有源请教大珠慧海禅师说：“和尚修道有没有秘密用功的法门？”大珠：“有。”有源：“如何秘密用功？”大珠：“肚子饿时吃饭，身体困时睡觉。”有源不解：“一般人生活都要吃饭睡觉，和禅师的用功不是都相同吗？”大珠：“不同。”有源：“有什么不同？”大珠：“一般人吃饭时百般挑剔，挑肥拣瘦，不肯吃饱，睡时胡思乱想，千般计较。”吃饭睡觉是多么简单的事，可是今天究竟有多少人能舒舒服服地吃饭、安安逸逸地睡觉？可见最平常的事到达平常心的境界，是须经过无数不平常的修持。

人生真是千奇百怪，一个屋檐下的家人可能各有想法，一个机关里的员工也可能各有不同的志向。因为有种种不同的人，因此构成森罗万象的人生百态。以下试举相互对待的各种人生：

一、有好有坏。世间有好人也有坏人，好人秉性善良，处处为人着想；坏人所思所想都是自己的利益，因此经常为了己利，不惜作奸犯科。

二、有文有武。有的人文质彬彬，有的人孔武有力，因此有人好文，有人好武，也有的人文武全才。

三、有聚有散。分别多年的亲人朋友，忽然相聚了；本来同事共聚的人，为了事业各奔前程。有的冤家聚头，有的爱别离苦，人生聚散常在意料之外，但其实也都在意料之中。

四、有得有失。人生有分内所得，也有分内所失；有分外所失，也有分外所得。得之则喜，失之则忧，人之常情；得失的人生，总是带来几家欢乐几家愁。

五、有舍有贪。有的人不论贫富，布施喜舍；有的人即使万贯家财，仍然贪心不足。因此，世间的贫富，不是看钱财的有无，能喜舍者虽贫而富，贪吝者虽富而穷。

六、有苦有乐。世间景象，苦乐二字最能形容。一半的人愁眉深锁，忧愁苦闷；一半的人喜逐颜开，乐观自在。苦乐谁能加之？语云“知足常乐，能忍自安”，苦乐少部分是外来的，大部分是自造也。心能造天堂，也能造地狱，当然心更能制造苦乐的生活，就看工程师的主人，要创造天堂，还是创造地狱了。

七、有荣有辱。人世间，有的人在一生当中有许多光荣，也难免有一些伤害和侮辱。光荣是自己努力奋斗所有，侮辱有一些也是自己招惹的麻烦。聪明的人，远离侮辱，而就荣耀；或者把荣辱置之度外，又是另一番境界。

八、有闲有忙。人世间有多少忙人，也有多少闲人。忙人怕闲，闲人怕忙；但也有的人能忙能闲，能闲能忙。其实，人生当忙的时候要全力以赴，当闲的时候也要懂得好好安闲度假，自在生活。

九、有喜有怒。人是有感情的动物，喜怒都是正常的情绪。顺境则喜，逆境则怒。有的人交友常有喜怒，经商得失更增加喜怒。但是人生不应以一时的情绪决定自己的下一步，在欢喜的时候不能得意忘形，在有怒气的时候也不可以意气失态。顾念历史，顾念情义，顾念大体的人生，对喜怒总会有所节制。

十、有成有败。世间有多少人事业成功，做人失败，也有很多人做人成功，事业失败。人的一生就在成败之中翻滚，许多人看起来是成功，但举一知十，未必是聪明之辈；
举十知一，未必是愚蠢之人。
诡言标异，未必有卓越之处；
言行平淡，未必非睿智之人。

内里多少的辛苦；有的人看起来是失败，但失之东隅，收之桑榆，又岂是逆料所及。

有人好名，有人好财，有人好利，有人好义，有人好表现，有人好隐藏，有人喜欢群聚，有人欢喜独居……可谓百态人生，不一而足。在百态的人生之中，我们又是以何种心态来面对生活？

人生七宝

跟着大众学习，把社会当为学校，不要说“三人行，必有我师焉”，可以说任何人都可以做我的老师了。这些学习让贫僧感到，眼睛像照相机，耳朵像收音机，鼻子好像侦察机，舌头好像扩声机，身和心联合作用，就可以随机应变，人身也就好像是一部机器，在思想上可以自由运转了。

人总想要拥有一些财宝，珍珠、玛瑙、金银、钻石、房屋、地产、股票、证券等，其实这些都是身外之物，可能不但不能帮助自己，还会招来横祸，所以人生宝物应重视下列数点：

一、健康。所谓“留得青山在，不怕没柴烧”，自己未来的事业要靠健康的身体，如果没有健康的身体，不但带给别人麻烦，自己拖着个患病的臭皮囊，也是累赘，所以健康是宝，千万要保护自己的健康。

二、正见。人都有思想，都有看法，大多欢喜表达“我认为”“我以为”“我的看法”。但是这许多看法、以为，必须要有正见，你看错了，认为的错了，不但对自己不利，对别人也不好。正见就如照相，光圈焦距要对正，否则照出来的照片会扭曲；正见就是要辨别正邪，要知道善恶，要明白因果，不管看人、看事、看理，都要正见，才不会谬误。

三、明理。明理是一种智慧，理不是自己个人的，理要有公论，有普遍性，要能被人普遍、公平地认同。现代人喜欢讲理，但都是自己的偏理、私理、歪理、邪理，这种上不了台面的理，就是无知、愚痴。

四、信仰。人生有信仰，才有力量；有信仰，才有因缘。我对国家的信仰，对主义的信仰，对宗教的信仰，对人道的信仰，对因果的信仰，有了信仰，人生才有规则。

五、立志。人要立志，因为立志的人才肯奋发向上，才肯担当责任，才能建设未来；反之，一个人如果没有立志，空荡荡的人生，不知从何处下手，也不知目标何在，就如行尸走肉一般，人生必定活得非常痛苦。

六、善缘。人生的财富，有的看得到，是有形的，如房屋、事业的成就等；有的是无形的看不到的，如因缘、人脉关系等。平常能给人一些因缘、助人一些因缘；点滴因缘的种子播撒下去之后，一旦结出累累果实，就会知道因缘的重要。有的人家财万贯，没有人羡慕，有的人地位崇高，也没有人敬仰，此即无人缘之故。吾人即使无财、无名，但有人缘，到处都会得到助力，到处都能通行无碍。

七、道德。自古以来，有权有势的人不一定受社会尊重，反而无权无势而道德崇高的人，如历代的正人君子，即使是结局失败的文天祥、史可法等，因为他们都是忠勇有德之士，千百年来仍为人所称颂。

以上的人生七宝——健康、正见、明理、信仰、立志、善缘、道德，

· 佛光菜根谭 ·

生存的意义是自由，
但不是妨碍别人的自由；能尊重别人的自由，
甚至保护别人的自由，才是真正的自由。

少一宝都不行。既是人生之宝，吾人自应好好珍惜它。

人生一字诀

大智问佛光禅师道：“老师，分别这二十年来，您每天的生活仍然这么忙碌，怎么都不觉得您老了呢？”佛光禅师道：“我没有时间觉得老呀！”“没有时间老”，其实就是心中没有老的观念，等于孔子说“其为人也，发奋忘食，乐以忘忧，不知老之将至”。

每个人在一生当中，总会遇到改变自己人生观的人、事、物，有的人因受到一句话的影响，而改变人生的方向，也有人是受到一个字的启示，而改变人生的抉择。人生的“一字诀”是什么呢？有四点说明：

第一，为人之德只一“让”字。俗语说“退一步海阔天空”，做人之德行最重要的就是谦让。“让”是中国固有的礼法，大至帝王的“禅让”政策，小至家喻户晓的“孔融让梨”，都是让人千古赞扬的德行。《六祖坛经》云“让则尊卑和睦”。生活中，如果人人重礼让，则能减少彼此的摩擦，且能相互尊重，更不会有相忌相争的行为。荀子说“争则乱，乱则穷”，只要人人礼让，则社会必能安和，所以“让”是为人的重要德行。

第二，立身之道只一“正”字。人要立身于天地之间，凡事都应该要本着“正”字，如正知、正见、正思、正派、正念等。“正”，是处事的根本，“正”是领众的基础，孔子说“其身正，不令而行；其身不正，虽我们不仅要做好人，更要做正人；
我们不仅要做善人，更要做全人。

令不从”。一个人只要凡事“正”直，心胸坦荡，即使在困难逆境之中，仍能守“正”而行，则其德风，必能让众人心悦诚服，其处事之道，必能摄服众人。

第三，行善之要只一“施”字。你要做善事吗？做善事要能施，如布施时间、布施体力、布施财物，甚至一个笑容、一声问好，都是行善之举。行善如果要求别人感谢你，对你有所回报，甚至希望因此而获得名声，那就不叫布施，而称为“贪”。布施要如《金刚经》所说“三轮体空”，才是真正的布施，就如太阳普照大地，如甘霖润泽万物，都是无悔的付出，是不求回馈、没有利害的往来，这才是真正的善行。

第四，朋友之交只一“淡”字。莎士比亚说“有良友为伴，路遥不觉远”，朋友是人生旅途上非常重要的伙伴。但是朋友相交要能生死与共，而不是只在利益上的往来，如欧阳修说“君子以同道为友，小人以同利为友”。如果朋友往来是在“利”上相交，当利益冲突或是无利可图的时候，友谊将因此生疏甚或交恶。因此友谊不在浓情蜜意里，而在礼义道德上，朋友之交要“淡”才能长久。

金钱有用完的时候，道理则能一生受用不尽；能够让人受用的道理，即使一句，甚至一字，都弥足珍贵。

健康的生活（一）

佛学院院规规定夜晚十时“开大静”以后必须就寝。我偶尔深夜巡视院区，看到三两个同学偷偷地开夜车，有的藏在楼梯角落写功课，有的躲在大殿暗处拜佛，回想过去自己不也经常如此，不禁哑然失笑，“真是自古皆然，哪个学生没有开过夜车？”因深恐巡寮的老师会干扰他们，于是我就在附近绕来绕去，替他们护航。有时方便的话，还会送上一些点心，嘱咐他们安心用功，但是也要注意身体健康。

人每天都要生活，生活不是有的吃、有的穿就算，也不是有钱赚、有人爱就好。生活不是那么简单，当吾人生到世间来，本能的第一个要求，就是平安，之后就要饮食。婴儿在摇篮里或在母亲的怀抱中，感到无比安全，但他还是需要奶水。及至长大后，要求赞美，要求鼓励；一旦入学读书之后，所要求的就更多了。人在世间生活，要求很多，但最基本的莫如：

一、要过得欢喜。人间生活里最宝贵的东西，就是欢喜。假如一个人住在洋房别墅里，但是住得不欢喜，家中拥有万贯家财、千百亿存款，但生活过得不欢喜，人生有什么意义呢？有的人，遇到吃的不欢喜，见到别人也不欢喜，听人讲话更不欢喜，这里不欢喜，那里也不欢喜，生活里没有欢喜，人间还有什么乐趣可言呢？反之，有一些人生活简朴，物质贫乏，但他生活得很欢喜。偶尔三五好友，相约海边山上，踏青郊游，无比惬意。平日生活里，饭食以外，一杯茶、一份报纸，无比满足。因为满足而产生的快乐、欢喜，胜过百万富翁。

二、要行得正派。人的生活范围，不是只在居家，也不能躲在象牙塔里，而要走上社会，交朋友、求职业，要和人际互动往来，建立许多关系。这时候，一个人的行为正派，就非常重要了。有的人只凭口才好，能言善道，但是花言巧语，没有正派的行为，日久也会被人拆穿，不容易获得他为与人共事，故要“自己无理，别人都对”；
为增广见闻，故要“事事好奇，处处学习”；
为自我提升，故要“眼光要远，脚步要近”；
为顾全大局，故要“求精求全，瞻前顾后”。

人的信赖。甚至，有的人为了利益，总想沾别人的光，占别人的便宜；能占则占，能骗则骗，如此纵使别人上当，也只有一次。一个行为不正派的人，在社会上往往被人讥为地痞流氓、无赖汉、伪君子；行骗欺人，到最后连一个知心朋友都没有，岂不悲惨！所以，人生在世，宁可无钱无势，也不能不做一个正派的人。

三、要忍得自在。人在生活中，不可能样样顺利。身体上的病痛、气候上的寒热、物质上的缺乏、人情上的冷暖，件件都让自己的心湖不平，这就得靠自己的修养忍耐了。世间本来就没有十全十美，所谓“十全十美”，是要我们自己建设有力的世界，要靠忍的功夫来降伏一切。忍不是只有忍穷忍贫、忍饥忍苦，甚至还要忍气。忍气也还容易，更重要的是，要能忍名誉、福报、赞美、恭维，一切都能堪忍，才能自在。“忍”之一字，在我们的生活里有巨大的功用。尽管世事变化，人间善恶好坏，在我们“能忍”之下，到处没有风波，如果不起风波，还怕不能自在吗？

四、要活得平安。人生第四要，也是最重要的，就是要能活得平安。一个人即使享受荣华富贵，但是觉得不平安，生活也不会快乐。就如同金毗罗王子出家后，在享受解脱放下的自在快乐时，忍不住回忆起过去住在王宫里的情景，吃的是珍馐美味，穿的是绫罗绸缎，住的是高墙皇宫，但是每天都怕别人陷害，吃饭睡觉都觉得不快乐。人，生活得不平安，活着有什么意义呢？所谓“平日不做亏心事，夜半敲门心不惊”，只要我们不犯法，守着国家的法律，守着做人的道理，每日做好事、说好话、存好心，“三好”会带给我们平安，那就是人生最大的意义了。

健康的生活（二）

1995年4月底，我住院开刀，因为恐怕大家担心，所以一直不敢对外宣布，但是消息还是走漏了。承蒙大家爱护，开刀后不断有人来访、来电，关怀我的病情。为了答谢大家的眷顾，6月19日，我在台北阳明山中山楼举办“恳谈会”，借此也让爱护我的人放心。郑石岩教授应邀致辞时说了一段禅宗公案——洞山良价禅师卧病在床时，弟子曹山本寂禅师前往探望：“老师身体有病，不知是否还有不病之体？”洞山禅师说：“有。”曹山禅师再问：“不病之体是否看得见老师呢？”洞山禅师答：“是我在看他。”曹山禅师不解，问道：“不知老师看到了什么？”洞山禅师说：“当我看的时候，看不到有病。”——郑教授说完，回过头来问我：“师父！不知您在病中看到了什么？”我回答：“我看到了大家。”台下一片如雷的掌声响起。

人人都要健康，除了身体要健康以外，语言要健康，思想要健康，心理也要健康；身心健全，才能过健康的生活。因此，什么才是健康的生活，有四点：

第一，快乐的人，不会自恼恼人。忧愁苦恼的人，不只自己整日心烦意乱，也会将烦恼带给别人，把忧郁传染给别人。因此，我们要做一个有进取心、乐观开朗的人，做一个能与人为善、不与人争的人，唯有如此，生活才不会自恼恼人。

第二，自爱的人，不会自伤伤人。明朝吕坤说：“人不自爱，则无所不正见的希望，成就正见的人格；
广大的愿力，成就广大的事业。

为。”不自爱的人，动辄做出违背道德之事；不自爱的人，到处为非作歹，危害社会。殊不知这样的行为，不但伤害了自己，也伤害了别人。因此，一个人要懂得自爱，才能从帮助别人中，体会自助助人的快乐；从慈爱别人中，懂得宽容的可贵。

第三，诚实的人，不会自欺欺人。商场上，有的人为了赚取蝇头小利而谎骗诈欺；职场上，有的人为了谋得一官半职，不惜伪造文书，假造学历。古德云：“诚者万善之本，伪者万恶之基。”一个不诚实的人，一旦让别人对他失去信任，自然得不到他人的支持。因此，我们要做一个诚实的人，待人处事要言行一致、不昧良心，如此才能活得心安理得。

第四，正直的人，不会自畏畏人。孔子曰：“君子坦荡荡，小人长戚戚。”一个正直不阿的人，自己行得正、做得直，则凡事无所畏惧，纵使有人故意散布谣言、蓄意毁谤，因为他心安理得，不但自己无有恐怖，且能为人所信赖，给人安全感。反之，做人不得正派，则临事而惧，惶恐不安，别人对他也会敬而远之。

因此，一个健康的人，不但自己身心自在，日子过得安稳，进而也能带给别人欢喜和快乐。

健康的生活（三）

有一位虔诚的佛教信徒，每天都从自家的花园里采撷鲜花到寺院供佛。一天，无德禅师非常欣喜地说：“你每天都这么虔诚地以香花供佛，依经典的记载，常以香花供佛者，来世当得庄严相貌的福报。”信徒非常欢喜："这是应该的，我每次来寺礼佛时，自觉心灵就像洗涤过似的清凉，但回到家中，心就烦乱了，作为一个家庭主妇，如何在喧嚣的尘世中保持一颗清净纯洁的心呢？"无德禅师反问："你以鲜花献佛，相信你对花草总有一些常识，我现在问你，你如何保持花朵的新鲜呢？"信徒答："保持花朵新鲜的方法，莫过于每天换水，并且于换水时把花梗剪去一截，因花梗的一端在水里容易腐烂，腐烂之后水分不易吸收，就容易凋谢！"无德禅师道："保持一颗清净纯洁的心，其道理也是一样，我们的生活环境像瓶里的水，我们就是花，唯有不停地净化我们的身心，变化我们的气质，并且不断地忏悔、检讨，改进陋习、缺点，才能不断吸收到大自然的食粮。"信徒欢喜作礼："谢谢禅师的开示，希望以后有机会亲近禅师，过一段寺院中禅者的生活，享受晨钟暮鼓、菩提梵唱的宁静。"无德禅师道："你的呼吸便是梵唱，脉搏跳动就是钟鼓，身体便是寺宇，两耳就是菩提，无处不是宁静，又何必等机会到寺院中生活呢？"

随着经济富裕、信息多元的发展，人们愈来愈重视生活质量与健康之道。尤其健康的生活，必须靠吾人内在健康的观念及外在的条件才可以成就。在此提出六点供大家参考：

第一，养浩然的正气。孟子说："吾善养浩然之气。"所谓浩然之气，就是有正义、有正见。一个人有了正义、正见，在生活中，即使面对诸多不如法、不如意、是非、好坏，均能以正确的态度面对、处理。因此，健康生活的第一法，就是养浩然正气。建立了正义、正见，你就会拥有健康学律仪，要融入社会，包容世界；
学技术，要百般艺能，利人利事；
学慈悲，要关怀体贴，互相尊重；
学佛法，要禅净戒律，共生万世。

的心理，拥有健康的生活。

第二，吃清淡的食物。现代的物质丰饶，各种美食竞相推出，吃法也无奇不有。许多人乐此甘馔美食，视为人生一大享受。但是，医院里的病患没有减少，甚至文明病更难治愈。根据医学研究，清淡自然的食品对人体不会造成负担，容易保持愉悦的心情。因此，现代人应重视清淡食物，以增进健康。

第三，有适当的睡眠。所谓“休息是为了走更长远的路”，睡眠看似静止，实有储藏隔日体力的功用。适当的睡眠有助于生活质量的改善，但如果太过，则会造成反效果，使人萎靡不振，无法思考。

第四，有充分的运动。人的身体就好像一部机器，你不常发动，等到久了生锈了，忽然要动，就动不起来了。因此，平常要有充分的运动，如散步、慢跑，像佛教的朝山、跑香，也都是很好的运动。

第五，吸新鲜的空气。一般人说“早睡早起精神好”，早晨的树木花草吐露芬芳，吸一口新鲜空气，会感到精神提振，身心舒畅。因此许多人趁着假日，携家带眷郊游登山，远离尘嚣，接触大自然，享受新鲜空气，也为自己的生活注入一股清新之气。

第六，具禅定的功夫。健康的生活，除了外在条件的调养外，也要配合内在的养成。尤其每天五分钟、十分钟禅坐的习惯，可以培养定力，有助于处理生活中各种问题，创造优质的生活。健康生活，要能动也要能静，将一天纷扰外攀的心做一个调整放松，这也是健康之道。

如何过健康的生活？必须靠吾人用心打理自己，培养正确的观念，进而增进生活的质量。

生活质量

过去有人到梅兰芳的家中访问，谈话数小时之中，童仆走路安详，少人进出，一片宁静祥和。访者不禁赞叹道："唱戏之人都有这么高的生活质量。"孟母三迁，就是对生活质量的要求；岳母教忠，也是要在精神生活上树立质量。

现代人都讲究生活质量，什么是生活质量呢？生活质量并非指家家户户每天大鱼大肉，不是人人乘坐豪华轿车，不是每日声光热舞，不是呼朋引伴，不是每日加班忙碌，不是日日开会，把日子忙得丝毫没有休闲活动。

所谓生活质量，是讲究生活的规律、环境的整洁、家居的安宁、居住的安全、饮食的正常；每家人士和谐友爱，社会活动安详有序，工作定时，忙闲适中，晨起晚睡，皆有规律。宗教信仰，以正信、虔诚，不标榜好名、行善，对社会关怀服务。每日必看一份报纸，不可少于一两小时为读书时间；欣赏艺术音乐，多与文化教育接触。每天不可少全家聚会，每周不可少家族来往，每月不可少社交活动。

生活质量，家中的音乐比冷气、冰箱更为需求，家中的书柜比酒柜更为重要，家中的伦常、长幼有序比豪华设备更值得称道。

我们在生活质量方面，并不看居家的楼层高低，也不看花园大小，更不看家中的汽车多寡，当然更不去比较衣服穿得时髦与否。全家的道德观念、正常行事、慈善传家、品学优秀、互助互谅、笑声赞美，此皆可以列为生活质量的评鉴标准。

·佛光菜根谭·

人格，建立在“不自私”三字；
成功，奠基于“不苟且”一语。

假如我们现在走近豪门贵族，感觉到人情威严，童仆成群；走近富商巨贾，处处看到贵重物品、豪华设备。这都不见得是有生活质量。真正的生活质量是：做人讲信用，重仁义，说话轻言慢语，处事态度从容不迫。

生活质量是重质不重量，生活质量需要一些社会领袖从上而下的以身作则，轻车简从，彬彬有礼；再到家庭主妇，治家有序，待人和蔼；甚至社会的工商各界，来往尊重平和；学校的青年，处处礼貌周到；公务人员，服务为先；公众事业，亲切周到。全国人人如此，则生活质量必然为人称道。

平安富贵

人对幸福的感觉都是一样的，哪个人不希望自己多一点好一点。你往前面走，前面是一个栅栏大家都挤着，其实你往后面就会有另一个世界，以退为进，这就是不一样的。人心的升华，人的愿望的克制，都是为了达到真善美。

平安的生活是什么？能随遇而安就是真正的平安。富贵的生活又是什么？赵朴初老居士生前曾经赠送我一副对联，上联曰“富有恒沙界”，下联曰“贵为人天师”。老居士深达佛教空观的中道实相，所以明白一个出家僧伽，正因为什么都未曾拥有，反而拥有了三千大千世界。

《中庸》说：“君子素其位而行，不愿乎其外。素富贵，行乎富贵；素贫贱，行乎贫贱；素夷狄，行乎夷狄；素患难，行乎患难。君子无入而不自得焉。”意思是说，无论处在什么样的情境之下，都能投入其中并且安之若素的意思。对于平安与富贵，有以下四点看法提供：

第一，父母的平安富贵，是颐养天年。希望父母得到平安富贵吗？人年纪大了，要求的并不多，生活得到照料，有个伴可以聊聊天，有一点正当的嗜好。如果是佛教徒，可以早晚一炷香，回向儿女家庭吉祥和乐，加上念佛、禅坐、课诵，甚至可以参与义工行列，生活可以过得有意义。这样来修身养性、颐养天年，日子就过得很平安富贵了。

第二，儿女的平安富贵，是健康成长。儿女们的平安富贵是什么？生长在一般家庭，得到良好的教养，随着年龄增长，品德、智慧、体育、群育、美育都能发展。乃至洒扫、烹调、应对，以及生活上的各种技能，都要学习，这样长大后，随处都能应付裕如。更重要的，还要让儿女懂得慈悲心的重要，这才是儿女的平安富贵。

第三，夫妻的平安富贵，是和睦相处。每对夫妻结婚时都得到各种祝福，例如“琴瑟和鸣”“白头偕老”。两个在不同环境中成长的人，要如何“百年好合”呢？有的夫妻，因为对于生活的态度意见不和，天天吵架。也有些人经过吵架，就像有棱角的石头，互相摩擦后，两个人都变得圆融了。这是少数。大部分人经不起吵架后内心带来的冲击，最后只有分手。夫妻的平安富贵，可以学习相亲相爱、相敬如宾、相互扶持、相知尊重、彼此包容，最后能和睦相处，这才是婚姻生活中的平安富贵。

第四，事业的平安富贵，是生活有序。一个人努力在事业上求发展，终于成功了，事业愈做愈大，金钱堆积如山，令人欣羡，却不一定能得到平安富贵。大部分人因为事业繁忙而晨昏颠倒，家庭与身体都赔上了。这

· 佛光菜根谭 ·

安排自己能获得快乐，充实自己能获得知识，
掌握自己能获得平安，创造自己能获得成功。

时候你问他想要什么，很多人都会说：“我只想过平凡的日子，想要生活有序，不必太多应酬，能多一点时间陪陪家人，这就是最好的享受了。”

理性一点，将生活调适得规律一点，每天生活有序，可以带来头脑的清明以及感情的平和。许多做大事业之人，其实他们的生活很简单，在物质上也不希求奢华，比一般人还要更接近于修行人的生活，因此能平安富贵。

快乐人生

人生，就是与时间在赛跑。奥林匹克为了让人发挥潜能，所以举办各项跳高、跳远、赛跑的体能竞赛，目的就是要让人更快、更高、更远、更好。举目望去，我们整个世界就是一个展现生命力的舞台。即使是一茎小草，为了长养生命，它也懂得奋力从石缝里冒出来，接受雨水的洗礼、阳光的照耀；即使是一棵寄生的树藤，为了延续生命，它也努力往墙头攀爬，迎风摇曳。因此我认为，懂得及时努力的人，当下就拥有了“三百岁的人生”。

人生各有所求，有的人一心一意追求功名富贵，有的人终其一生只希望爱情顺利，有的人心里所想无非家人平安幸福。但是人生最终的目的，应该是追求欢喜快乐，快乐是人生最主要的目标，只是人生的快乐也有层次上的不同，分析如下：

佛法说“苦”，目的是要众生“除苦得乐”；
佛法说“空”，目的是要众生“知空识有”。

一、人生最初的要求是物质生活的满足，从物质生活里获得快乐。例如，吃要山珍海味，穿要绫罗绸缎，住要高楼别墅，在物用方面都要超人一等。甚至别人只有脚踏车、摩托车，我要拥有汽车；别人只有收音机，我要的是电视机。总之，有的人总是要在物质上超人一等，并且以此为乐。

二、有的人认为物质上的欲乐固然需要，但更重视精神上的富有，所以进一步要追求精神上的快乐。所谓精神上的快乐，他要读书，要爱情，并且讲究舒适、自由的生活，更希望受人尊重，在工作、事业等各方面尤其要有很好的表现，以满足自己的成就感，这是一种精神生活的追求。

第三，有的人不太重视物质生活，他讲究的是生活的情调、气氛，重视的是艺术的美感、品位。例如，家中要有花有画有书香有庭院；平时自己的行仪动作，都很优雅从容，自己的一举手一投足都是风情万种，讲话尤其讲究教养，有文士风范，他把美感、艺术在生活中表现到极点，从中享受艺术生活的快乐。

第四，有的人即使有了前面的三种快乐，仍然不满足，他还希望有信仰的生活。所谓有信仰的生活，就是要超越，要升华，要求得心灵的豁达，希望能与圣贤交流往来，能与真理相应契合，所以每日在生活里逍遥自在，解脱放旷，不为功名利禄所拘，不为人情世故所扰，完全把自己投身在自觉觉人、自度度人的生活里。这就是信仰生活带来的快乐。

以上四种快乐的生活，不但分出人生的等级，也分出人生的品位。只是我们所希望的人生，不应该只是追求这种快乐、那种满足。而是要能净化生活，提升人格道德，要能自度度人、自觉觉他，要发挥生命的意义与价值，这才是永恒的生命，这样的生命才能获得真正的快乐。

生活之道

1988年，西来寺还有一部分建筑仍在施工当中，信徒刘喜妹因为听说西来寺富丽宏伟，有“西方的紫禁城”之称，特地远从台湾前来一睹盛况。我那时刚学会驾车，于是邀她一同坐车，前往工地巡视工程。我告诉她：“开车就好像在人生的路上行菩萨道——要布施欢喜，处处为别人着想；要遵守交通规则，不乱闯红灯；要忍耐天候路况不佳，谦让过路的行人；要集中心志，内禅外定；要有精进力，不怕辛劳；要运用智慧，反应灵敏，唯有实践六度，才能让我们安全地到达目的地。”她听后十分欢喜：“我虽然学佛多年，直到今天听了你一席话，才懂得什么是佛教。”

在人间不能没有生活，说到生活，人人都离不开柴米油盐酱醋茶等民生物需。除了基本的物质生活以外，有的人向往爱情，有的人重视名闻，有的人追求权位，有的人爱好艺术，有的人虔心信仰，不一而足。如何才是生活之道，试论如下：

一、物质的生活要淡泊。人在世间生活，首先要解决的就是物质生活，因为人要穿衣、吃饭、居住。所谓“仓廪实而知礼节，衣食足而知荣辱”，如果衣食不足，还谈什么道德仁义呢？但是物质生活也不能奢侈浪费，应该简朴节约为好。唐太宗得天下后，为了养民生息，不愿意浪费金钱，所住的宫殿乃是隋朝的旧居，正因为他的简朴爱民，才有“贞观之治”。

二、精神的生活要升华。有了物质生活当然还不能满足，还需要精神生活，例如，要爱情，男婚女嫁；要读书，充实学问；要精神愉快，甚至要修养道德人格，要培养忍耐毅力等。物质生活解决了，精神生活升华了，人生基本的生活架构就算完成了。

三、艺术的生活要丰富。一般人有了物质与精神生活以后，进而还会追求艺术生活。所谓艺术生活，就是要美感，要气氛，例如绘画、雕刻、美术、音乐等。甚至自己的仪容、姿态，都要有美感。确实不错，艺术的生活能提升人的品质，能增进社会的文明，人间能多一些艺术，就增一些真善美。

四、信仰的生活要超越。当物质、精神、艺术生活都拥有的时候，人不一定都能满足，因为不管怎么样还是在人间。世间的有为法都是对待的，有善恶、美丑、苦乐、生死等，所以都在烦恼里流转。这时候每个人都会想到，生命应该要超越时空，超越生死，超越一切的对待；因为觉得人生的价值应该要超越，要把生命安住在一个不生不灭的境界，所以进而会需要信仰的生活。

五、独处的生活要用功。不管什么样的生活，人在世间常常会有独居的生活。例如，晨起大家都还在睡觉，这时候做什么呢？又如夜晚睡觉前，一个人独处一室，又如何消磨时间呢？一个人独处时要会用功，例如禅坐、诵经、止观、念佛、礼拜等。如果独居的时候会用功，就会感到生活很丰富，内心很充实，自然觉得入世、出世都非常美好。

六、群居的生活要无我。人当然不能离群而独居，必定要过群体的生活。人的一生当中，除了父母、夫妻、子女以外，还有亲戚、朋友、同事、同胞等，必定时时会参与很多的群体活动，诸如宴客、开会、共事等。和群体共同生活时，最重要的是要能以“无我”之心来处众；能以无我来面

恭敬在进退里，供养在诚心里，
庄严在举止里，宽厚在待人里，
戒行在行仪里，智慧在书本里，
谦虚在人我里，快乐在工作里。
对大众，以无念来对治妄念，以空见来包容一切，则生活何乐如之！

·佛光菜根谭·

生活的美学

高峰禅师蜗居树上，人怜其衣食无着、身形垢秽。禅师说："我虽然没有剃发，但我身心已经清净；我虽然没有华衣美服，但以人格来庄严；我虽然没有山珍海味，但以松实雨露如琼浆玉液；甚至山河大地、野兽鸟雀，都是我的朋友！"这就是懂得生活的美学。

人，要生活，就离不开衣食住行、行住坐卧。

你看，有的人身着绫罗绸缎，却自惭形秽，因为他没有内在的美感！也有的人，粗衣布服，自觉心安理得，因为人格高尚，具有内心的美感也！

有的人花园别墅，只觉天地窄小，因为他没有感受生活之美。有的人蜗居一角，自觉天地宽广，体会出逍遥自在的快乐，因为他有生活的美感！

陶渊明"采菊东篱下，悠然见南山""登东皋以舒啸，临清流而赋诗"，因为他能"不为五斗米折腰"，因此不会"心为形役"，这就是生活的美感。

颜回"一箪食，一瓢饮，在陋巷，人不堪其忧，回也不改其乐"。因为他懂得生活的艺术，故能终生不为外物所累。

古往今来，多少的巨贾富商、高官厚爵，他们归隐田园，是为了追寻不因赞誉而得意忘形，顺适往往是罪恶的温床；
不因毁谤而嗔心怒目，横逆往往是成功的契机。

生活之美。也有人从军报国，从政为民，汲汲乎，也是想要追寻人生的奉献之美。

净土宗的“七宝行树、八功德水、亭台楼阁”，固然是弥陀生活之美感；地狱的“刀山剑树、油锅深坑”，也是地藏王的追求生活之美学也。

赵州八十犹行脚，他是为了寻找美的境界、美的道理；达摩面壁九年，也是为了找寻心内之美。有的禅师悟道了，有鸟雀献果、狮虎朝拜，此皆因为获得生活之美，故而万物皆来相聚共享。

美，是一种艺术，是一种感受。美的心灵，是吾人最珍贵的资产；当你的心中有了美的感动，生活中自然无处不真，无处不善，无处不美！

星云大师一零八语录

南無阿彌陀佛
星雲

合掌人生

法身慧命

誠信

花旬見佛

二〇一〇年

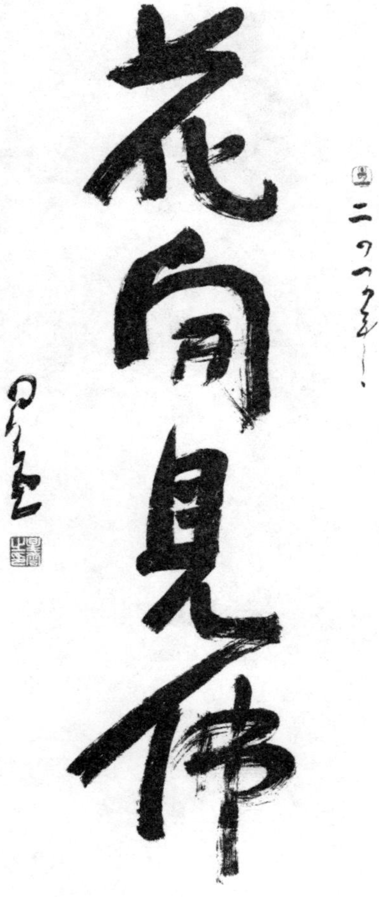

福德具足
星雲

明世不磨白

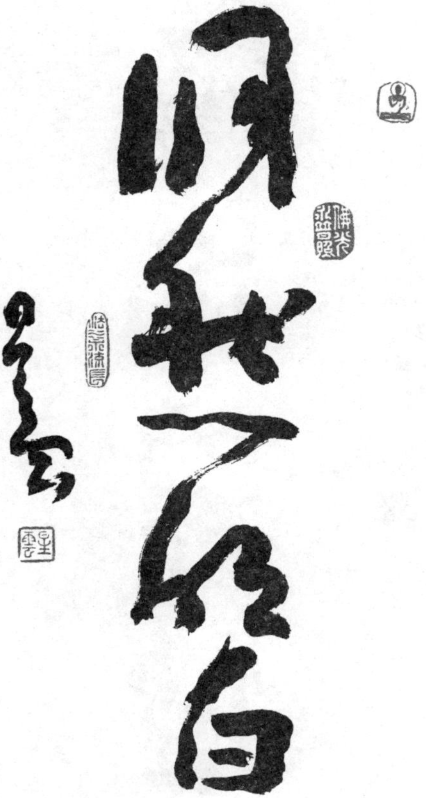

活出人本色
星云

一

微笑是智能的泉源
微笑是愉快的流露
微笑是诚恳的语言
微笑是生命的花朵

参学

参了还要学

学问

学了还要问

能够克服困难　便能获得良机

能够解决困难　便能化解危机

能够面对困难　便能寻求转机

能够不怕困难　便能把握时机

无边风月眼中眼
不尽乾坤灯外灯
柳暗花明千万户
敲门处处有人应

五

繁华热闹的生活
过后则感凄凉
清淡朴素地做人
历久犹有余味

人生七十才开始
慈心悲愿无了时
人生七十古来稀
立功立德无量寿

七

随处给人欢喜
随时给人信心
随手给人服务
随缘给人方便

八

失去与拥有
包容与喜舍
其实是一体两面
唯有将两面结合起来
才是真正的
提起了全部

九

灵山会上
迦叶尊者当下灵犀相应
破颜而笑
禅
因此在『捻花微笑』
师徒心意相契的那之间
流传下来
这就是『自觉』

幸福平安是从喜舍中获得
所以具有喜舍的行为
才是真正的富有者

一一

一般人
靠华丽的衣服和化妆
来美化自己
修道者
则以道德和慈悲
来庄严自己

美
是一种艺术
是一种感受
美的心灵
是我们最珍贵的资产
心中有了美的感动
生活中
自然无处不真
无处不美

忍耐
才能和气致祥
悔过
才能提起勇气

生命的薪尽火传
是生生世世赓续不断的
尽管天上人间
去来不定
我们的真心佛性
永远不变
重要的是
要珍惜
每一期的生命

以语言三昧
给人欢喜
以文字般若
给人智能
以利行无畏
给人依靠
以同事摄受
给人信心

花是真善美的化身
做人何妨一朵花
多给人一些欣赏
一些气质　一些美感
好的心就像花一样
可以把欢喜给别人

人生有此处　彼处
岁月有今年　明年
人如果能欢喜地生活在
希望里
则生机无限
天天都是过年

修学有成
弘扬佛法
不断地上求佛道
与同参道侣互相切磋
养深积厚
自我沉潜地修行
才能住持一方

对父母的慈悲是孝
对亲人的慈悲是爱
对师友的慈悲是义
对众生的慈悲是仁

人
对自己的决定
要负责任
要有『一诺即一生』
的信念
如此
诸事皆得成就

二一

文字的力量和影响
超越时空的变迁
透过文字的传播
源远流长了数千年的佛法
解救了无数悲苦的生命
成就了无数开悟的人生

真正的美丽
要从内心出发
只要
心善
心真
心慈
心净
一切自然就会
美丽

人只要知足
虽贫无立锥之地
犹以为富
若不知足
虽处天堂
亦不能称意

热爱生命的人
必懂得找寻快乐的人生
自在的人生
自性的人生
包容的人生
把自己扩大
慈悲待人
心中自然富有

一个善小的因缘
点点滴滴
化育菩提幼苗

以智慧净水
洗清妄想分别
以般若火炬
照亮内心世界

生命之所以有意义
在于能为生命留下历史
为社会留下慈悲
为自己留下信仰
为人间留下贡献

我们什么都可以失去
但不能失去慈悲

二九

金银财宝为世人所爱
但是
世间的财宝有限
有量
有尽
心中拥有佛法的财富
是无限
无量
无尽
那才是真富有

讲一句好话
可以让人感动
一个笑容
也能让人感动
成就一件好事
都能让人感动
感动的世界很美丽
感动的人生最富有

未成佛道
先结人缘
心存欢喜
恭敬
祝福
就是结缘
给人好因好缘
则是最好的供养

一个居心宽厚的人
眼睛所见
条条都是大道
足迹所到
处处都能无所障碍

三三

世间乃众缘和合之世间
如水与土　平常物也
但将两者合制为佛陀圣像
则尊贵无比
此即因缘和合为贵之明灯

开悟的扫把
人人手中不缺
只要不忘
『拂尘除垢』
自己内心的这座庙堂
也将袅袅散发着清香

接引大佛开光法语

采高屏之沙石
取西来之泉水
集全台之人力
建最高之大佛

三六

皆大欢喜
才能让人类达到
真正的和平幸福
佛教教义中的
慈悲喜舍 爱语利行
正是要众生
皆大欢喜

人一生都是在因缘中轮转
如我们靠因缘结识朋友
靠因缘建立家庭
也靠因缘成就事业

别人的一句好话
一个笑容
都可以成为
丰富自己生命的色彩
同样的
我们也应以一句好话
一个笑容
来丰富别人的生命

我慢山高，法水不入
做人须自我要求
不能只会要求别人
在谦恭礼让中
可以结一份好缘

真正的修行
是心中有众生的存在
而且肯为众生做马牛
为众生服务

四一

心如田地
好的田地
能生产好的农产品
坏的工厂
只会污染环境
因此我们要保有一颗
清净　慈悲
善良　欢喜的心
才能创造快乐给人

敬佛拜佛
在心不在物
只要心诚意切
纵然是一毫一滴的布施
也必定功不唐捐

能干的人
用慈悲待人
用智能做事
慈悲需要伴随智能
才能助人
向上 向善

做事一定要抱有理想
而且不忘初心
才能持久
一个人只要发心
就会有不可思议的因缘
而成就难遭难遇的胜事

人能弘道　非道弘人
佛教复兴之道在于人才
人才之训练在于教育
以教育培养人才
才能成就佛教事业
达到普济群生的目的

一个人必须有自觉的
使命感
有了使命感
才会有责任感
才能克尽职责
才能勇敢担当
才能自我健全

时间有春夏秋冬
世界有成住坏空
心念有生住异灭
人生有生老病死
人生是环状的
不是直线的
人有来生才有希望
『有希望』
就是悟者的世界

心外的世界如何改变
是无法控制的
但肯定自我的心
就可以做自己的主人

以慈眼 慧眼 法眼 佛眼

洞察世间实相

用善听 谛听 兼听 全听

关怀人间疾苦

真正的慈悲不一定是
和颜悦色的赞美鼓励
有的时候用金刚之力
来降魔伏恶
更是难行能行的大慈悲

五一

佛光人要懂得自我要求
改革思想　增强信念
把不当的习气扬弃
把不正的言行摒除
才能绍继如来
弘范三界

以慈悲的双手
抚平自己的清净本心
以般若的智能
圆满他人的自在人生

信仰是一种取之不尽
用之不竭的宝藏
相信世间一切皆美好
在一念之间
信仰就是力量

向外追求的是知识
向内发掘的是般若
唯有般若智能才能
分别善恶
判断正邪
转迷为悟
去染为净

高深的学问
恢宏的志气
广阔的心胸
忍耐的修养
是艰难人生旅程中的
最大助力

五六

不重视历史的人
不会有历史观
一个人若没有历史
就等于没有生命

污泥里可以生长出莲花
外境的好坏并不重要
重要的是
我们是否能成为一粒有用的种子

佛教的信仰
不是迷信的膜拜
不是盲目的奉献
而是从浩瀚的三藏十二部
不朽经典中
觉悟出缘起缘灭等
生命的真理

佛光人工作信条

给人信心

给人希望

给人欢喜

给人方便

无论做什么事情
只要全心全力投入
一股坚韧的毅力
将会带我们迈向成功之路

有智能的人
懂得寻找生命的根源
懂得提起
『生从何处来
死往何处去』的疑情
有智能的人
凡事往大处着眼
并能识大体 不计较
自然能受人尊重

「缘」是一种力量
能够生长
能够增上
有「缘」就能生起
有「缘」就能相聚
有「缘」
就会成就一切

凡事
抱持理想去开创
再多的辛劳
都能心甘情愿
必定能有所成就

一寸光阴一寸金 劝君念佛早回心
浮生有限 时间宝贵
人生有多少光阴可以虚掷
想想无常的苦空
莫如早早回心转意念佛

心的黑与白
不因为肤色的深浅
智能无分高下
佛性岂有南北之分

好时辰　好地理
不是在心外
只要心好
日日都好　处处都好

一个人
即使物质生活欠缺
只要他有慈悲　智能
生命就会变得充实　富裕
『心诚则灵　有求必应』
信仰会产生
不可思议的力量

宁静才能致远
从宁静中可以找回自己
无私才能容众
从无私中可以扩大自我

六九

眼睛很小　可以看遍世界
鼻孔很小　却嗅着虚空的气息
每一个小小细胞
都助长了生命的生存
莫以善小而不为
莫以恶小而为之
『小』
蕴藏着不可忽视的力量

路

是人走出来的

所谓『放大脚步』

就是要『走出去』

生命不可有丝毫的浪费
每一天
都是生命的一部分
也是旅程的一段
当生命之轮
不停向前转动时
我们又怎能放慢脚步呢

七二

不必祈求疾病不临己身
应该效法古圣先贤
以疾病为良药
自救救他
以疾病为针砭
利己利人

戒

如城墙　舟航　光明

指南　水囊

能清净受持

自有大力量　大功德

成功在里面

你大我小
你有我无
你乐我苦
你对我错

所谓学佛
就是向佛学习
佛
是慈悲的体现者
学佛如果没有慈悲心
如何与佛法相应

烧香是表示恭敬与牺牲
就如蜡烛燃烧自己 照亮别人
烧去自己的贪欲
才能得到无求的财富
烧去自己的恨
才能得到无恚的慈悲
烧去自己的愚痴
才能得到智能的光明

『诸上善人聚会一处』
心里清净
同修戒　定　慧三学
极乐世界就在人间

世界最大的
是海洋
比海洋还大的
是天空
比天空更大的
是人的心胸
所以愈是包容的人
愈是富有

人类最高的思想准则
就是华严思想
如因陀罗网般光光相照
灯灯相续
重重无碍
三千大千世界
尽摄于一微尘里

智能就是财富
能够开发内心的能源
人生才会活得充实快乐

每一件事都是要依靠众多的因缘
才能成就
每一个人都是要仰赖无限的生命
才能成长

读做一个人
读明一点理
读悟一点缘
读懂一颗心

世间的一切
并非一成不变
任何事物
都是变化无常的
重要的是
如何在变化的世界
变化的人生
变化的感情中
持有一颗永恒的真心

OK的人生
是一个付出
肯吃亏
愿意奉献的人生
OK的人生
是不分亲疏
不需回报的人生
OK的人生
是以助人为美德的人生
是凡事都说OK的人生

有能力者
才有足够的力量去帮助别人
所以OK的人生
就是有能力的人生

学道的过程
如果只靠自己没有指引
则无法因指见月
但一味地依赖别人
则有如附木之藤将无所成就

天生我才必有用
一个人
只要有实力
就有机会发挥所长
只要是千里马
总会遇到个伯乐

生命的尊严
不在于它的绚丽
而在于它为后人
所带来的怀念
生命的意义
不在于它的长久
而在于它为后人
所带来的典范

所谓宁静致远
唯有在宁静中
不乱看　不乱听　不乱说
我们才能找回自己
增长智能
见人所未见
听人所未听
说人所未说

菩萨的大智是为了实践大悲
大悲是为了完成大智
两者运用自如
相辅相成
悲智双运
才可以成就无上菩提

一个人心中有佛
除了可以倾诉
祈愿
更能产生
莫大的力量
心中有力
就不怕外界的伤害

世界不是一个人的
唯有放下成见
去除我执
想想别人
才能拥有
全部的世界

敢是勇气

则表示有智能

敢是发心

则表示能担当

九三

人活在世上
就是要追求快乐
快乐源自
放下 自在
不为旁人一句话而恼
不为他人一件事而怒

每个人都有
无限的潜能
如同能源
藏在海底
藏在深山里
只待自己
去开采和发挥

慈心悲愿永不关

等待　等待
春天播种的时候过去了
等待　等待
黄金随着潮水流走了
等待　等待
夕阳眼看着就要下山了
等待　等待
无常的弓箭就要射向你了

少年要有
礼赞生命的感恩
青年要有
自觉信念的价值
壮年要有
活水源头的精进
老年要有
欢喜生活的平静

没有机会的时候
广结善缘
机会来临的时候
及时掌握

让佛教打开山门
让佛教与社会
有更多接触
效法观世音菩萨的
普门大开
让有缘的人走进佛门来
是为普门

欢喜做事
事劳而不觉其累
良友伴行
路遥而不觉其远

人生是由很多经验
累积的
所以在跨出第一步时
要『敢』
只要敢承担　敢接受
敢尝试　敢卖力
没有什么事是不能做的

拜拜是一时的
皈依是一生的
信仰是永久的

愿
就是一种理想
有理想
才有实践
两者相辅相成
才有丰硕的收成

人若能肯定自己
不被五欲五尘的境界
牵着鼻子走
就能心安
心若安住
则天崩地裂又奈我何

善为至宝
一生用之不尽
心作良田
百世耕之有余

人生的鞭炮　掌声　鼓声
都是上台下台的配乐
都在诉说上台下台的无常
假如这些声音
顷刻间都消失了
人生就像一个舞台
出生了　就是上台
世缘已了　也终要下台

人生如茶味
茶有浓浓的 淡淡的
清香的 苦涩的
就像人生
如果你会喝茶
应该更懂得
如何体会欢喜的人生

一〇八

『天上天下　唯我独尊』
十法界中的一切众生
都是至尊至贵　平等无差的
般若性海里
众生的佛性都是清净不染的